W0205832

Marcel Filoche et Pierre Brun, *Éléments de physique quantique et de relativité,* Presses des Mines, collection Les cours, 2025.

© Presses des MINES - TRANSVALOR, 2025
60, boulevard Saint-Michel - 75272 Paris Cedex 06 - France
presses@minesparis.psl.eu
www.pressesdesmines.com

© Illustration de couverture : *Le chat de Schrödinger, sagement assis sur sa fonction d'onde.* Image générée par un modèle d'IA OpenAI, (CC0).

ISBN : 978-2-38542-657-6

Dépôt légal : 2025
Achevé d'imprimer en 2025 (Paris)

Cette publication a bénéficié du soutien de l'Institut Carnot M.I.N.E.S.
Tous droits de reproduction, de traduction, d'adaptation et d'exécution réservés pour tous les pays.

Éléments de physique quantique et de relativité

Collection Les cours

Dans la même collection

Silvère Bonnabel et Michel Schmitt, *Cours de probabilités.*

Samuel Forest, *Mécanique des milieux continus. Volume 1 : Théorie, Volume 2 : Pratique.*

Pascal Debu, *Particules et noyaux.*

Pierre Brun, *Introduction à la relativité.*

Cong Toan Tran et Philippe Rivière, *Thermodynamic Energy System Modelling.*

Chantal de Fouquet, *Exercices corrigés de géostatistique.*

Renaud Gicquel, *Modéliser et simuler les technologies énergétique.*

Pascal Debu, *Noyaux et radioactivité.*

Ali Azarian et Yann Pollet, *Analyse fonctionnelle des systèmes.*

Francis Maisonneuve, *Mathématiques 2 et 3 Exercices.*

Bernard Wiesenfeld, *Une introduction à la neutronique.*

Francis Maisonneuve, *Probabilités. Mathématiques 3. Mathématiques 2. Mathématiques 1.*

Renaud Gicquel, *Introduction aux problèmes énergétiques globaux.*

Francis Maisonneuve, *Mathématiques 3.*

Francis Maisonneuve, *Mathématiques 1.*

J. Adnot, D. Marchio, Ph. Rivière, *Cycles de vie des systèmes énergétiques.*

Brigitte d'Andréa-Novel, Benoît Fabre, Pierre Jouvelot, *Acoustique-Informatique-Musique.*

Jean-Claude Moisdon, Michel Nakhla, *Recherche opérationnelle.*

Anne-Françoise Gourgues-Lorenzen, Jean-Marc Haudin, Jacques Besson, *Matériaux pour l'ingénieur.*

Renaud Gicquel, *Systèmes énergétiques T. 3. Systèmes énergétiques T. 2. Systèmes énergétiques T. 1.*

Thierry Weil, *Stratégie d'entreprise.*

François Cauneau, *Mécanique des fluides.*

Pierre Chauvet, *Aide-mémoire de géostatistique linéaire.*

Dominique Marchio, Paul Reboux, *Introduction aux transferts thermiques.*

François Engel, Frédéric Kletz, *Cours de comptabilité analytique.*

François Engel, Frédéric Kletz, *Cours de comptabilité générale.*

Jacques Bouchard, Jean-Paul Deffain, *Introduction au génie atomique.*

Daniel Fargue, *Abrégé de thermodynamique : principes et applications.*

Georges Pierron, *Introduction au traitement de l'énergie électrique.*

Bernard Degrange, *Introduction à la physique quantique.*

Michel Cohen de Lara, Brigitte d'Andréa-Novel, *Cours d'automatique.*

Fixari Daniel, *Les Imperfections des marchés.*

Jacques Lévy, *Introduction à la métallurgie générale.*

Hugues Molet, *Comment maîtriser sa productivité industrielle?*

Margaret Armstrong, Jacques Carignan, *Géostatistique linéaire.*

Marcel Filoche et Pierre Brun

Éléments de physique quantique et de relativité

MINES PARIS | PSL

PRESSES DES MINES
L'excellence scientifique

Table des matières

Avant-propos

Au tournant du XXe siècle, la physique a connu l'un des plus grands bouleversements de toute son histoire. Alors même qu'après plus de deux cents ans de tâtonnements, de découvertes en découvertes, on semblait enfin atteindre une connaissance exhaustive et complète des constituants de la nature, de leurs propriétés et des lois gouvernant leur évolution, les quelques fissures ou imperfections que comportait ce splendide édifice théorique se sont révélées progressivement des failles majeures. Remonter à l'origine de ces incohérences et en tirer les conséquences a nécessité de remettre en cause des notions qui semblaient intouchables : le caractère absolu du temps, le déterminisme, la localité, la nature des interactions, jusqu'au réalisme même des objets. Cette révolution a donné naissance à la physique moderne, unifiant la nature des objets qui la composent en ce qui allaient devenir des particules quantiques, puis des champs quantiques.

L'objectif de cet ouvrage est de guider le lecteur à travers cette révolution, le long des deux axes majeurs qu'ont constitué la relativité et la physique quantique. Le point de départ et le cœur théorique de ces développements est le principe de moindre action, qui débute cet ouvrage, décrit dans le formalisme lagrangien et hamiltonien.

Chapitre 1

Formulations lagrangienne et hamiltonienne de la mécanique

1.1 Le monde selon Galilée et Newton

1.1.1 Vision classique de l'espace et du temps

C'est à Galilée que nous devons notre vision classique de la description du mouvement. Dès 1610, il remarque qu'il est impossible de différencier le repos d'un mouvement rectiligne et uniforme. Ceci signifie qu'en l'absence de force, le mouvement d'un point matériel est continu et uniforme. Aucune expérience locale ne permettant de différencier un état de repos d'un état de mouvement rectiligne et uniforme, il en conclut que ces deux situations sont fondamentalement identiques. Cette observation est connue sous le nom de *principe d'inertie.*

Ce principe trouve sa traduction mathématique dans l'espace euclidien. Dans l'espace et le temps, tout événement ponctuel peut être considéré comme déterminé par ses coordonnées spatiales, regroupées en un vecteur à trois dimensions $\vec{r}$, et par sa coordonnée temporelle t. On peut également rassembler ces coordonnées sous la forme d'une position à quatre composantes $(\vec{r}, t)$. Dans cette représentation, le temps est absolu et identique dans tous les référentiels inertiels ou *galiléens* (à la définition de l'origine des temps près).

Dans ce cadre les changements de référentiels sont décrits par les transformations de Galilée. La transformation qui permet de passer des coordonnées $\vec{r}$ dans un repère $\mathcal{R}$ aux coordonnées $\vec{r}\,'$ dans un repère $\mathcal{R}'$ en translation rectiligne uniforme à la vitesse $\vec{u}$ par rapport à $\mathcal{R}$ s'écrit ainsi :

$$\begin{cases} \vec{r}\,' = \vec{r} - \vec{u}\,t \\ t' = t \end{cases} \tag{1.1}$$

où l'on suppose que les origines des temps sont identiques dans les deux repères. L'évolution d'un système classique est décrite par la mécanique newtonienne qui relie la variation temporelle des vitesses aux forces extérieures qui sont appliquées au système. Pour un système de N points matériels de masses $\{m_i\}$, cette relation est donnée par la seconde loi de Newton :

$$m_i\,\vec{a}_i = m_i \frac{\mathrm{d}\vec{v}_i}{\mathrm{d}t} = \vec{F}_i\,(\vec{r}_1, \ldots, \vec{r}_N; \vec{v}_1, \ldots, \vec{v}_N) \quad . \tag{1.2}$$

L'évolution du système à partir de conditions initiales données est ainsi entièrement déterminée par la donnée des positions et des vitesses à un instant t, ou par celle des positions en deux instants différents.

1.1.2 Espace des phases et déterminisme classique

La dépendance fondamentale envers les données initiales $(\vec{r}, \vec{v})$ conduit de manière très naturelle à décrire l'évolution des systèmes dans un espace multidimensionnel dans lequel chaque point est caractérisé par les valeurs des positions et des vitesses. Cet espace est nommé *espace des phases*. Pour une particule évoluant dans un espace à trois dimensions, l'espace des phases en comporte donc six. Plus généralement, l'espace des phases d'un système de N particules évoluant dans notre espace usuel tridimensionnel comporte $6N$ dimensions. La partie gauche de la figure 1.1 présente ainsi la trajectoire générale dans l'espace des phases d'une particule évoluant le long d'un axe Ox, la coordonnée verticale correspondant à la vitesse linéaire $\dot{x}$ de la particule. Sur la même figure à droite est représentée la trajectoire dans l'espace des phases d'un oscillateur harmonique unidimensionnel. Cette trajectoire est une orbite fermée parcourue de façon périodique. Conformément à la physique newtonienne, les données des valeurs de $(\vec{r}, \vec{v})$ à un instant t donné déterminent entièrement l'évolution du système pour tous les instants futurs $t' > t$.

1.2 Le principe de moindre action

Nous avons vu dans la section précédente que, pour décrire le mouvement d'un ensemble de points matériels, il est équivalent de donner, soit les valeurs des positions et des vitesses à un instant, soit uniquement les positions mais à deux instants différents. Cette observation nous invite à considérer le mouvement sous un nouvel angle. Plutôt que de partir d'une situation initiale complètement déterminée (positions et vitesses), on peut se poser la question suivante : si l'on se donne une position initiale et une position finale, existe-t-il une évolution (une trajectoire dans l'espace des phases) qui les relie, et si oui, quelle est-elle ? Nous allons voir que la réponse à cette question réside dans le principe de moindre action, principe qui va bouleverser la vision de la mécanique et ultérieurement, de la physique.

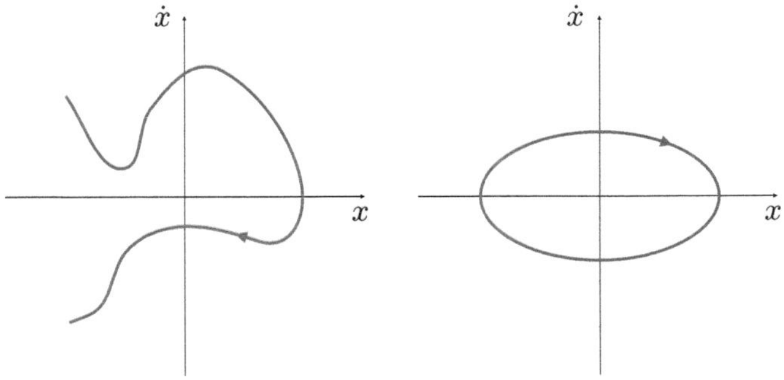

FIGURE 1.1 – Exemples d'évolution dans l'espace des phases pour une particule à une dimension : évolution quelconque (à gauche) et oscillateur harmonique (à droite).

1.2.1 Première approche variationnelle : le principe de Fermat

Historiquement, c'est à Fermat que l'on doit le premier énoncé d'un principe de minimisation pour décrire l'évolution d'un système physique, en l'occurrence pour expliquer les lois de la réfraction lumineuse. Pour le comprendre, nous pouvons commencer par nous poser un problème en apparence sans rapport : supposons qu'Alice soit à proximité d'une piscine dans laquelle Bob se trouve en difficulté et appelle à l'aide. La question est de savoir quelle trajectoire Alice doit emprunter pour atteindre Bob le plus rapidement possible. Il s'agit d'une question non triviale, car Alice court plus vite sur le sol qu'elle ne nage. Se déplacer en ligne droite vers Bob n'est donc pas obligatoirement optimal, pas plus que courir sur le sol pour atteindre le bord de la piscine le plus proche de Bob, ce qui pourrait lui prendre au total trop de temps. La situation est schématisée sur le panneau de gauche de la figure 1.2.

En nommant I le point de passage entre le sol et l'eau, et en choisissant l'axe Ox le long du bord de la piscine (l'origine correspondant à la position initiale d'Alice), le temps total mis pour atteindre Bob est

$$\tau = \frac{AI}{v_1} + \frac{IB}{v_2} = \frac{\sqrt{x_I^2 + y_A^2}}{v_1} + \frac{\sqrt{(x_B^2 - x_I^2) + y_B^2}}{v_2} \,. \tag{1.3}$$

L'optimum de ce temps de parcours est obtenu en annulant sa dérivée par rapport à la position x_I :

$$\frac{\mathrm{d}\tau}{\mathrm{d}x_I} = 0 = \frac{1}{v_1}\frac{x_I}{\sqrt{x_I^2 + y_A^2}} - \frac{1}{v_2}\frac{x_B - x_I}{\sqrt{(x_B - x_I)^2 + y_B^2}} \quad . \tag{1.4}$$

Par ailleurs,

$$\frac{x_I}{\sqrt{x_I^2 + y_A^2}} = \frac{x_I}{AI} = \sin i_1 \quad \text{et} \quad \frac{x_B - x_I}{\sqrt{(x_B - x_I)^2 + y_B^2}} = \frac{x_I}{IB} = \sin i_2 \quad . \tag{1.5}$$

Finalement, la trajectoire optimale effectivement empruntée par Alice satisfait la relation suivante :

$$\frac{1}{v_1}\sin i_1 = \frac{1}{v_2}\sin i_2 \quad . \tag{1.6}$$

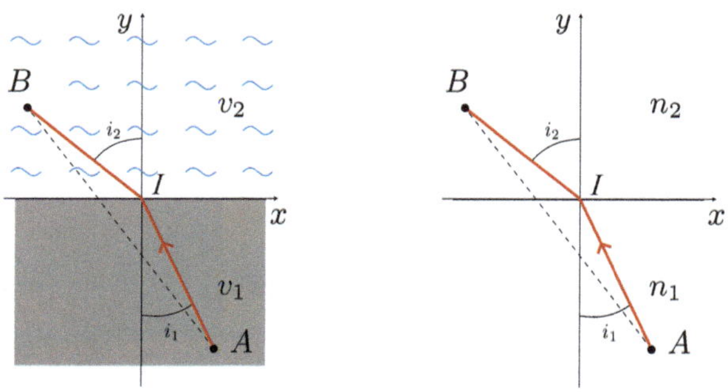

FIGURE 1.2 – Illustration du principe de Fermat : à gauche, pour qu'Alice (en A) sauve Bob (en B) de la noyade, et à droite, pour la réfraction de la lumière entre deux milieux d'indices différents.

De façon analogue, un rayon lumineux traversant une interface entre deux milieux d'indices différents est dévié. Sa trajectoire obéit précisément à la loi ci-dessus. Nous avons l'habitude de l'écrire en utilisant l'indice optique $n = c/v$, où c est la vitesse de la lumière dans le vide, et v dans le milieu. La loi obtenue, connue sous le nom de *loi de Snell-Descartes* et illustrée dans le panneau de droite de la figure 1.2, s'exprime comme suit :

$$n_1 \sin i_1 = n_2 \sin i_2 \quad . \tag{1.7}$$

Étant donné les points de départ et d'arrivée A et B du rayon lumineux, la trajectoire effectivement suivie correspond au temps de trajet minimal entre A et B. Ce changement de point de vue est très important pour la description de la physique. Il s'agit d'une révolution conceptuelle majeure, offrant une alternative globale aux méthodes procédurales établies précédemment. Pour la première fois, une loi physique, la loi de la réfraction lumineuse, est dérivée à partir d'un point de vue global et d'un principe variationnel, ici la minimisation du temps de parcours.

1.2.2 Le principe de moindre action de Maupertuis

Le principe de Fermat invite à chercher une approche variationnelle pour la mécanique. Ce sont Maupertuis, puis Euler qui appliquent en premier ce point de vue à la mécanique au XVIIIe siècle. S'inspirant des travaux de Fermat, Maupertuis va retrouver une loi des sinus pour la réfraction lumineuse en recherchant la trajectoire qui, entre deux instants t_1 et t_2, minimise la quantité suivante :

$$S = \int_{t_1}^{t_2} \vec{v} \cdot \mathrm{d}\vec{\ell} \ . \tag{1.8}$$

Il nomme cette quantité l'*action*. L'action totale est donc une somme d'actions élémentaires $\vec{v} \cdot \mathrm{d}\vec{\ell}$ qui ne dépendent que de l'état instantané du système. Le *principe de moindre action* stipule que l'action est minimale pour la trajectoire réelle. Sur le schéma de la figure 1.3, la trajectoire réelle est représentée en trait plein. Toute trajectoire potentielle autre que la trajectoire réellement suivie débouche sur un accroissement $\delta S > 0$ de l'action.

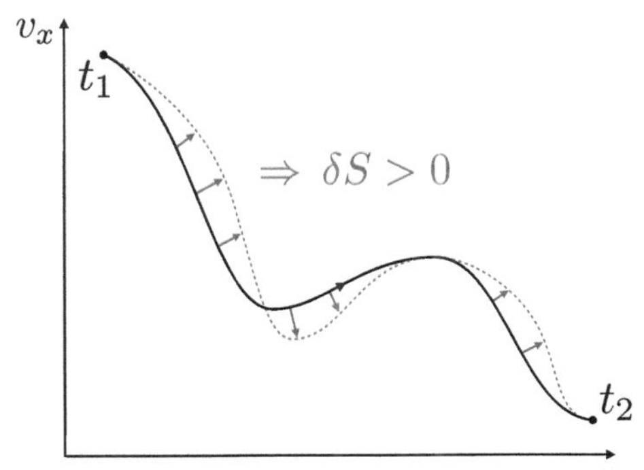

FIGURE 1.3 – Illustration de la trajectoire d'un système unidimensionnel dans l'espace des phases (x, v_x). La trajectoire réelle est en trait plein, toute déviation entraîne une action globale plus élevée.

Généralisant son raisonnement aux systèmes matériels, Maupertuis introduit alors la masse dans l'expression de S. Dans la suite, nous verrons qu'il est effectivement plus naturel d'utiliser l'impulsion que la vitesse :

$$S = \int_{t_1}^{t_2} m\,\vec{v}\cdot \mathrm{d}\vec{\ell} = \int_{t_1}^{t_2} \vec{p}\cdot \mathrm{d}\vec{\ell}\ . \tag{1.9}$$

L'unité de l'action ainsi définie est donc le produit d'une énergie par un temps, et se mesure en J · s en unités S.I.

1.2.3 Le formalisme lagrangien

Le formalisme moderne permettant d'exprimer la mécanique classique d'un point de vue variationnel est introduit par Joseph-Louis Lagrange dans la seconde partie du XVIIIe siècle. Outre le fait qu'il permet de faire le lien avec la physique quantique, ce formalisme offre une vision synthétique permettant de s'affranchir des forces internes et de mettre en valeur les symétries du problème. Ces dernières vont en particulier faire émerger de façon naturelle les invariants, c'est-à-dire les constantes du mouvement.

L'action de Lagrange se construit comme une généralisation de l'exemple de la section précédente. S y est définie comme l'intégrale entre deux points fixes d'une fonction nommée lagrangien L, ce dernier ne dépendant que des positions des particules et de leurs dérivées premières :

$$S = \int_{t_1}^{t_2} \mathrm{d}t\, L\left[\vec{r}_1(t),\ldots,\vec{r}_N(t);\vec{v}_1(t),\ldots,\vec{v}_N(t)\right]\ . \tag{1.10}$$

Il est important de noter que le lagrangien est construit comme une fonction des variables $\vec{r}_i$ et $\vec{v}_i$ considérées comme indépendantes, de sorte que la notion d'espace des phases prend tout son sens. Dans la pratique, cette indépendance se traduit par

$$\frac{\partial L(\vec{v})}{\partial \vec{r}} = \vec{0} \quad \text{si } L \text{ ne dépend que de } \vec{v}$$

et

$$\frac{\partial L(\vec{r})}{\partial \vec{v}} = \vec{0} \quad \text{si } L \text{ ne dépend que de } \vec{r}\ .$$

La notation utilisée ici est une notation compacte permettant de désigner un vecteur dont les composantes sont les dérivées partielles par rapport aux composantes du vecteur au dénominateur. Par exemple, dans une base orthonormée $\{\vec{e}_x, \vec{e}_y, \vec{e}_z\}$, la dérivée d'une grandeur scalaire A s'écrit

$$\frac{\partial A}{\partial \vec{u}} = \frac{\partial A}{\partial u_x}\vec{e}_x + \frac{\partial A}{\partial u_y}\vec{e}_y + \frac{\partial A}{\partial u_z}\vec{e}_z\ .$$

Dans le cas de l'opérateur gradient, cela revient à l'écrire sous la forme :

$$\frac{\partial A}{\partial \vec{r}} = \vec{\nabla} A \ .$$

Dans la suite de l'ouvrage, la notation $\partial/\partial\vec{u}$ sera le plus souvent utilisée, à la place en particulier de l'opérateur $\vec{\nabla}$.

1.2.4 Les équations d'Euler-Lagrange

La définition de l'action à partir du lagrangien permet de trouver la forme générale des équations du mouvement sur la base du principe de moindre action. Supposons que l'on perturbe la trajectoire, en modifiant chaque variable $\vec{r}_i(t)$ et $\vec{v}_i(t)$ en $\vec{r}_i(t) + \delta\vec{r}_i(t)$ et $\vec{v}_i(t) + \delta\vec{v}_i(t)$. Il faut bien noter que, pour que cette trajectoire modifiée dans l'espace des phases corresponde effectivement à une trajectoire potentielle dans l'espace réel, il faut conserver la condition de cohérence :

$$\forall i\,,\ \frac{\mathrm{d}}{\mathrm{d}t}\left(\delta\vec{r}_i(t)\right) = \delta v_i(t) \ . \tag{1.11}$$

L'action est alors modifiée selon

$$S + \delta S = \int_{t_1}^{t_2} \mathrm{d}t\,(L + \delta L)\,(t) \ , \tag{1.12}$$

avec :

$$\delta L = \sum_{i=1}^{N} \delta\vec{r}_i \cdot \frac{\partial L}{\partial \vec{r}_i} + \sum_{i=1}^{N} \delta\vec{v}_i \cdot \frac{\partial L}{\partial \vec{v}_i} \ . \tag{1.13}$$

Si l'on considère la particule i, et que l'on intègre la perturbation de l'action sur toute la trajectoire dans l'espace engendré par $\{\vec{r}_i, \vec{v}_i\}$, il vient :

$$\delta S_i = \int_{t_1}^{t_2} \mathrm{d}t\,\left(\delta\vec{r}_i \cdot \frac{\partial L}{\partial \vec{r}_i} + \delta\vec{v}_i \cdot \frac{\partial L}{\partial \vec{v}_i}\right) \ . \tag{1.14}$$

Le second terme peut être intégré par parties en utilisant (1.11) :

$$\delta S_i = \int_{t_1}^{t_2} \mathrm{d}t\,\left(\delta\vec{r}_i \cdot \frac{\partial L}{\partial \vec{r}_i}\right) + \left[\delta\vec{r}_i \cdot \frac{\partial L}{\partial \vec{v}_1}\right]_{t_1}^{t_2} - \int_{t_1}^{t_2} \mathrm{d}t\,\left(\delta\vec{r}_i \cdot \frac{\mathrm{d}}{\mathrm{d}t}\left(\frac{\partial L}{\partial \vec{v}_i}\right)\right) \ . \tag{1.15}$$

Par ailleurs, le terme entre crochets est nul car les conditions en t_1 et t_2 sont fixées, ce qui entraîne

$$\delta\vec{r}_i(t_1) = \delta\vec{r}_i(t_2) = \vec{0}, \quad \forall i \ . \tag{1.16}$$

Pour que l'action soit minimale, il faut que $\delta S_i = 0$, soit en regroupant les termes

$$\int_{t_1}^{t_2} \mathrm{d}t\,\delta\vec{r}_i \cdot \left(\frac{\partial L}{\partial \vec{r}_i} - \frac{\mathrm{d}}{\mathrm{d}t}\left(\frac{\partial L}{\partial \vec{v}_i}\right)\right) = 0 \ . \tag{1.17}$$

Cette égalité doit être valable pour toute perturbation $\delta\vec{r}_i$. Ceci n'est possible que si le terme entre parenthèses s'annuler, ce qui donne alors les *équations d'Euler-Lagrange* :

$$\frac{\partial L}{\partial \vec{r}_i} = \frac{\mathrm{d}}{\mathrm{d}t}\left(\frac{\partial L}{\partial \vec{v}_i}\right) \ . \tag{1.18}$$

Ce sont en fait les équations du mouvement. Pour faire le lien avec leur forme habituelle, il faut préciser la valeur du lagrangien pour un système donné.

1.2.5 Équivalence avec la mécanique newtonienne

La deuxième loi de Newton (1.2) et l'équation d'Euler-Lagrange (1.18) sont supposées décrire toutes deux le mouvement d'un ensemble de points matériels. Voyons à quelle condition elles sont équivalentes. Dans le cas d'une seule particule soumise à une force dérivant d'un potentiel, on voit immédiatement qu'une condition suffisante est :

$$\begin{cases} \dfrac{\partial L}{\partial \vec{r}} = \vec{F} = -\dfrac{\partial U}{\partial \vec{r}} \\ \dfrac{\partial L}{\partial \vec{v}} = m\vec{v} \end{cases} , \tag{1.19}$$

où U est le potentiel dont dérive la force. Il est facile de voir que le lagrangien suivant convient :

$$L = \frac{1}{2}m\vec{v}^{\,2} - U(\vec{r}) \ , \tag{1.20}$$

soit de façon générale, la différence entre l'énergie cinétique T et l'énergie potentielle U,

$$L = T - U \ . \tag{1.21}$$

Nous disposons donc maintenant de deux points de vue équivalents. La formulation newtonienne propose une approche différentielle, où la trajectoire des points matériels peut être construite de proche en proche à partir de la donnée des positions et des vitesses à un instant donné. La formulation lagrangienne offre en revanche un point de vue global, une fois fixés l'état initial et l'état final.

1.2.6 Particule dans un champ électromagnétique

C'est peut-être dans le cas de l'étude d'une particule en mouvement dans un champ électromagnétique que l'approche lagrangienne se révèle la plus instructive. Considérons une particule de masse m et de charge q dans un champ électromagnétique décrit par les champs $\vec{E}$ et $\vec{B}$. La force subie par la particule est la force de Lorentz

$$\vec{F} = q\vec{E} + q\vec{v} \wedge \vec{B} \ . \tag{1.22}$$

On rappelle que les champs $\vec{E}$ et $\vec{B}$ dérivent des potentiels scalaire V et vecteur $\vec{A}$, les relations entre les champs et les potentiels étant données par

$$\vec{E} = -\frac{\partial V}{\partial \vec{r}} - \frac{\partial \vec{A}}{\partial t} \quad \text{et} \quad \vec{B} = \frac{\partial}{\partial \vec{r}} \wedge \vec{A} \ . \tag{1.23}$$

La force électrique dérive uniquement du potentiel qV si le champ magnétique est indépendant du temps. Le cas de la force magnétique est moins trivial en raison du potentiel vecteur [1]. La forme correcte du lagrangien décrivant le mouvement de la particule dans ces champs est

$$L = \frac{1}{2}m\vec{v}^{\,2} - qV + q\vec{v}\cdot\vec{A} \ . \tag{1.24}$$

On peut le vérifier en considérant l'équation d'Euler-Lagrange (1.18) issue de ce lagrangien. Voyons la projection sur x, les cas des autres directions étant similaires. On a d'une part

$$\begin{aligned} \frac{\partial L}{\partial x} &= q\vec{v}\cdot\frac{\partial \vec{A}}{\partial x} - q\frac{\partial V}{\partial \vec{r}} \\ &= q\left(\frac{\partial A_x}{\partial x}\right)v_x + q\left(\frac{\partial A_y}{\partial x}\right)v_y + q\left(\frac{\partial A_z}{\partial x}\right)v_z - q\frac{\partial V}{\partial \vec{r}} \ , \end{aligned} \tag{1.25}$$

et par ailleurs,

$$\frac{\partial L}{\partial \vec{v}} = m\vec{v} + q\vec{A} \ , \tag{1.26}$$

car V et $\vec{A}$ ne dépendent que de $\vec{r}$. On peut à présent dériver l'équation précédente par rapport au temps et utiliser l'équation d'Euler-Lagrange (1.18), ce qui donne selon la direction x

$$\begin{aligned} \frac{\partial L}{\partial x} &= ma_x + q\frac{\mathrm{d}A_x}{\mathrm{d}t} \\ &= ma_x + q\left(\frac{\partial A_x}{\partial x}v_x\right) + q\left(\frac{\partial A_x}{\partial y}v_y\right) + q\left(\frac{\partial A_x}{\partial z}v_z\right) \ . \end{aligned} \tag{1.27}$$

En combinant l'expression précédente avec (1.25), il vient

$$\begin{aligned} ma_x = q\left(\frac{\partial A_x}{\partial x}\right)v_x + q\left(\frac{\partial A_y}{\partial x}\right)v_y + q\left(\frac{\partial A_z}{\partial x}\right)v_z - q\frac{\partial V}{\partial \vec{r}} \\ - \left[q\left(\frac{\partial A_x}{\partial x}v_x\right) + q\left(\frac{\partial A_x}{\partial y}v_y\right) + q\left(\frac{\partial A_x}{\partial z}v_z\right)\right] \ . \end{aligned} \tag{1.28}$$

1. Cela est non sans lien avec les fameux coups francs de Roberto Carlos. La force exercée par l'air sur une sphère en rotation sur elle-même, conséquence de l'effet Magnus, peut aussi être décrite par un potentiel vectoriel.

En utilisant la définition des champs à partir des potentiels scalaire et vecteur (1.23), il vient

$$ma_x = qE_x + qB_z v_y - qB_y v_z = qE_x + q\left(\vec{v} \wedge \vec{B}\right)_x . \qquad (1.29)$$

On reconnaît dans le membre de droite la composante selon x de la force de Lorentz (1.22). Les équations d'Euler-Lagrange sont donc bien équivalentes à la deuxième loi de Newton et conduisent aux bonnes équations du mouvement, à condition que le lagrangien soit donné par (1.24). Nous verrons dans la suite que cela correspond à une redéfinition de l'impulsion dans le cas où un champ électromagnétique est présent.

Dans les problèmes où intervient la force de Lorentz, il n'est pas possible de décrire le mouvement à l'aide d'un potentiel de façon aussi concise que dans le cas où seul un champ électrique statique est présent. La raison en est que le potentiel n'est pas décrit par une simple grandeur scalaire. Dans le premier cas, l'énergie potentielle électrostatique est donnée par le produit qV. En présence d'un champ magnétique, on peut interpréter le terme $q\vec{v}\cdot\vec{A}$ non comme une énergie potentielle mais, à une constante multiplicative près[2], une *impulsion potentielle.*

1.2.7 Le moment conjugué de Lagrange

L'introduction du lagrangien comme entité fondamentale décrivant l'évolution d'un système amène de façon naturelle à définir un *moment conjugué de Lagrange* qui généralise la notion de quantité de mouvement. Il est défini par

$$\vec{p} = \frac{\partial L}{\partial \vec{v}} . \qquad (1.30)$$

Cette grandeur est également appelée *impulsion.* Dans le cas d'une particule isolée ou soumise à un potentiel scalaire, l'impulsion s'identifie à la quantité de mouvement. Ce n'est plus le cas si l'on considère une particule dans un champ magnétique, comme on l'a vu dans la section précédente. Le tableau 1.1 donne les lagrangiens et les moments conjugués dans trois exemples courants de situations.

2. La constante en question a la dimension d'une vitesse. Ce point sera abordé dans le chapitre sur la relativité, avec le quadri-vecteur énergie-impulsion.

Particule	Lagrangien L	Moment conjugué $\vec{p}$
Isolée	$\frac{1}{2}m\vec{v}^2$	$m\vec{v}$
Dans un potentiel U	$\frac{1}{2}m\vec{v}^2 - U(\vec{r})$	$m\vec{v}$
Dans un champ électro-magnétique $(V, \vec{A})$	$\frac{1}{2}m\vec{v}^2 - qV + q\vec{v}\cdot\vec{A}$	$m\vec{v} + q\vec{A}$

TABLE 1.1 – Exemples de Lagrangiens et de moments conjugués de Lagrange dans trois situations très courantes.

1.3 Invariances et conservations

Dans la formulation newtonienne de la mécanique, la conservation de certaines grandeurs semble être spécifique à certains systèmes et n'apparaît pas comme émergeant clairement de principes fondamentaux. Les conservations de l'énergie, de l'impulsion ou du moment cinétique semblent être des propriétés constatées des systèmes conservatifs. La formulation lagrangienne permet de jeter un éclairage nouveau sur les lois de conservation, en particulier de l'énergie, de l'impulsion et du moment cinétique. Dans la suite, nous allons examiner plus en détail ces trois conservations avant de les intégrer dans un cadre plus général grâce au théorème de Noether.

1.3.1 Translation dans le temps et énergie

Il est très fréquent que les expériences de physique soient invariantes par translation dans le temps. Il convient de ne pas confondre cette invariance avec le fait que certaines grandeurs ne dépendent pas du temps. Ici, il s'agit de considérer qu'une expérience effectuée à un certain instant donnera le même résultat que la même expérience conduite à un instant ultérieur, toutes conditions égales par ailleurs. Dans la pratique, l'invariance par translation dans le temps se traduit par le fait que le lagrangien ne dépend pas explicitement du temps. La dérivée totale du lagrangien par rapport au temps est donnée par

$$\frac{\mathrm{d}L}{\mathrm{d}t} = \frac{\partial L}{\partial t} + \sum_{i=1}^{N}\left(\frac{\mathrm{d}\vec{r}_i}{\mathrm{d}t}\cdot\frac{\partial L}{\partial \vec{r}_i} + \frac{\mathrm{d}\vec{v}_i}{\mathrm{d}t}\cdot\frac{\partial L}{\partial \vec{v}_i}\right) \quad . \tag{1.31}$$

L'absence de dépendance explicite de L en fonction du temps annule le premier terme, et les équations d'Euler-Lagrange nous permettent de ré-écrire la partie entre parenthèses

$$\frac{\mathrm{d}L}{\mathrm{d}t} = \sum_{i=1}^{N} \left(\frac{\mathrm{d}\vec{r}_i}{\mathrm{d}t} \cdot \frac{\mathrm{d}}{\mathrm{d}t} \left(\frac{\partial L}{\partial \vec{v}_i} \right) + \frac{\mathrm{d}\vec{v}_i}{\mathrm{d}t} \cdot \frac{\partial L}{\partial \vec{v}_i} \right) , \tag{1.32}$$

ce qui donne finalement

$$\frac{\mathrm{d}L}{\mathrm{d}t} = \frac{\mathrm{d}}{\mathrm{d}t} \left(\sum_{i=1}^{N} \vec{v}_i \cdot \frac{\partial L}{\partial \vec{v}_i} \right) = \frac{\mathrm{d}}{\mathrm{d}t} \left(\sum_{i=1}^{N} \vec{v}_i \cdot \vec{p}_i \right) . \tag{1.33}$$

Nous en concluons que la quantité $(\sum_i (\vec{p}_i \cdot \vec{v}_i) - L)$ est conservée au cours du temps :

$$\frac{\mathrm{d}}{\mathrm{d}t} \left(\sum_i (\vec{p}_i \cdot \vec{v}_i) - L \right) = 0 . \tag{1.34}$$

Cette grandeur représente l'énergie du système. Cela est facile à vérifier dans le cas d'une particule soumise à une énergie potentielle. Dans la suite, cette grandeur sera nommée *hamiltonien*. Nous découvrons alors que la conservation de l'énergie est intimement liée à l'invariance par translation dans le temps.

1.3.2 Translations dans l'espace et impulsion

De même que le résultat d'une expérience ne dépend pas de la date à laquelle elle est conduite, toutes conditions égales par ailleurs, il ne dépend pas non plus du lieu dans lequel elle est menée. Une translation spatiale d'une quantité infinitésimale $\vec{\varepsilon}$ entraîne une variation infinitésimale du lagrangien

$$\delta L = L(\{\vec{r}_i + \vec{\varepsilon}; \vec{v}_i\}) - L(\{\vec{r}_i; \vec{v}_i\}) = \sum_{i=1}^{N} \left(\vec{\varepsilon} \cdot \frac{\partial L}{\partial \vec{r}_i} \right) . \tag{1.35}$$

Une invariance par translation dans l'espace implique que l'action est inchangée, soit $\delta S = 0$. Or δS s'écrit

$$\delta S = \int_{t_1}^{t_2} \mathrm{d}t \, \delta L = \sum_{i=1}^{N} \left(\vec{\varepsilon} \cdot \int_{t_1}^{t_2} \mathrm{d}t \, \frac{\partial L}{\partial \vec{r}_i} \right) = \vec{\varepsilon} \cdot \left(\sum_{i=1}^{N} \vec{p}_i(t_2) - \sum_{i=1}^{N} \vec{p}_i(t_1) \right) . \tag{1.36}$$

On constate ainsi que l'invariance par translation spatiale induit la conservation dans le temps de la quantité $(\sum_i \vec{p}_i)$. Autrement dit, la conservation de l'impulsion globale du système est une conséquence directe de l'invariance par translation dans l'espace. Comme il y a trois directions possibles dans l'espace, la quantité conservée est vectorielle, et ce sont les trois composantes de l'impulsion qui se conservent indépendamment.

1.3.3 Rotations dans l'espace et moment cinétique

Toutes conditions égales par ailleurs, l'orientation dans l'espace d'une expérience de mécanique n'influence pas son résultat. Pour en voir la conséquence, considérons une rotation infinitésimale autour de l'axe z, ce qui entraîne une variation δL du lagrangien

$$\delta L = L\Big(\big\{(x_i - \varepsilon y_i\ ;\ \varepsilon x_i + y_i)\ ;\ (\dot{x}_i - \varepsilon \dot{y}_i\ ;\ \varepsilon \dot{x}_i + \dot{y}_i)\big\}\Big)\ . \tag{1.37}$$

L'action est alors modifiée selon

$$\begin{aligned}\delta S &= \int_{t_1}^{t_2} \mathrm{d}t\ \delta L \\ &= \varepsilon\left(\sum_{i=1}^{N}\left(x^{(i)}p_y^{(i)} - y^{(i)}p_x^{(i)}\right)(t_2) - \sum_{i=1}^{N}\left(x^{(i)}p_y^{(i)} - y^{(i)}p_x^{(i)}\right)(t_1)\right)\ .\end{aligned} \tag{1.38}$$

Il apparaît que la composante selon z de la quantité vectorielle

$$\left(\sum_{i=1}^{N} \vec{r}_i \wedge \vec{p}_i\right)$$

est conservée. On reconnaît là la composante z du *moment cinétique*. La conservation des autres composantes est démontrée en considérant des rotations autour des directions x et y. En conclusion, l'invariance par rotation dans l'espace entraîne la conservation du moment cinétique.

1.3.4 Théorème de Noether classique

Les relations obtenues au paragraphe précédent, qui établissent un pont entre les invariances de la physique par des transformations spatiales ou temporelles et les quantités du système conservées au cours de son évolution, sont en fait des cas particuliers d'un lien plus général. Ce lien a été formalisé par Emmy Noether en 1915 sous la forme du théorème qui porte son nom. Il s'énonce comme suit : **à toute invariance du lagrangien par une classe de transformations continues correspond une quantité conservée.**

Le tableau 1.2 donne quelques exemples d'application du théorème de Noether. Dans chaque cas est précisée la transformation et mentionné le nombre de générateurs infinitésimaux associés, n, puis la quantité conservée et le type de grandeur, vecteur ou scalaire.

L'exemple de la charge électrique est mentionné ici afin d'illustrer la puissance du théorème. La phase dont il est question est celle de la fonction d'onde, ou

Transformation	n	Quantité conservée	Type
Translation dans le temps	1	Énergie	Scalaire
Translation dans l'espace	3	Quantité de mouvement	Vecteur
Rotation dans l'espace	3	Moment cinétique	Vecteur
Changement de jauge	1	Charge électrique	Scalaire

TABLE 1.2 – Exemples d'application du théorème de Noether.

du vecteur d'état, des concepts qui seront introduits dans les chapitres traitant de la physique quantique.

Dans la formulation lagrangienne, c'est le lagrangien L qui est le centre de l'approche théorique. Or la relation (1.34) semble conférer à l'énergie un rôle fondamental dans la dynamique des systèmes. Nous allons donc à présent reformuler la mécanique lagrangienne pour offrir une place centrale à cette grandeur.

1.4 Formulation hamiltonienne de la physique

Pour tirer toute la substance de cette nouvelle formulation variationnelle de la mécanique et faire apparaître la structure fondamentale de l'espace des phases, il faut la réécrire en s'appuyant sur une fonction nommée *hamiltonien*. Cette dernière est directement liée à l'énergie du système et nous verrons ultérieurement qu'elle joue un rôle central en physique quantique. Les expressions obtenues permettent un passage plus naturel de la physique classique à la physique quantique et à la relativité.

En particulier, dans la formulation hamiltonienne, les équations du mouvement ne sont plus données par les équations d'Euler-Lagrange, mais par un couple de relations, les *équations de Hamilton-Jacobi*.

1.4.1 Énergie et hamiltonien

L'approche hamiltonienne vise à décrire la physique en remplaçant le couple de variables dynamiques $\vec{r}$ et $\vec{v}$ par le couple constitué de la variable $\vec{r}$ associée à son moment conjugué de Lagrange $\vec{p}$. Nous avons vu en effet dans les paragraphes précédents que l'utilisation de l'impulsion permet d'écrire des relations plus générales. Si l'on considère le lagrangien comme une fonction de $\vec{v}$, la relation (1.30) indique que L est l'intégrale de $\vec{p}(\vec{v})$. De façon analogue, on considère une fonction H qui est l'intégrale de $\vec{v}(\vec{p})$. La fonction $\vec{p}(\vec{v})$ étant monotone, les deux intégrales sont liées, comme illustré dans la figure 1.4, par la relation

$$L(\vec{v}) + H(\vec{p}) = \vec{p}\cdot\vec{v} \ . \tag{1.39}$$

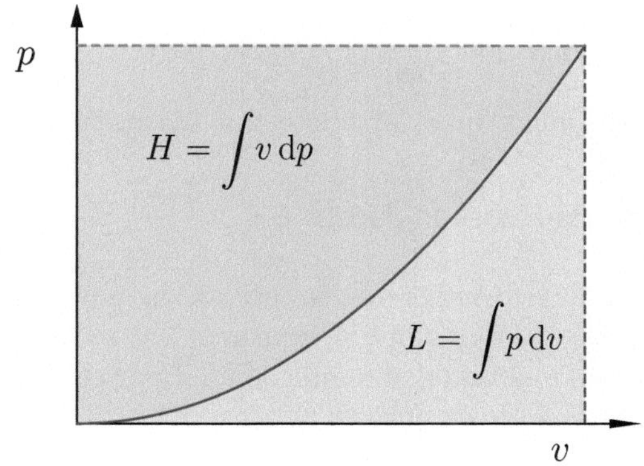

FIGURE 1.4 – Illustration du lien entre le lagrangien et l'hamiltonien dans un système d'axes (p, v). Attention ici à ne pas confondre avec une représentation de l'espace des phases.

Mathématiquement, la fonction $H(\vec{p})$ correspond en fait à la *transformée de Legendre* du lagrangien. La fonction H porte le nom d'*hamiltonien*. Il se généralise pour les systèmes de points matériels par l'expression :

$$H = \sum_{i=1}^{N} (\vec{p}_i \cdot \vec{v}_i) - L \ . \tag{1.40}$$

L'hamiltonien donne l'énergie totale du système exprimée en fonction de $\vec{r}$ et $\vec{p}$, autrement dit, la quantité conservée associée à l'invariance par translation dans le temps. Nous allons maintenant illustrer ceci avec quelques exemples concrets.

Considérons tout d'abord une particule soumise à un potentiel. Son hamiltonien s'exprime alors

$$H(\vec{r}, \vec{p}) = m\vec{v}^{\,2} - \left(\frac{1}{2}m\vec{v}^{\,2} - U(\vec{r})\right) = \frac{\vec{p}^{\,2}}{2m} + U(\vec{r}) \ . \tag{1.41}$$

Pour une particule évoluant dans un champ électromagnétique, en utilisant l'expression du moment conjugué donnée dans le tableau 1.1,

$$H(\vec{r}, \vec{p}) = \left(m\vec{v}^2 + q\vec{v} \cdot \vec{A}\right) - \left(\frac{1}{2}m\vec{v}^2 - qV + q\vec{v} \cdot \vec{A}\right) = \frac{1}{2}m\vec{v}^2 + qV \ . \tag{1.42}$$

Or, par construction, l'hamiltonien H est une fonction de $\vec{r}$ et de $\vec{p}$, il faut donc faire apparaître explicitement le moment conjugué. Il vient alors

$$H(\vec{r},\vec{p}) = \frac{1}{2m}\left(\vec{p} - q\vec{A}\right)^2 + qV \ , \tag{1.43}$$

ce qui fait automatiquement apparaître le terme magnétique.

1.4.2 Les équations de Hamilton-Jacobi

Nous allons maintenant reformuler les équations du mouvement en utilisant les moments conjugués. Il s'agit donc d'exprimer les dérivées temporelles des variables dynamiques en fonction de l'hamiltonien. Pour cela, nous commençons par évaluer la différentielle de ce dernier :

$$\begin{aligned} \mathrm{d}H &= \mathrm{d}\left(\sum_{i=1}^{N}(\vec{p}_i\cdot\vec{v}_i) - L\right) \\ &= \sum_{i=1}^{N}(\vec{p}_i\cdot\mathrm{d}\vec{v}_i + \mathrm{d}\vec{p}_i\cdot\vec{v}_i) - \sum_{i=1}^{N}\left(\frac{\partial L}{\partial\vec{r}_i}\cdot\mathrm{d}\vec{r}_i + \frac{\partial L}{\partial\vec{v}_i}\cdot\mathrm{d}\vec{v}_i\right) \ . \end{aligned} \tag{1.44}$$

Puis, en utilisant la définition (1.30),

$$\mathrm{d}H = \sum_{i=1}^{N}\left(-\frac{\partial L}{\partial\vec{r}_i}\cdot\mathrm{d}\vec{r}_i + \vec{v}_i\cdot\mathrm{d}\vec{p}_i\right) \ . \tag{1.45}$$

Cette expression apparaît ainsi analogue à la forme générale

$$\mathrm{d}H = \sum_{i=1}^{N}\frac{\partial H}{\partial\vec{r}_i}\cdot\mathrm{d}\vec{r}_i + \frac{\partial H}{\partial\vec{p}_i}\cdot\mathrm{d}\vec{p}_i \ . \tag{1.46}$$

En identifiant terme à terme les relations 1.45 et 1.46, on obtient

$$\frac{\partial H}{\partial\vec{r}} = -\frac{\partial L}{\partial\vec{r}} \quad \text{et} \quad \frac{\partial H}{\partial\vec{p}} = \vec{v} \ . \tag{1.47}$$

Or l'équation d'Euler-Lagrange s'écrit aussi

$$\frac{\partial L}{\partial\vec{r}} = \frac{\mathrm{d}\vec{p}}{\mathrm{d}t} \ , \tag{1.48}$$

ce qui conduit, pour chaque particule, aux relations suivantes connues sous le nom d'*équations de Hamilton-Jacobi* :

$$\begin{cases} \dfrac{\mathrm{d}\vec{r}_i}{\mathrm{d}t} = \dfrac{\partial H}{\partial\vec{p}_i} \\ \dfrac{\mathrm{d}\vec{p}_i}{\mathrm{d}t} = -\dfrac{\partial H}{\partial\vec{r}_i} \ . \end{cases} \tag{1.49}$$

Elles sont équivalentes aux équations d'Euler-Lagrange dans la formulation hamiltonienne dans lesquelles on a éliminé la variable $\vec{v}$. Elles correspondent donc aux équations du mouvement lorsqu'elles sont explicitées.

Il est aisé de voir que les équations de Hamilton-Jacobi sont équivalentes à la formulation newtonienne de la mécanique. En effet, lorsque la force $\vec{F}$ dérive du potentiel U, l'énergie est donnée par

$$E = H(\vec{r}, \vec{p}) = \frac{\vec{p}^{\,2}}{2m} + U(\vec{r}) \ , \tag{1.50}$$

ce qui donne

$$\frac{\partial H}{\partial \vec{p}} = \frac{1}{2m}\frac{\partial \vec{p}^{\,2}}{\partial \vec{p}} = \frac{\vec{p}}{m} = \frac{\mathrm{d}\vec{r}}{\mathrm{d}t} \ , \tag{1.51}$$

et

$$\frac{\partial H}{\partial \vec{r}} = \frac{\partial U(\vec{r})}{\partial \vec{r}} = -\vec{F} = -\frac{\mathrm{d}\vec{p}}{\mathrm{d}t} \ , \tag{1.52}$$

où l'on retrouve bien les équations de Newton du mouvement :

$$\vec{p} = m\,\vec{v} \qquad \text{et} \qquad \vec{F} = m\,\vec{a} \ . \tag{1.53}$$

1.4.3 Évolution temporelle et crochets de Poisson

L'évolution temporelle d'une variable générique décrivant le système peut être appréhendée en considérant sa relation avec l'hamiltonien du système. Nous verrons en particulier dans les chapitres consacrés à la physique quantique que l'hamiltonien joue un rôle central dans l'équation d'évolution d'un système quantique. Mais, pour l'instant, considérons un système classique dans lequel on peut mesurer une grandeur F dépendante du temps, des positions et de leurs moments conjugués de Lagrange. La dérivée de F par rapport au temps s'exprime alors

$$\frac{\mathrm{d}}{\mathrm{d}t}F(\{\vec{r}_i;\vec{p}_i\},t) = \frac{\partial F}{\partial t} + \sum_{i=1}^{3N}\left(\frac{\partial F}{\partial \vec{r}_i}\cdot\frac{\mathrm{d}\vec{r}_i}{\mathrm{d}t} + \frac{\partial F}{\partial \vec{p}_i}\cdot\frac{\mathrm{d}\vec{p}_i}{\mathrm{d}t}\right) \ . \tag{1.54}$$

Les équations de Hamilton-Jacobi nous permettent d'exprimer les dérivées temporelles :

$$\frac{\mathrm{d}F}{\mathrm{d}t} = \frac{\partial F}{\partial t} + \sum_{i=1}^{3N}\left(\frac{\partial F}{\partial \vec{r}_i}\cdot\frac{\partial H}{\partial \vec{p}_i} - \frac{\partial F}{\partial \vec{p}_i}\cdot\frac{\partial H}{\partial \vec{r}_i}\right) \ , \tag{1.55}$$

soit

$$\frac{\mathrm{d}F}{\mathrm{d}t} = \frac{\partial F}{\partial t} + \{F, H\} \ , \tag{1.56}$$

où l'on a défini le *crochet de Poisson* par :

$$\{F, H\} = \frac{\partial F}{\partial \vec{r}_i} \cdot \frac{\partial H}{\partial \vec{p}_i} - \frac{\partial F}{\partial \vec{p}_i} \cdot \frac{\partial H}{\partial \vec{r}_i} \ . \tag{1.57}$$

Il apparaît donc que toute fonction des variables $\vec{r}$ et $\vec{p}$ (sans dépendance explicite du temps) dont le crochet de Poisson avec l'hamiltonien est nul est une constante du mouvement. On dispose ainsi, *via* l'hamiltonien, d'une caractérisation des constantes du mouvement.

1.4.4 Le théorème de Liouville

Considérons maintenant N particules dont les positions sont repérées par $\{\vec{r}_i\}$, les moments conjugués de Lagrange étant désignés par $\{\vec{p}_i\}$. Dans l'espace des phases à $6N$ dimensions, à un instant donné, l'état complet des particules est représenté par un point. En notant $\mathrm{d}\Omega$ le volume élémentaire autour de ce point, on a :

$$\mathrm{d}\Omega = \mathrm{d}r_1 \ldots \mathrm{d}r_{3N}\, \mathrm{d}p_1 \ldots \mathrm{d}p_{3N} \ . \tag{1.58}$$

Il est à noter qu'il ne s'agit pas d'un volume au sens usuel, mais d'un hypervolume dans l'espace des phases. En particulier, l'unité de Ω est $\mathrm{J^{3N}s^{3N}}$. Si l'on caractérise l'évolution du système, chaque variable évolue au bout d'un temps $\mathrm{d}t$ de telle sorte que

$$r_i' = r_i + \dot{r}_i\, \mathrm{d}t \quad \text{et} \quad p_i' = p_i + \dot{p}_i\, \mathrm{d}t \ . \tag{1.59}$$

Après ce temps $\mathrm{d}t$, le nouveau volume élémentaire est $\mathrm{d}\Omega' = \det(J)\, \mathrm{d}\Omega$, J étant la matrice jacobienne de la transformation. Elle s'écrit

$$J = \begin{pmatrix} \frac{\partial r_1'}{\partial r_1} & \cdots & \frac{\partial r_1'}{\partial r_{3N}} & \frac{\partial r_1'}{\partial p_1} & \cdots & \frac{\partial r_1'}{\partial p_{3N}} \\ \vdots & \ddots & \vdots & \vdots & & \vdots \\ \frac{\partial r_{3N}'}{\partial r_1} & \cdots & \frac{\partial r_{3N}'}{\partial r_{3N}} & \frac{\partial r_{3N}'}{\partial p_1} & \cdots & \frac{\partial r_{3N}'}{\partial p_{3N}} \\ \frac{\partial p_1'}{\partial r_1} & \cdots & \frac{\partial p_1'}{\partial r_{3N}} & \frac{\partial p_1'}{\partial p_1} & \cdots & \frac{\partial p_1'}{\partial p_{3N}} \\ \vdots & & \vdots & \vdots & \ddots & \vdots \\ \frac{\partial p_{3N}'}{\partial r_1} & \cdots & \frac{\partial p_{3N}'}{\partial r_{3N}} & \frac{\partial p_{3N}'}{\partial p_1} & \cdots & \frac{\partial p_{3N}'}{\partial p_{3N}} \end{pmatrix} \ . \tag{1.60}$$

La relation d'évolution (1.59) donne les termes diagonaux :

$$1 + \mathrm{d}t\,\frac{\partial \dot{r}_i}{\partial r_i} \quad \text{et} \quad 1 + \mathrm{d}t\,\frac{\partial \dot{p}_i}{\partial p_i}\ . \tag{1.61}$$

Les termes non diagonaux sont, quant à eux, de la forme

$$\mathrm{d}t\,\frac{\partial \dot{r}_i}{\partial r_j}\ ,\quad \mathrm{d}t\,\frac{\partial \dot{r}_i}{\partial p_j}\ ,\quad \mathrm{d}t\,\frac{\partial \dot{p}_i}{\partial r_j} \ \text{ou}\ \ \mathrm{d}t\,\frac{\partial \dot{p}_i}{\partial p_j}\ , \tag{1.62}$$

avec $i \neq j$. En utilisant les équations de Hamilton-Jacobi (1.49), la matrice jacobienne peut donc se réécrire sous la forme :

$$J = \begin{pmatrix} 1 + \frac{\partial^2 H}{\partial r_1 \partial p_1}\mathrm{d}t & \dots & \frac{\partial^2 H}{\partial r_{3N} \partial p_1}\mathrm{d}t & \frac{\partial^2 H}{\partial p_1 \partial p_1}\mathrm{d}t & \dots & \frac{\partial^2 H}{\partial p_{3N} \partial p_1}\mathrm{d}t \\ \vdots & \ddots & \vdots & \vdots & & \vdots \\ \frac{\partial^2 H}{\partial r_1 \partial p_{3N}}\mathrm{d}t & \dots & 1 + \frac{\partial^2 H}{\partial r_{3N} \partial p_{3N}}\mathrm{d}t & \frac{\partial^2 H}{\partial p_1 \partial p_{3N}}\mathrm{d}t & \dots & \frac{\partial^2 H}{\partial p_{3N} \partial p_{3N}}\mathrm{d}t \\ -\frac{\partial^2 H}{\partial r_1 \partial r_1}\mathrm{d}t & \dots & -\frac{\partial^2 H}{\partial r_{3N} \partial r_1}\mathrm{d}t & 1 - \frac{\partial^2 H}{\partial p_1 \partial r_1}\mathrm{d}t & \dots & \vdots \\ \vdots & & \vdots & \vdots & \ddots & \vdots \\ -\frac{\partial^2 H}{\partial r_1 \partial r_{3N}}\mathrm{d}t & \dots & -\frac{\partial^2 H}{\partial r_{3N} \partial r_{3N}}\mathrm{d}t & -\frac{\partial^2 H}{\partial p_1 \partial r_{3N}}\mathrm{d}t & \dots & 1 - \frac{\partial^2 H}{\partial p_{3N} \partial r_{3N}}\mathrm{d}t \end{pmatrix}. \tag{1.63}$$

Si l'on introduit la matrice M de composantes

$$M_{ij} = \frac{\partial^2 H}{\partial p_i \partial r_j}\ , \tag{1.64}$$

alors la matrice jacobienne peut s'écrire simplement sous la forme :

$$J = \mathbb{I} + M\ \mathrm{d}t\ . \tag{1.65}$$

L'estimation de son déterminant peut alors se faire en développant au premier ordre en $\mathrm{d}t$:

$$\det(J) = 1 + \mathrm{Tr}\left[M\ \mathrm{d}t - \mathbb{I}\right] + \mathcal{O}(\mathrm{d}t^2)\ . \tag{1.66}$$

Comme les dérivées partielles commutent, il est immédiat de vérifier que la trace de M s'annule. Le déterminant de la matrice jacobienne vaut donc 1 au premier ordre en $\mathrm{d}t$, à tout instant, et le volume élémentaire reste constant au cours du temps :

$$\frac{\mathrm{d}}{\mathrm{d}t}\left(\mathrm{d}\Omega\right) = 0\ . \tag{1.67}$$

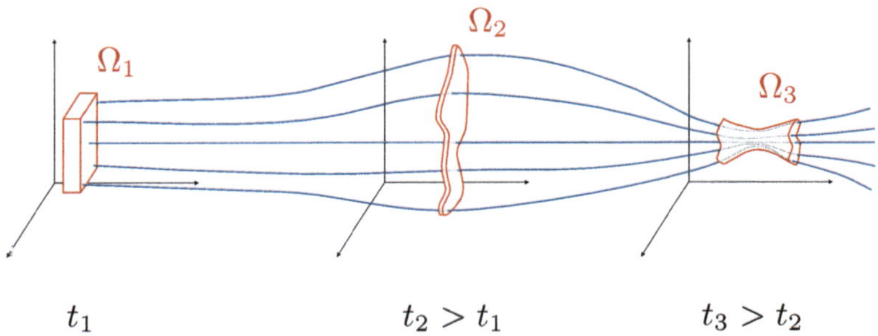

FIGURE 1.5 – Il est impossible de représenter l'espace des phases pour cinq particules car 30 dimensions seraient nécessaires. À supposer que le volume V_i représente le volume total de l'espace des phases occupé par les cinq particules au temps t_i, le théorème de Liouville assure que $\Omega_1 = \Omega_2 = \Omega_3$.

Le résultat précédent indique donc que le volume d'une région de l'espace des phases reste constant lorsqu'il est suivi dans le temps. Ceci est connu sous le nom de *théorème de Liouville*. Il signifie que l'ensemble des trajectoires d'un système classique dans l'espace des phases est semblable aux lignes de courant d'un fluide incompressible, comme illustré de façon schématique dans la figure 1.5. Il s'agit d'une propriété fondamentale des systèmes hamiltoniens, dont l'intérêt est largement mis en lumière en physique statistique.

1.5 Le cas des systèmes non conservatifs

Jusqu'à présent, nous nous sommes intéressés aux formulations de Lagrange et de Hamilton des systèmes conservatifs. Ceci est fait à dessein dans la mesure où cet ouvrage traite dans sa plus grande partie de mécanique quantique, et donc de processus microscopiques élémentaires, ces derniers étant conservatifs. En effet, la dissipation, les frottements et tous les phénomènes entraînant une non conservation de l'énergie émergent d'une description macroscopique effective. L'énergie apparemment perdue dans le frottement est en fait transformée en chaleur, transmise à un système plus grand que le système étudié. Au niveau microscopique, elle correspond à des vibrations d'atomes ou de molécules, ou encore à du rayonnement, tous phénomènes qui sont conservatifs.

Pour autant, il est instructif d'examiner comment de tels phénomènes sont décrits par le formalisme qui nous intéresse ici. Dans une approche effective, il est possible d'écrire des lagrangiens qui permettent de rendre compte de la dissipation en les rendant explicitement dépendants du temps, et en abandonnant la possibilité de les écrire de façon générale comme une différence entre l'énergie cinétique et l'énergie potentielle. Pour illustrer cela avec un exemple simple, considérons un système de masse m soumis à une force dérivant d'un potentiel U, et dont l'évolution comporte un terme de dissipation, au travers d'une force de frottement proportionnelle à la vitesse. Dans ce cas, on peut montrer que le lagrangien suivant permet de retrouver les équations du mouvement avec dissipation :

$$L = e^{\gamma t/m} \left(\frac{1}{2} m\vec{v}^{\,2} - U(\vec{r}) \right) . \tag{1.68}$$

En effet, les dérivées partielles du lagrangien s'écrivent

$$\frac{\partial L}{\partial \vec{r}} = -e^{\gamma t/m} \frac{\mathrm{d}U}{\mathrm{d}\vec{r}} , \tag{1.69}$$

$$\frac{\partial L}{\partial \vec{v}} = e^{\gamma t/m} \, m\vec{v} . \tag{1.70}$$

On en déduit l'équation d'Euler-Lagrange du système

$$m\ddot{\vec{r}} + \gamma \dot{\vec{r}} + \frac{\mathrm{d}U}{\mathrm{d}\vec{r}} = 0 , \tag{1.71}$$

ce qui est bien l'expression de la deuxième loi de Newton pour le système dissipatif considéré. Il s'agit là d'un exemple particulièrement simple. Pour rendre compte de formes de dissipation plus complexe, une méthode générale consiste à conserver la forme initiale du lagrangien $L = T - U$, et à modifier les équations d'Euler-Lagrange en leur ajoutant une fonction de dissipation $\mathcal{D}$

$$\frac{\mathrm{d}}{\mathrm{d}t} \left(\frac{\partial L}{\partial \vec{v}} \right) - \frac{\partial L}{\partial x} = - \frac{\partial \mathcal{D}}{\mathrm{d}\vec{v}} . \tag{1.72}$$

Dans le cas de l'exemple précédent, la fonction de dissipation prendrait la forme

$$\mathcal{D} = \frac{1}{2} \gamma \, \vec{v}^{\,2} . \tag{1.73}$$

1.6 Notations en coordonnées généralisées

Il est courant d'utiliser des notations un peu plus générales que $\vec{r}$ et $\vec{v}$. En effet, le formalisme développé ici est valable pour toute variable dynamique, $\vec{r}$ et $\vec{v}$ étant des cas particuliers. Prenons par exemple un système constitué d'un ressort horizontal, au bout duquel serait attachée une masse m_1 repérée par sa position x et sous laquelle serait accroché un pendule vertical de longueur ℓ portant une masse m_2. Les variables dynamiques sont la position de l'extrémité du ressort x et sa vitesse $\dot{x}$, ainsi que l'angle du pendule θ et sa vitesse angulaire $\dot{\theta}$. Afin de généraliser l'écriture des équations, il est d'usage de regrouper les variables positions sous la forme $\{q_1, \ldots, q_N\}$ pour un système à N degrés de liberté. Dans l'exemple précédent, on aurait ainsi $q_1 = x$ et $q_2 = \theta$. Les équations d'Euler-Lagrange lient donc les variables $\{q_1, \ldots, q_N\}$ à leurs dérivées temporelles, $\{\dot{q}_1, \ldots, \dot{q}_N\}$. Les moments conjugués de Lagrange sont donnés par les variables $\{p_1, \ldots, p_N\}$, chaque p_i étant défini par la relation (1.30).

Dans notre exemple d'oscillateurs couplés, $p_1 = mv_x$ est la quantité de mouvement de la première masse et $p_2 = m_2\ell^2\dot{\theta}$ est le moment cinétique de la seconde. Les équations de Hamilton-Jacobi s'écrivent alors avec les coordonnées généralisées de la façon suivante :

$$\frac{\mathrm{d}q_i}{\mathrm{d}t} = \frac{\partial H}{\partial p_i} \quad \text{et} \quad \frac{\mathrm{d}p_i}{\mathrm{d}t} = -\frac{\partial H}{\partial q_i} \, . \tag{1.74}$$

Dans la suite de l'ouvrage, on utilisera, selon les cas, les variables explicites ou générales.

1.7 Le champ électromagnétique

La physique classique repose sur deux piliers que sont la mécanique, qu'elle soit exprimée de façon newtonienne ou lagrangienne, et l'électromagnétisme décrit par les équations de Maxwell. L'évolution des idées en physique tend à l'unification des concepts dans des modèles de plus en plus inclusifs. L'électromagnétisme classique offre un exemple d'une telle démarche d'unification, en permettant une modélisation unique pour les phénomènes électriques, magnétiques et la lumière.

1.7.1 Équations de Maxwell et équations du mouvement

Les équations du champ sont données par les équations de Maxwell, que l'on écrit ici avec les opérateurs différentiels rotationnel et divergence,

$$\mathrm{div}\vec{E} = \frac{\rho}{\varepsilon_0} \tag{1.75}$$

$$\vec{\mathrm{rot}}\vec{E} = -\frac{\partial \vec{B}}{\partial t} \tag{1.76}$$

$$\mathrm{div}\vec{B} = 0 \tag{1.77}$$

$$\vec{\mathrm{rot}}\vec{B} = \mu_0\vec{\jmath} + \mu_0\varepsilon_0\frac{\partial \vec{E}}{\partial t} \, . \tag{1.78}$$

Les équivalents des équations du mouvement pour les champs sont donnés par les équations de d'Alembert. Dans le vide, donc en l'absence de charges ρ et de courants $\vec{j}$, on a

$$\mu_0\varepsilon_0\,\frac{\partial^2\vec{E}}{\partial t^2}-\frac{\partial^2\vec{E}}{\partial\vec{r}^{\,2}}=\vec{0}\quad\text{et}\quad\mu_0\varepsilon_0\,\frac{\partial^2\vec{B}}{\partial t^2}-\frac{\partial^2\vec{B}}{\partial\vec{r}^{\,2}}=\vec{0}\ . \tag{1.79}$$

Ces équations décrivent la propagation des champs électrique et magnétique dans le vide par un phénomène d'auto-induction. La quantité $1/\sqrt{\mu_0\varepsilon_0}$ apparaît donc comme la célérité de l'onde électromagnétique dans le vide. Expérimentalement, on constate que cette valeur est égale à la vitesse de la lumière dans le vide, indiquant ainsi que la lumière est bien une onde électromagnétique.

1.7.2 Potentiels, invariance de jauge et conservation de la charge

Nous avons déjà vu les relations (1.23) qui donnent la relation liant les champs aux potentiels :

$$\vec{E}=-\frac{\partial V}{\partial\vec{r}}-\frac{\partial\vec{A}}{\partial t}\quad\text{et}\quad\vec{B}=\frac{\partial}{\partial\vec{r}}\wedge\vec{A}\ . \tag{1.80}$$

Les champs physiques mesurables sont les champs $\vec{E}$ et $\vec{B}$, qui dérivent des potentiels. La relation qui les lie contient une forme de redondance, dans le sens où il n'y a pas unicité des potentiels pour des champs donnés. Plus précisément, on peut choisir un autre couple de potentiels déduits des précédents à partir d'une fonction χ quelconque telle que

$$\begin{aligned} V' &= V+\frac{\partial\chi}{\partial t} \\ \vec{A}' &= \vec{A}-\frac{\partial\chi}{\partial\vec{r}}\ . \end{aligned} \tag{1.81}$$

Il est très facile de vérifier que les potentiels V' et A' conduisent aux mêmes champs, en raison des signes opposés dans la transformation, et du fait général que le rotationnel d'un gradient est nul. Une telle transformation s'appelle une *transformation de jauge*. La liberté portant sur le choix de la fonction χ porte le nom d'*invariance de jauge*. Le fait que le potentiel électrique n'a pas de valeur intrinsèque, mais que seules les différences de potentiel sont observables, est exactement l'expression de l'invariance de jauge dans le cas électrostatique. La vue d'une hirondelle posée sur un câble à haute tension semble d'ailleurs indiquer qu'elles comprennent les théories de jauge mieux que la plupart des étudiants en physique.

L'invariance par une transformation de jauge peut être illustrée par l'exemple d'une particule dans un champ électromagnétique. Dans ce cas, le lagrangien est donné par

$$L = \frac{1}{2} m \dot{\vec{r}}^{\,2} + q \dot{\vec{r}} \cdot \vec{A} - q V \ . \tag{1.82}$$

Après une transformation de jauge, le nouveau lagrangien diffère du premier par la dérivée totale de la fonction quelconque χ, comme le montre le calcul ci-dessous :

$$\begin{aligned} L' &= \frac{1}{2} m \dot{\vec{r}}^{\,2} + q \dot{\vec{r}} \cdot \vec{A}' - q V' && (1.83) \\ &= \frac{1}{2} m \dot{\vec{r}}^{\,2} + q \dot{\vec{r}} \cdot \left(\vec{A} - \frac{\partial \chi}{\partial \vec{r}} \right) - q \left(V + \frac{\partial \chi}{\partial t} \right) && (1.84) \\ &= L - q \left(\frac{\partial \chi}{\partial t} + \dot{\vec{r}} \cdot \frac{\partial \chi}{\partial \vec{r}} \right) && (1.85) \\ &= L - q \frac{\mathrm{d}\chi}{\mathrm{d}t} \ . && (1.86) \end{aligned}$$

Le terme supplémentaire est une dérivée totale qui n'influence pas les équations du mouvement. En effet, l'action évaluée à partir de ce nouveau lagrangien devient

$$S' = \int_{t_1}^{t_2} \mathrm{d}t \, L' = S - q \, (\chi_2 - \chi_1) \ . \tag{1.87}$$

Si la charge q est constante, l'action initiale S n'est modifiée que par l'ajout d'une constante. Par conséquent, si l'on regarde les variations de l'action sur différents chemins dans l'espace des phases, on a $\delta S' = \delta S$ et les équations du mouvement sont inchangées. Si la charge électrique pouvait varier, alors la nouvelle action pourrait s'écrire, après une intégration par partie

$$S' = S - [q \chi]_{t_1}^{t_2} + \int_{t_1}^{t_2} \chi \frac{\mathrm{d}q}{\mathrm{d}t} \, \mathrm{d}t \ . \tag{1.88}$$

Pour que la transformation de jauge soit une invariance, il faut donc que la charge soit conservée au cours du temps. Nous venons de mettre en lumière un lien étroit entre la conservation de la charge et les transformations de jauge. Ainsi, comme il est mentionné dans le tableau 1.2, on relie la conservation de la charge électrique à une invariance par une transformation de jauge. Nous verrons dans la partie 6.8 que, pour une particule chargée, une transformation de jauge correspond à une modification de la phase de la fonction d'onde qui la décrit.

L'invariance de jauge en électromagnétisme est fondamentale et peut être utilisée comme hypothèse de base pour en construire la théorie. Dans la physique moderne, toutes les théories décrivant les interactions fondamentales s'appuient sur un principe d'invariance de jauge, avec des transformations correspondant à des symétries plus riches que celle présentée ici. C'est sur ce principe qu'est construit en particulier le modèle standard de la physique des particules.

1.7.3 Énergie du champ électromagnétique

Pour conclure ce chapitre portant sur la vision classique de la physique, il est intéressant de calculer l'énergie du champ électromagnétique dans une boîte cubique de côté L. Il ne s'agit pas uniquement d'un problème académique, car c'est l'application de ce calcul au rayonnement thermique qui a été à l'origine de la mécanique quantique. La densité d'énergie du champ électromagnétique est donnée par la relation

$$\frac{U_{EM}}{V} = \frac{\varepsilon_0}{2}\left(\vec{E}^{\,2} + c^2\vec{B}^{\,2}\right) \ . \tag{1.89}$$

Comme nous venons de le voir, nous avons la liberté du choix d'une jauge pour conduire le calcul. Il est toujours possible, loin des sources, de fixer

$$V = 0 \quad \text{et} \quad \frac{\partial}{\partial\vec{r}}\cdot\vec{A} = 0 \ . \tag{1.90}$$

Cette jauge porte le nom de *jauge de Coulomb*. Dans ce cas, le potentiel vecteur est transverse et obéit à l'équation

$$\frac{1}{c^2}\frac{\partial^2\vec{A}}{\partial t^2} - \frac{\partial^2\vec{A}}{\partial\vec{r}^{\,2}} = \vec{0} \ . \tag{1.91}$$

Sur les parois de notre cube, les composantes tangentielles de $\vec{E}$ s'annulent. Il en est donc de même pour $\vec{A}$. Les nombres d'onde sont alors quantifiés, de sorte que

$$k_{n_x} = n_x\frac{\pi}{L},\ \ k_{n_y} = n_y\frac{\pi}{L},\ \ k_{n_z} = n_z\frac{\pi}{L}, \quad \text{avec } n_x, n_y, n_z \in \mathbb{N} \ . \tag{1.92}$$

C'est l'exact équivalent des conditions de quantification d'une corde de guitare. Pour le potentiel vecteur, la solution s'exprime explicitement de la façon suivante :

$$\begin{cases} A_x = \sum_{n_x,n_y,n_z} a^x_{n_x,n_y,n_z} \cos\left(n_x\frac{\pi x}{L}\right)\sin\left(n_y\frac{\pi y}{L}\right)\sin\left(n_z\frac{\pi z}{L}\right) \\ A_y = \sum_{n_x,n_y,n_z} a^y_{n_x,n_y,n_z} \sin\left(n_x\frac{\pi x}{L}\right)\cos\left(n_y\frac{\pi y}{L}\right)\sin\left(n_z\frac{\pi z}{L}\right) \\ A_z = \sum_{n_x,n_y,n_z} a^z_{n_x,n_y,n_z} \sin\left(n_x\frac{\pi x}{L}\right)\sin\left(n_y\frac{\pi y}{L}\right)\cos\left(n_z\frac{\pi z}{L}\right) \end{cases} . \tag{1.93}$$

Dans la jauge considérée, les relations (1.90) sont imposées. En particulier, la divergence de $\vec{A}$ est nulle :

$$\sum_{n_x,n_y,n_z}\left(a^x_{n_x,n_y,n_z}\frac{\pi n_x}{L} + a^y_{n_x,n_y,n_z}\frac{\pi n_y}{L} + a^z_{n_x,n_y,n_z}\frac{\pi n_z}{L}\right) \tag{1.94}$$

$$\times \sin\left(n_x \frac{\pi x}{L}\right) \sin\left(n_y \frac{\pi y}{L}\right) \sin\left(n_z \frac{\pi z}{L}\right) = 0 \ . \tag{1.95}$$

Pour que cette série s'annule en tout point (x, y, z), il faut nécessairement que soit vérifiée la condition

$$a^x_{n_x,n_y,n_z} \frac{\pi n_x}{L} + a^y_{n_x,n_y,n_z} \frac{\pi n_y}{L} + a^z_{n_x,n_y,n_z} \frac{\pi n_z}{L} = 0, \quad \forall (n_x, n_y, n_z) \ . \tag{1.96}$$

Cette condition revient à écrire l'orthogonalité entre le vecteur $\vec{a}_{n_x,n_y,n_z}$ et le vecteur $\vec{k}_{n_x,n_y,n_z}$ défini par

$$\vec{k}_{n_x,n_y,n_z} = \left(\frac{\pi n_x}{L}, \frac{\pi n_y}{L}, \frac{\pi n_z}{L}\right) \ . \tag{1.97}$$

On choisit alors deux vecteurs orthogonaux entre eux et orthogonaux à $\vec{k}$, correspondant aux deux polarisations du champ électrique. Cela permet d'exprimer les vecteurs $\vec{a}_{n_x,n_y,n_z}$ dans cette base de la façon suivante :

$$\vec{a}_{n_x,n_y,n_z} = q^1_{n_x,n_y,n_z} \vec{\epsilon}^{\,1}_{n_x,n_y,n_z} + q^2_{n_x,n_y,n_z} \vec{\epsilon}^{\,2}_{n_x,n_y,n_z} \ . \tag{1.98}$$

En utilisant ces définitions, l'équation de propagation (1.91) prend la forme

$$-\left(\sum_{n_x} \left(n_x \frac{\pi}{L}\right)^2 + \sum_{n_y} \left(n_y \frac{\pi}{L}\right)^2 + \sum_{n_z} \left(n_z \frac{\pi}{L}\right)^2\right) q^i_{n_x,n_y,n_z} - \frac{1}{c^2} \frac{\mathrm{d}^2 q^i_{n_x,n_y,n_z}}{\mathrm{d}t^2} = 0 \ . \tag{1.99}$$

Cette relation est valable pour chacune des polarisations $i = 1, 2$. En notant que le premier terme correspond à la valeur de $\vec{k}^{\,2}$, et après une redéfinition des indices, cette relation prend la forme plus compacte

$$\frac{\mathrm{d}^2 q_m}{\mathrm{d}t^2} + c^2 \vec{k}^{\,2}_m q_m = 0 \ , \tag{1.100}$$

une valeur de m spécifiant les valeurs des indices n_x, n_y, n_z, i. Chaque vecteur $\vec{k}_m$ a pour composante des multiples entiers de π/L et chaque mode m obéit à une équation d'oscillateur harmonique dont les pulsations propres sont données par

$$\omega_m = \sqrt{\vec{k}^2_m c^2} = \frac{\pi c}{L} \sqrt{n_x^2 + n_y^2 + n_z^2} \ . \tag{1.101}$$

La densité d'énergie du champ électromagnétique (1.89) peut désormais être exprimée en explicitant les expressions des champs $\vec{E}$ et $\vec{B}$ à partir du potentiel vecteur, par exemple pour leurs composantes selon x,

$$E_x(\vec{r}, t) = -\sum_{n_x,n_y,n_z} \dot{a}^x_{n_x,n_y,n_z} \cos\left(n_x \frac{\pi x}{L}\right) \sin\left(n_y \frac{\pi y}{L}\right) \sin\left(n_z \frac{\pi z}{L}\right) \tag{1.102}$$

$$B_x(\vec{r},t) = \sum_{n_x,n_y,n_z} \left(a^z_{n_x,n_y,n_z} \frac{\pi n_y}{L} - a^y_{n_x,n_y,n_z} \frac{\pi n_z}{L} \right) \times \sin\left(n_x \frac{\pi x}{L}\right) \cos\left(n_y \frac{\pi y}{L}\right) \cos\left(n_z \frac{\pi z}{L}\right) \quad . \tag{1.103}$$

L'énergie du champ dans le volume V est évaluée en intégrant le carré de ces expressions sur des segments de 0 à L dans chaque direction. En notant que les fonctions sin et cos des expressions précédentes sont orthogonales sur le segment $[0, L]$:

$$\int_0^L \sin\left(\frac{n\pi u}{L}\right) \sin\left(\frac{n'\pi u}{L}\right) \, du = \frac{L}{2} \, \delta_{n,n'} \quad , \tag{1.104}$$

il reste que

$$\begin{aligned} \int_V d\vec{r} \, \vec{E}^{\,2} &= \frac{L^3}{8} \sum_{n_x,n_y,n_z} \left(\dot{\vec{a}}_{n_x,n_y,n_z}\right)^2 \\ &= \frac{L^3}{8} \sum_{n_x,n_y,n_z} \left(\dot{q}^1_{n_x,n_y,n_z}\right)^2 + \left(\dot{q}^2_{n_x,n_y,n_z}\right)^2 \\ &= \frac{L^3}{8} \sum_m \dot{q}_m^{\,2} \quad , \end{aligned} \tag{1.105}$$

et

$$\int_V d\vec{r} \, \vec{B}^{\,2} = \frac{L^3}{8} \sum_{n_x,n_y,n_z} \left(\vec{a}_{n_x,n_y,n_z} \wedge \vec{k}_{n_x,n_y,n_z}\right)^2 = \frac{L^3}{8} \sum_m q_m^2 \, \vec{k}_m^{\,2} \quad . \tag{1.106}$$

L'expression finale de l'énergie du champ électromagnétique U_{EM} dans le volume $V = L^3$ fait donc apparaître la somme sur tous les modes,

$$U_{\mathrm{EM}} = \frac{\varepsilon_0 V}{16} \sum_{m=0}^{+\infty} \left(\dot{q}_m^{\,2} + \omega_m^2 \, q_m^2\right) \quad . \tag{1.107}$$

En conclusion, l'énergie du champ électromagnétique s'exprime comme la somme des énergies d'oscillateurs harmoniques fictifs dont les amplitudes correspondent aux amplitudes des modes spatiaux du champ. Cette expression met en lumière une décomposition de l'énergie du champ selon les valeurs des pulsations des modes possibles dans la boîte. Pour déterminer l'énergie du champ dans une situation donnée, il s'agit donc de compter le nombre d'oscillateurs harmoniques équivalents et de leur attribuer une amplitude en fonction de la pulsation.

1.7.4 La catastrophe ultraviolette

Le calcul de la partie précédente montre le lien qui existe entre l'énergie du champ et les énergies des oscillateurs harmoniques. Il est d'une importance cruciale dans l'histoire des idées. Ce sont ces expressions qui ont été utilisées pour déterminer la densité d'énergie du rayonnement thermique à la fin du XIVe siècle. À l'intérieur de notre boîte de côté L, on considère que le rayonnement est en équilibre avec les parois et que la température de ces dernières influence la densité spectrale d'énergie du champ, c'est-à-dire son énergie par unité de fréquence. Cette dernière correspond à la fonction qui donne l'énergie du champ dans une bande de fréquence entre ν et $\nu + \mathrm{d}\nu$, dont on supposera donc qu'elle dépend de la température. Cela est motivé par l'observation empirique de la loi de Wien, qui stipule que la longueur d'onde au maximum de l'émission thermique d'un corps chauffé à la température T est proportionnelle à $1/T$. On assimile la densité spectrale d'énergie au rayonnement thermique car le rayonnement à l'intérieur de la boîte est en équilibre thermique avec les parois, on parle également de *rayonnement du corps noir.*

Pour déterminer la densité spectrale de ce rayonnement, on utilise l'expression (1.107). Il s'agit donc de déterminer combien de modes sont accessibles à une valeur donnée de la fréquence, ainsi que l'énergie moyenne d'un oscillateur harmonique à la température T. Un rapide détour par la thermodynamique va permettre de tirer une conclusion surprenante ! Le nombre de modes accessibles dans la boîte pour des nombres d'ondes inférieurs à k est donné par

$$N = 2 \times \frac{1}{8} \times \frac{\frac{4\pi}{3}k^3}{\left(\frac{\pi}{L}\right)^3} \ , \tag{1.108}$$

où le facteur 2 rend compte des deux valeurs possibles de la polarisation, et le $1/8$ du fait que seules les valeurs positives de k doivent être comptées. En utilisant que $k = 2\pi\nu/c$, le nombre de modes de fréquence inférieure à ν s'exprime comme

$$N(<\nu) = \frac{8\pi}{3}\left(\frac{L\nu}{c}\right)^3 \ , \tag{1.109}$$

ce qui permet de déterminer la densité de fréquences accessibles aux oscillateurs par différenciation, soit :

$$g(\nu)\,\mathrm{d}\nu = \frac{8\pi V}{c^3}\,\nu^2\,\mathrm{d}\nu \ . \tag{1.110}$$

Si l'on appelle $\mathrm{d}u(\nu, T)$ la contribution à l'énergie du rayonnement par unité de volume provenant des fréquences comprises entre ν et $\nu+\mathrm{d}\nu$ à la température T (la quantité $\mathrm{d}u/\mathrm{d}\nu$ étant alors une densité volumique d'énergie), on a

$$\mathrm{d}u(\nu, T) = \frac{\langle E_{\mathrm{osc}}(\nu, T)\rangle}{V}\,g(\nu)\,\mathrm{d}\nu = \frac{8\pi}{c^3}\,\langle E_{\mathrm{osc}}(\nu, T)\rangle\,\nu^2\,\mathrm{d}\nu \ , \tag{1.111}$$

où $\langle E_{\mathrm{osc}} \rangle$ est l'énergie moyenne d'un oscillateur harmonique à la température T pour la pulsation propre $\omega = 2\pi\nu$. Ainsi, l'énergie totale du champ électromagnétique dans un volume V est donnée par la relation

$$U_{\mathrm{EM}} = \frac{8\pi V}{c^3} \int_0^{+\infty} \langle E_{\mathrm{osc}}(\nu, T) \rangle \; \nu^2 \mathrm{d}\nu \; . \tag{1.112}$$

Cette expression est valable de façon générale, c'est-à-dire la fois pour le calcul classique dont il est question ici, et pour ce qui sera le calcul quantique décrit dans la partie 4.2. La différence entre les deux approches réside intégralement dans la détermination de la valeur de $\langle E_{\mathrm{osc}} \rangle$. On a supposé en toute généralité que cette valeur dépend de ν et de la température T. Pour calculer cette valeur moyenne, il faut considérer un oscillateur harmonique qui pourrait recevoir de l'énergie d'un bain thermique avec lequel il est en équilibre. Ce calcul est proposé dans l'annexe A, et l'on montre que la théorie classique conduit à la valeur

$$\langle E_{\mathrm{osc}} \rangle = k_{\mathrm{B}} T \; , \tag{1.113}$$

où k_{B} est la constante de Boltzmann. Il apparaît donc que, classiquement, l'énergie des oscillateurs ne dépend pas de la fréquence, d'où l'on tire

$$\mathrm{d}u(\nu, T) = \frac{8\,\pi}{c^3}\, k_{\mathrm{B}} T \, \nu^2 \, \mathrm{d}\nu. \tag{1.114}$$

Pour conclure, calculons l'énergie totale en intégrant sur tous les modes, donc sur toutes les fréquences ν :

$$U_{\mathrm{EM}} = \frac{8\,\pi\, V}{c^3}\, k_{\mathrm{B}} T \int_0^{+\infty} \nu^2 \, \mathrm{d}\nu = +\infty \; . \tag{1.115}$$

Cette énergie diverge ! Le calcul classique prédit donc un rayonnement thermique d'énergie infinie. C'est ce que l'on appelle la *catastrophe ultraviolette*. En effet, le comportement à basse fréquence du rayonnement thermique est bien reproduit par les calculs classiques, et c'est dans les hautes fréquences que le problème apparaît. La physique quantique permet de résoudre cette limitation de la théorie classique. En effet, nous verrons dans la partie 4.2 que l'hypothèse de Max Planck selon laquelle l'énergie des oscillateurs harmoniques est quantifiée permet de régulariser l'intégrale (1.115) et d'obtenir un résultat fini. L'hypothèse de Planck sera finalement validée dans le cadre de la physique quantique au chapitre 7.

À retenir de ce chapitre

- La physique dérive d'un principe de moindre action. L'action est définie comme l'intégrale le long d'une trajectoire possible $(q(t), \dot{q}(t))$ du système d'une quantité locale appelée lagrangien :

$$S = \int L(q, \dot{q})\, \mathrm{d}t \ .$$

  Elle est minimale pour la trajectoire réelle du système.
- Les équations d'Euler-Lagrange déterminent les équations du mouvement à partir du lagrangien

$$\frac{\partial L}{\partial q_i} = \frac{\mathrm{d}}{\mathrm{d}t}\left(\frac{\partial L}{\partial \dot{q}_i}\right) \ .$$

- L'approche lagrangienne permet d'exploiter les symétries du système *via* le théorème de Noether classique : *à toute invariance du lagrangien par une classe de transformations continues correspond une quantité conservée.*
- La mécanique lagrangienne peut être reformulée en introduisant le moment conjugué de Lagrange

$$p = \frac{\partial L}{\partial \dot{q}} \ .$$

- Les équations de la mécanique, dites de Hamilton-Jacobi, s'écrivent alors

$$\dot{q}_i = \frac{\partial H}{\partial p_i} \quad , \quad \dot{p}_i = -\frac{\partial H}{\partial q_i} \ ,$$

  où H est une fonction qui ne dépend que de q et p. Elle porte le nom d'hamiltonien du système :

$$H = \sum_{i=0}^{N} (p_i \cdot \dot{q}_i) - L \ .$$

Chapitre 2

Premiers pas en relativité restreinte

2.1 Incohérences de la physique classique

L'évolution des idées en physique a très souvent procédé d'une démarche d'unification. Ainsi, la physique de Newton a-t-elle unifié les phénomènes de chute libre sur terre avec la mécanique céleste, tandis que les équations de Maxwell ont proposé un cadre commun pour la description des phénomènes électriques et magnétiques. Il est aujourd'hui naturel de penser que tous les phénomènes émergent de lois fondamentales uniques dont les manifestations diffèrent selon les échelles de temps, d'espace, d'énergie, ou la complexité des systèmes.

Pour autant, et malgré leur succès respectifs, il subsistait avant le développement de la théorie de la relativité restreinte par Albert Einstein en 1905 quelques incohérences entre les domaines de la mécanique et de l'électromagnétisme. Nous allons revenir au début de ce chapitre sur certains aspects de ces incohérences, pour examiner ensuite comment la relativité restreinte permet de les lever pour aboutir à une description unifiée cohérente. Ce faisant, nous allons réaliser que la relativité restreinte n'est rien d'autre qu'une théorie géométrique de la causalité dans l'espace-temps. De façon assez inattendue, nous verrons qu'elle révèle des propriétés intimes de la matière, offrant en outre une nouvelle interprétation de ce que recouvrent les notions de masse et d'énergie.

2.1.1 Expériences de pensée en magnétisme

Le principe d'inertie stipule que tous les référentiels inertiels (c'est-à-dire en mouvement rectiligne uniforme les uns par rapport aux autres) sont équivalents. Autrement dit, le repos absolu n'existe pas, pas plus que le mouvement absolu s'il est constant : il est impossible de concevoir une expérience permettant de différencier un état de repos d'un état de mouvement inertiel. Or, la forme de la force de Lorentz présentée dans le chapitre précédent semble être en directe contradiction avec le principe d'inertie. En effet, son expression

$$\vec{F} = q\vec{E} + q\vec{v} \wedge \vec{B} \tag{2.1}$$

fait apparaître explicitement la vitesse, de sorte que la force semble dépendre du repère dans lequel elle est évaluée. Ce point fait apparaître différents paradoxes dont le suivant, mentionné par Einstein dans son article de 1905 portant sur l'électrodynamique des corps en mouvement.

Considérons l'interaction d'une boucle de courant avec un moment magnétique. Ce pourraient être une spire et un aimant, par exemple. Si l'on suppose que l'aimant est fixe et que la spire de courant est en mouvement à la vitesse $\vec{v}$, la partie de la force de Lorentz qui fait intervenir le champ magnétique agit sur les porteurs de charge et induit un courant dans la spire. Ceci correspond à la situation A sur la figure 2.1. En modifiant le point de vue, on peut tout aussi bien imaginer que la spire est fixe et considérer le moment magnétique en mouvement à la vitesse $-\vec{v}$. Dans ce cas, la variation temporelle du flux magnétique à travers la spire génère un champ $\vec{E}$ qui met en mouvement les porteurs de charges *via* la force électrique $q\vec{E}$. Il s'agit de la situation B sur la figure 2.1.

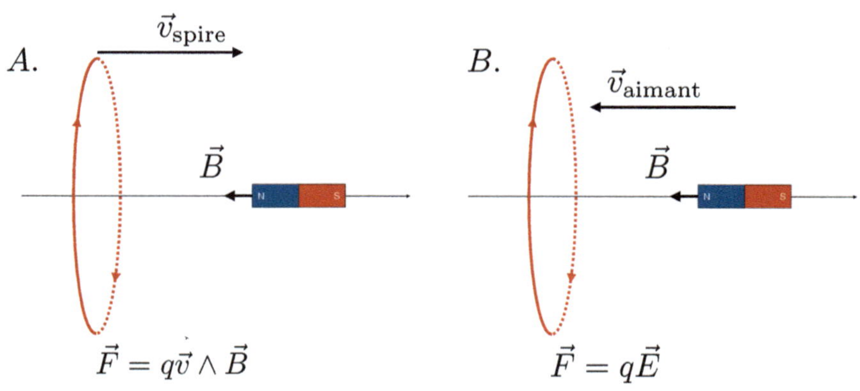

FIGURE 2.1 – Expérience de pensée proposée par Einstein, illustrant des explications différentes d'un même phénomène selon le point de vue adopté. À gauche, le courant est produit par l'action du champ magnétique, tandis qu'à droite, il est produit par l'action du champ électrique.

Le paradoxe est donc le suivant : pour une même expérience, selon le point de vue adopté, on dispose de deux explications physiquement différentes. C'est tantôt la force électrique, tantôt la force magnétique qui agit. Or un changement de référentiel inertiel ne devrait pas modifier l'interprétation de l'origine des phénomènes observés.

2.1.2 Équation de d'Alembert et transformations de Galilée

Les phénomènes ondulatoires sont de façon générale décrits par l'équation de d'Alembert. En l'absence de source et pour la propagation d'une onde scalaire d'amplitude A selon une direction x à la célérité c, celle-ci s'écrit

$$\frac{1}{c^2}\frac{\partial^2 A}{\partial t^2} - \frac{\partial^2 A}{\partial x^2} = 0 \ . \tag{2.2}$$

Voyons comment s'exprime cette loi physique dans un référentiel en translation rectiligne uniforme $\mathcal{R}'$ par rapport au référentiel $\mathcal{R}$ considéré initialement. Sans perdre en généralité, on peut considérer que le déplacement du référentiel se fait dans la direction x. La transformation de coordonnées de Galilée donnée en (1.1), selon laquelle $x' = x - ut$, et $t' = t$ correspond aux dépendances des variables telles que

$$\frac{\partial x'}{\partial x} = 1, \quad \frac{\partial x'}{\partial t} = -u, \quad \frac{\partial t'}{\partial x} = 0 \quad \text{et} \quad \frac{\partial t'}{\partial t} = 1 \ . \tag{2.3}$$

Les différentes dérivées partielles s'expriment donc comme

$$\frac{\partial A}{\partial t} = \frac{\partial A}{\partial t'}\frac{\partial t'}{\partial t} + \frac{\partial A}{\partial x'}\frac{\partial x'}{\partial t} = \frac{\partial A}{\partial t'} - u\frac{\partial A}{\partial x'} \ . \tag{2.4}$$

En répétant l'opération pour le calcul des dérivées secondes, il vient

$$\frac{\partial^2 A}{\partial t^2} = \frac{\partial}{\partial t}\left(\frac{\partial A}{\partial t'} - u\,\frac{\partial A}{\partial x'}\right) = \frac{\partial^2 A}{\partial t'^2} - 2\,u\,\frac{\partial^2 A}{\partial x'\partial t'} + u^2\,\frac{\partial^2 A}{\partial x'^2} \ . \tag{2.5}$$

On aboutit ainsi à l'équation de propagation dans le nouveau repère :

$$\frac{1}{c^2}\,\frac{\partial^2 A}{\partial t'^2} - \frac{\partial^2 A}{\partial x'^2} - \frac{1}{c^2}\left(2\,u\,\frac{\partial^2 A}{\partial x'\partial t'} - u^2\,\frac{\partial^2 A}{\partial x'^2}\right) = 0 \ . \tag{2.6}$$

L'équation de propagation (2.2) n'est donc pas invariante par la transformation de Galilée. Si l'on suppose que la célérité de l'onde est une constante fondamentale de la physique, on se trouve là face à un paradoxe dans la mesure où les lois physiques sont supposées ne pas dépendre d'un changement de référentiel inertiel. Les nouveaux termes sont d'ordre u/c et u^2/c^2. Si la vitesse u de déplacement du référentiel $\mathcal{R}'$ est petite devant la vitesse v de propagation de l'onde, donc si $u \ll c$, alors les effets physiques peuvent ne pas en être mesurables. En imposant une solution en ondes planes de la forme $e^{ik'(x'-u't')}$ pour l'onde dans le référentiel $\mathcal{R}'$, alors il vient en ne gardant que les termes d'ordre le plus bas, $u' = \pm c - u = \pm(c \mp u)$. On a donc une onde qui se propage à la vitesse $c - u$ dans la direction de x' croissant, et à la vitesse $c + u$ dans la direction de x' décroissant. Cela correspond bien à l'intuition classique de la modification d'une vitesse observée lors d'un changement de référentiel.

2.1.3 Introduction de l'éther comme milieu de propagation

Depuis les expériences de Thomas Young de 1801 sur la diffraction de la lumière, il était généralement admis que la nature de la lumière était ondulatoire. Or, la totalité des phénomènes ondulatoires connus dans la seconde moitié du XIXe siècle nécessitait un support matériel pour permettre la propagation des ondes. Il s'agit par exemple des ondes sonores dans l'air, des vibrations dans les solides, des vagues à la surface de l'eau, ou encore des oscillations d'une corde. Lorsque la nature ondulatoire de la lumière a été établie, il était alors naturel de supposer l'existence d'un milieu matériel de propagation. Ce milieu fut nommé *éther luminifère*, ou simplement éther.

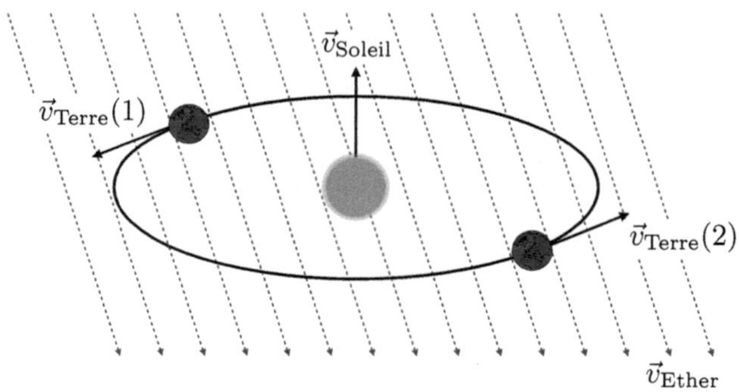

FIGURE 2.2 – Illustration du mouvement du Soleil et de la Terre dans l'éther.

Comme l'illustre la figure 2.2, l'éther constituait une sorte de référentiel inertiel absolu, le Soleil et la Terre étant supposés en mouvement par rapport à ce milieu. Les physiciens se sont donc attachés à détecter cet éther, en exploitant la course de la Terre sur son orbite autour du Soleil.

2.1.4 Les expériences de Fizeau

Hyppolyte Fizeau est à l'origine de deux résultats particulièrement remarquables portant sur la propagation de la lumière, au travers de deux expériences majeures menées entre 1849 et 1851. La mesure la plus célèbre est probablement celle de la vitesse de la lumière. Il utilise pour cela des dispositifs de réflexion modulés dans le temps, à l'aide de roues dentées ou de miroirs tournants, sur de grandes distances de propagation. Il exploite notamment la distance supérieure à 8 km qui sépare sa maison de Suresnes de la butte Montmartre, et parvient ainsi à mesurer avec précision la vitesse de la lumière, obtenant une valeur à peine 5 % plus élevée que la valeur réelle.

Son second résultat porte sur la loi d'addition des vitesses entre un milieu matériel et la lumière. On peut se demander quelle est la vitesse de la lumière quand elle se propage dans un milieu matériel transparent d'indice optique n, lui-même en mouvement à la vitesse v par rapport au laboratoire. En l'absence d'entraînement par le milieu matériel, la mesure de la vitesse de la lumière dans ce milieu donnerait c/n, tandis qu'elle sera égale à $c/n + v$ dans le cas d'un entraînement total.

Le montage de Fizeau est schématisé dans la figure 2.3. Il s'agit d'un interféromètre qui compare les chemins optiques de deux trajets, la lumière se propageant dans le premier cas dans le même sens qu'un écoulement d'eau, et dans le second cas en sens inverse de l'écoulement. L'eau s'écoule à une vitesse de l'ordre de 5 m/s, et la lumière à environ $c/n = 225\,000$ km/s. La détection de l'entraînement de l'éther nécessite donc une précision relative de l'ordre de 10^{-8} sur la mesure de la vitesse, ce qu'autorise la technique de l'interférométrie.

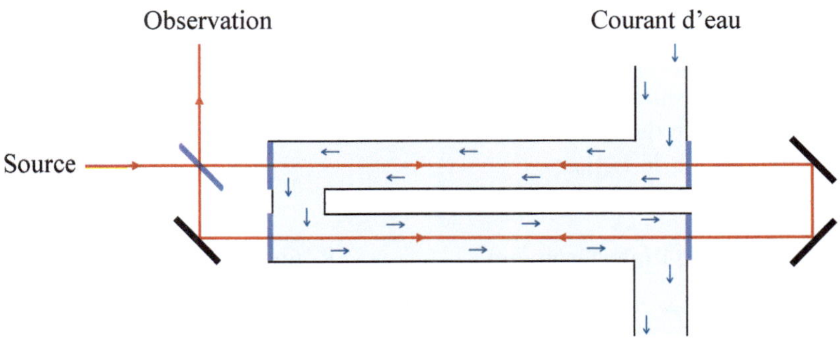

FIGURE 2.3 – Représentation schématique de l'expérience de Fizeau visant à tester la loi d'addition des vitesses entre la lumière et un milieu matériel.

Les résultats de Fizeau aboutissent à un résultat surprenant, fournissant une relation à mi-chemin entre l'absence d'entraînement et l'entraînement total :

$$c' = \frac{c}{n} + v\left(1 - \frac{1}{n^2}\right) \quad , \tag{2.7}$$

où c' représente la vitesse de la lumière dans l'eau en mouvement. L'expérience penche donc vers un entraînement partiel, contredisant la loi d'addition des vitesses de la physique galiléenne. Fizeau interprétera ses observations comme résultant d'un entraînement partiel de l'éther, support de la propagation de la lumière, par l'écoulement de l'eau. Nous verrons que la relativité restreinte permettra de s'affranchir de l'hypothèse de l'éther et d'expliquer cette formule dans un cadre plus général.

2.1.5 L'expérience de Michelson et Morley

En 1887, les physiciens américains Albert Michelson et Edward Morley vont réaliser une expérience analogue afin de détecter l'éther luminifère. Le principe en est simple : si la lumière se propage sur un milieu matériel, alors il doit être possible de détecter la présence de ce milieu en étudiant les vitesses de propagation en fonction de la direction. Or, la tentative de détection du vent d'éther à l'aide d'un interféromètre se solde par un échec. La conséquence de cette expérience historique est étonnante : **la vitesse de la lumière ne dépend pas du référentiel inertiel dans lequel on la mesure**.

L'expérience repose sur l'hypothèse que la Terre traverse l'éther lors de son mouvement orbital autour du Soleil. Par conséquent, une lumière émise depuis la Terre doit voir à un moment un éther en mouvement relatif. Le principe de la détection de ce mouvement est illustré dans la figure 2.4. Un interféromètre y est représenté, ainsi que le trajet des rayons lumineux. Sur le schéma de gauche, la lumière est émise depuis une source située à gauche, puis traverse une lame semi-réfléchissante qui sépare le faisceau en deux. Chacun des deux faisceaux effectue ensuite un aller-retour selon un des bras de l'interféromètre. Les deux faisceaux sont ensuite recombinés (au bas du schéma) pour produire des interférences. La partie de droite de la figure 2.4 représente le même dispositif, mais dans le référentiel de l'éther.

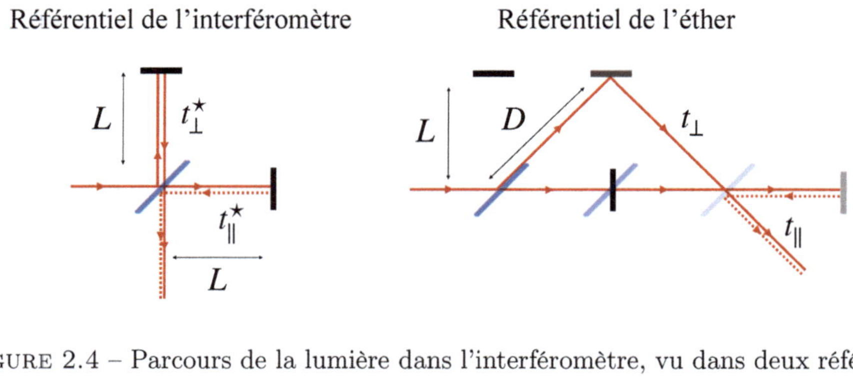

FIGURE 2.4 – Parcours de la lumière dans l'interféromètre, vu dans deux référentiels différents.

Les bras étant de longueurs égales, les temps de parcours sont les mêmes dans le référentiel de l'interféromètre. En notant c la vitesse de la lumière dans ce référentiel, la différence de temps de parcours entre les deux bras est nulle :

$$t_\parallel^\star = t_\perp^\star = \frac{2L}{c} \Rightarrow t_\parallel^\star - t_\perp^\star = 0 \ . \tag{2.8}$$

Dans l'hypothèse où la lumière se propage dans l'éther, la situation où les temps de parcours dans les deux bras sont égaux peut être réalisée expérimentalement en plaçant l'interféromètre à 45 degrés par rapport à la vitesse de déplacement de la Terre dans l'éther. À présent, si le bras représenté horizontalement sur la figure 2.4 est aligné sur la vitesse de déplacement à travers l'éther, les temps de parcours dans les deux bras seront différents. En effet dans le référentiel de l'éther, comme sur la partie de droite de la figure, le temps d'un aller-retour dans le bras horizontal est

$$t_{\parallel} = \frac{L}{c-u} + \frac{L}{c+u} \ , \tag{2.9}$$

où u est la vitesse du vent d'éther, et où l'on a utilisé la composition galiléenne des vitesses. Ainsi, au premier ordre en u/c, on a

$$t_{\parallel} = \frac{2L}{c\left(1-\frac{u^2}{c^2}\right)} = \frac{2L}{c}\left(1+\frac{u^2}{c^2}+\mathcal{O}\left(\frac{u^4}{c^5}\right)\right) \ . \tag{2.10}$$

Pour ce qui est du parcours vertical, le miroir supérieur s'est déplacé de la distance

$$D = \sqrt{\left(v\,\frac{t_{\perp}}{2}\right)^2 + L^2} > L \tag{2.11}$$

pendant le temps $t_{\perp}/2$. On a par ailleurs $D = ct_{\perp}/2$, donc au premier ordre le temps de parcours dans le bras perpendiculaire est donné par

$$t_{\perp} = \frac{2L}{c}\frac{1}{\sqrt{1-\frac{u^2}{c^2}}} = \frac{2L}{c}\left(1+\frac{1}{2}\frac{u^2}{c^2}+\mathcal{O}\left(\frac{u^4}{c^4}\right)\right) \ . \tag{2.12}$$

Dans ce cas, la différence de temps de parcours dans les bras n'est pas nulle, elle vaut :

$$t_{\parallel} - t_{\perp} = L\frac{u^2}{c^3} + \mathcal{O}\left(\frac{Lu^4}{c^5}\right) \ . \tag{2.13}$$

Pour se faire une idée des ordres de grandeur en jeu ici, prenons un interféromètre ayant des bras de 1 m, que les rayons lumineux parcourent une dizaine de fois de sorte que la longueur effective est $L = 10$ m. On considère la course de la Terre autour du Soleil, comme illustré dans la figure 2.2. Le mouvement est approximativement circulaire, avec un rayon d'une unité astronomique, et le cercle est parcouru en une année. La vitesse de la Terre sur l'orbite est alors de l'ordre de

$$u = 1\ \text{U.A.} \times \frac{2\pi}{1\ \text{an}} \simeq 3\times 10^4\ \text{m}\cdot\text{s}^{-1} \ . \tag{2.14}$$

Notons que cette vitesse est environ cent fois supérieure à celle correspondant à la rotation de la Terre sur elle-même, il est donc plus opportun de considérer la première. La différence de temps de parcours dans ce cas est obtenue à partir de l'équation (2.13), ce qui donne $\Delta t = 3 \times 10^{-16}$ s. Par ailleurs, pour de la lumière visible à 600 nm, le temps séparant deux maxima de l'onde est $T = \lambda/c = 2 \times 10^{-16}$ s. Il apparaît donc qu'une expérience pouvant détecter un décalage de 10 % des franges d'interférences serait sensible à l'effet du déplacement du dispositif dans l'éther.

Albert Michelson et Edward Morley publient en 1887 les résultats d'une expérience ayant environ 1% de sensibilité sur les décalages des franges. Les illustrations de la figure 2.5 sont issues de cette publication. À gauche est représenté un schéma du banc optique stabilisé, et pouvant être tourné pour aligner les bras sur le potentiel vent d'éther. Le panneau central montre le chemin des rayons lumineux, avec la multiplication des parcours dans les bras pour augmenter la sensibilité à un décalage. La taille des bras est d'environ 1,5 m. À droite de la figure sont représentés les résultats : la courbe en trait pointillé représente un huitième de l'effet attendu, et celle en trait plein les résultats de mesures.

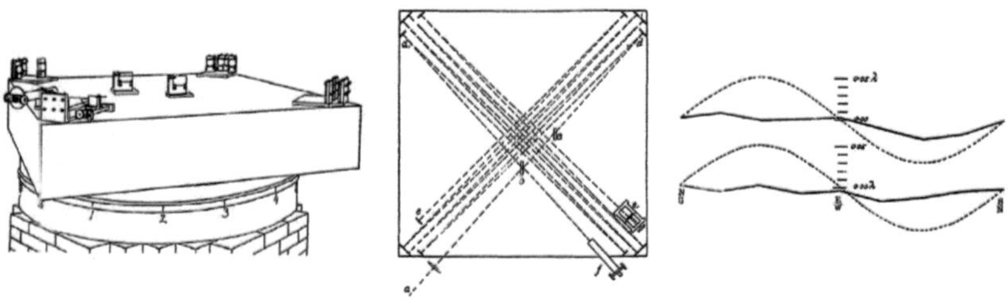

FIGURE 2.5 – Illustrations issues de l'article de Michelson et Morley de 1887 : dessin de la table optique tournante (à gauche), trajet des rayons lumineux dans l'interféromètre (au milieu), résultats sur la mesure des franges d'interférence (à droite).

Les observations de Michelson et Morley mettent en évidence l'absence totale de détection de l'éther. En fait, les résultats montrent que la vitesse de la lumière mesurée est identique dans tous les référentiels. S'agissant de mesures sur des temps relativement courts, l'affirmation précédente doit être précisée et constitue un point essentiel de la physique : la vitesse de la lumière dans le vide est identique dans tous les référentiels inertiels.

Les auteurs ont obtenu le prix Nobel de physique en 1907 pour ces observations. Il est intéressant de remarquer que l'expérience de Michelson et Morley constitue un exemple épistémologique remarquable : c'est en fait le résultat négatif de la recherche de l'éther qui constitue le point de départ de la révolution relativiste.

Enfin, notons que le langage utilisé en physique amène souvent à mentionner la vitesse de la lumière dans le vide comme la grandeur qui est invariante par changement de référentiel. Or, cette vitesse n'est pas réellement une propriété de la lumière, mais plutôt une propriété de l'espace-temps relativiste (que nous verrons plus loin). Plus précisément, nous verrons que l'on parle ici en fait de la vitesse du lien causal. Il se trouve que la lumière dans le vide acquiert une vitesse égale la vitesse du lien causal, en raison de la masse nulle des photons.

2.2 La perte de la notion de temps absolu

2.2.1 Les relativités de Galilée d'Einstein

L'énoncé du principe d'inertie par Galilée stipule que les lois du mouvement sont les mêmes dans tous les référentiels inertiels. Dans le cadre de la physique newtonienne, ce principe est une conséquence de la loi de composition des vitesses exprimée par l'équation (1.1). Or l'invariance de la vitesse de la lumière par changement de référentiel inertiel est incompatible avec cette loi de composition. Les observations de Michelson et Morley conduisent donc à reconsidérer la formulation du principe d'inertie. C'est Albert Einstein qui en donne son énoncé moderne : **les lois physiques sont les mêmes dans tous les référentiels inertiels**.

Les conséquences de cette généralisation du principe d'inertie, que l'on nomme *principe de relativité*, sont importantes. L'invariance de la vitesse de la lumière va questionner la notion de simultanéité et conduira à l'abandon de la notion de temps absolu.

2.2.2 Relativité du temps

Il est possible d'aller plus loin que la relativité de la simultanéité, et de montrer que si la vitesse de la lumière dans le vide est indépendante du référentiel, alors la vitesse d'écoulement du temps doit nécessairement être également relative et dépendre du référentiel. Plus précisément, il n'y a pas de temps absolu, et la comparaison de la course des horloges dans deux référentiels inertiels fera apparaître en général une désynchronisation. Avant de développer le formalisme associé, il est possible de montrer cela avec une simple expérience de pensée.

Considérons le dispositif représenté sur la gauche de la figure 2.6 : un rayon lumineux est émis vers le haut dans le vide, se reflète sur un miroir avant de revenir au point d'origine. Le temps de parcours est noté Δt_0 dans le référentiel propre du dispositif. On a donc

$$\Delta t_0 = \frac{2L}{c} \ . \tag{2.15}$$

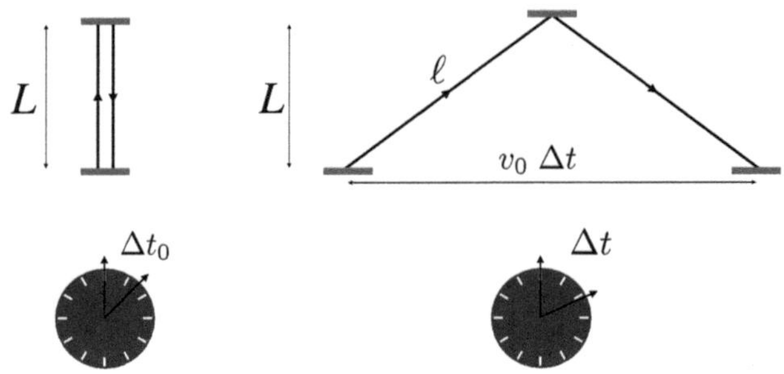

FIGURE 2.6 – Observation d'un aller-retour de la lumière dans le vide, vu depuis deux référentiels en mouvement relatif.

À présent, considérons le même dispositif en translation à la vitesse u, et appelons Δt le temps d'un aller-retour dans le nouveau repère. La partie de droite de la figure 2.6 montre une telle situation.

Sans faire d'*a priori* sur la durée de l'aller-retour dans ce cas, on peut avancer qu'il se sera écoulé un temps $\Delta t \neq \Delta t_0$. Du fait de l'invariance de la vitesse de la lumière par changement de référentiel inertiel, le parcours sur la distance ℓ se fait à la vitesse c, de sorte que l'on a la relation

$$\Delta t = \frac{2\ell}{c} \ . \tag{2.16}$$

Les distances sont reliées par le théorème de Pythagore,

$$\ell^2 = u^2 \left(\frac{\Delta t}{2}\right)^2 + L^2 \ , \tag{2.17}$$

ce qui donne finalement :

$$\Delta t = \frac{\Delta t_0}{\sqrt{1 - \frac{u^2}{c^2}}} \ . \tag{2.18}$$

Le facteur multiplicatif de l'intervalle de temps est appelé *facteur de Lorentz*, et dans la suite on utilisera les notations

$$\gamma = \frac{1}{\sqrt{1 - \beta^2}} \quad \text{et} \quad \beta = \frac{u}{c} \ . \tag{2.19}$$

L'invariance de la vitesse de la lumière dans le vide implique donc que le temps « ne s'écoule » pas de la même manière dans deux référentiels inertiels en mouvement relatif. Il est particulièrement intéressant de souligner le point suivant : en imposant que la lumière se déplace à la vitesse c sur les branches obliques de la partie de droite de la figure 2.6, on a en fait implicitement imposé que

cette valeur c constitue une vitesse limite qu'il est impossible de dépasser. En effet, c'est ce qui apparaît dans l'expression obtenue du facteur de Lorentz. La figure 2.7 montre la variation du facteur de Lorentz en fonction de β. Elle illustre que le facteur de dilatation du temps est proche de l'unité jusqu'à des vitesses de l'ordre de la moitié de c. En augmentant β, le facteur de Lorentz diverge, avec une asymptote verticale pour $\beta = 1$, soit $u = c$.

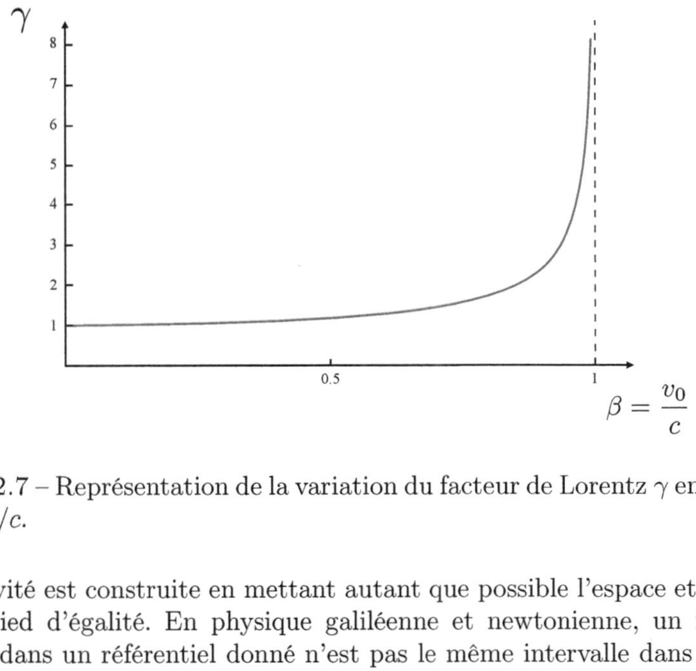

FIGURE 2.7 – Représentation de la variation du facteur de Lorentz γ en fonction de $\beta = u/c$.

La relativité est construite en mettant autant que possible l'espace et le temps sur un pied d'égalité. En physique galiléenne et newtonienne, un intervalle d'espace dans un référentiel donné n'est pas le même intervalle dans un autre référentiel, au sens que les coordonnées spatiales sont changées. **En relativité, un intervalle de temps dans un référentiel donné n'est pas le même intervalle dans un autre référentiel.** C'est la grande valeur de c qui rend les effets relativistes non pertinents pour la description des phénomènes quotidiens. En effet, la valeur de c exprimée en unités SI est [1]

$$c = 299\,792\,458 \text{ m} \cdot \text{s}^{-1} \quad . \tag{2.20}$$

Prenons comme exemple un avion se déplaçant à $v = 300$ m/s : v^2/c^2 est alors de l'ordre de 10^{-12}. Ainsi, pour un vol de dix heures, la désynchronisation entre une horloge embarquée sur l'avion et une autre demeurée dans le référentiel lié à la Terre sera de l'ordre de 36 millisecondes, soit un décalage sans conséquence

1. En fait, depuis 2018, la valeur de c est fixée à ce nombre, et c'est l'unité de distance, le mètre, qui est maintenent définie à partir de c et de la seconde. Ceci montre le caractère fondamental et universel de cette quantité, propriété de notre espace-temps.

pratique. En revanche, les effets relativistes sont mis en évidence dans les laboratoires de physique (de par la précision des mesures), en cosmologie (en lien avec les décalages importants sur de grandes distances), et doivent être pris en compte dans l'utilisation des systèmes de navigation par satellite comme le GPS ou Galileo.

Le projet d'unification de l'espace et du temps que constitue la relativité rend nécessaire l'introduction d'une vitesse « naturelle », de sorte que les intervalles de temps et d'espaces puissent être comparés. Il s'agit de la vitesse de la lumière c. Un déplacement dans l'espace $\mathrm{d}x$ doit être comparé à un déplacement dans le temps $c\,\mathrm{d}t$. Dans notre quotidien, comme $c \gg \mathrm{d}x/\mathrm{d}t$, tout se passe comme si notre « vitesse de déplacement dans le temps » était beaucoup plus grande que notre vitesse de déplacement dans l'espace.

2.2.3 Relativité de la simultanéité

Il est fort probable que le développement de la théorie de la relativité restreinte ait bénéficié du développement des chemins de fer en Europe. En effet, à l'époque où il travaillait au bureau fédéral de la propriété intellectuelle de Berne, Einstein a été amené à étudier de nombreuses demandes de brevet portant sur la synchronisation des horloges à travers la Suisse et l'Europe, rendues nécessaires par les déplacements plus aisés qu'offrait le train. De fait, l'article fondateur d'Einstein de 1905 qui introduit la relativité s'ouvre sur la notion de simultanéité.

Le caractère fini de la vitesse de la lumière, plus précisément du lien causal, entraîne que la simultanéité entre deux événements n'est pas un phénomène absolu : deux événements se produisant simultanément dans un référentiel donné ne le seront nécessairement pas dans un autre référentiel. La figure 2.8 illustre ce phénomène : sur la partie de gauche, on observe simultanément l'extinction de deux bougies, dans un référentiel où l'observateur est immobile par rapport aux bougies. La même situation, avec cette fois l'observateur en mouvement, est représentée sur la partie de droite. Dans ce cas, l'extinction des bougies n'est pas observée de façon simultanée.

L'exemple présenté ici montre que la simultanéité entre deux événements n'a pas de caractère absolu, mais qu'elle dépend du référentiel lié à l'observateur. Cela est bien entendu un fait essentiel concernant les procédures de synchronisation des horloges. Il s'agit toutefois essentiellement de considérations théoriques, dans la mesure où, pour la plupart des phénomènes qui nous entourent, les vitesses typiques sont très inférieures à la vitesse c. Les effets de relativité de la simultanéité sont, pour cette raison, essentiellement indétectables et n'ont pas d'influence sur notre vie quotidienne.

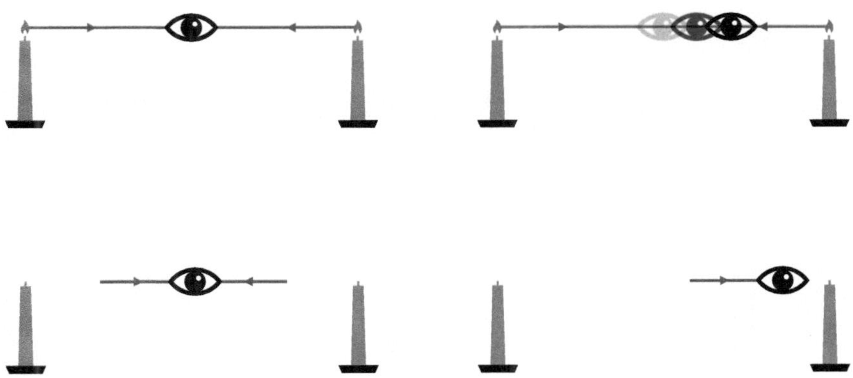

FIGURE 2.8 – Illustration de la relativité de la simultanéité : l'extinction de deux bougies est simultanée dans leur référentiel propre (à gauche), mais ne l'est plus pour un observateur en mouvement (à droite).

2.3 Diagrammes d'espace-temps

2.3.1 Représentation des événements

La perte de la notion de temps absolu nécessite de considérer le temps comme une coordonnée à part entière, qui sera attachée à un référentiel inertiel donné. Notre espace de travail sera donc dorénavant le continuum espace-temps, à quatre dimensions. Un point dans l'espace-temps sera nommé événement, dans la mesure où il définit à la fois un lieu et un temps. Il s'agit donc de passer de trajectoires dans $\mathbb{R}^3$ paramétrées par le temps, donc $\mathbb{R}^3 \otimes \mathbb{R}$, à une description véritablement dans $\mathbb{R}^4$. Un outil particulièrement utile dans ce cadre est le *diagramme d'espace-temps* où l'on trace les lieux des événements dans des tranches de l'espace $\{ct, x, y, z\}$, comme illustré dans la figure 2.9.

La trajectoire d'un point matériel dans un diagramme d'espace-temps est constituée de l'ensemble de ses événements $\{ct(\lambda), x(\lambda), y(\lambda), z(\lambda)\}$, où λ est une paramétrisation de la trajectoire. Il est important de noter qu'il s'agit d'une trajectoire spatio-temporelle et non simplement spatiale. On passe en effet d'une description de la forme $\{x(t), y(t), z(t)\}$ où le temps est absolu, à l'utilisation de t comme une véritable coordonnée. Sur la figure 2.9 sont illustrées quelques trajectoires, de gauche à droite : un mouvement inertiel dont la vitesse est nulle dans le référentiel considéré, un mouvement à vitesse faible devant c, un mouvement à la vitesse c, et la trajectoire d'un oscillateur harmonique à une dimension.

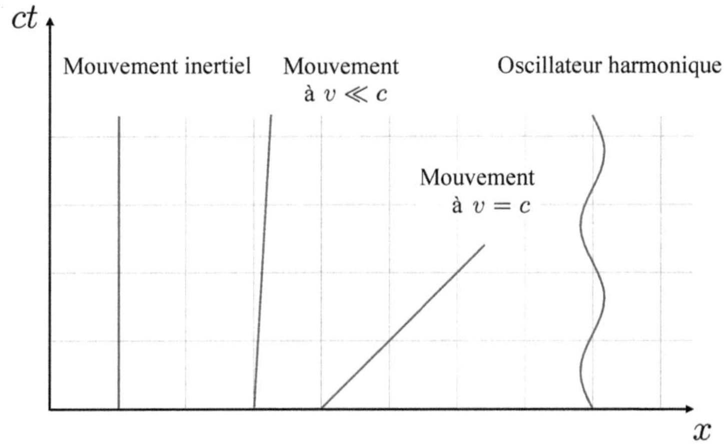

FIGURE 2.9 – Diagramme d'espace-temps à une dimension d'espace, et représentation de trajectoires spatio-temporelles. Attention : en relativité, la convention est de représenter le temps sur l'axe vertical.

2.3.2 Transformations de Galilée et de Lorentz

Considérons une tranche à deux dimensions du continuum espace-temps, avec une variable d'espace x repérée dans un référentiel $\mathcal{R}$ et la variable de temps ct. Il s'agit ici d'illustrer dans un diagramme d'espace-temps la transformation de Galilée telle que décrite par les équations (1.1). La trajectoire d'un objet au repos dans le référentiel $\mathcal{R}'$ correspond à une ligne oblique dans le diagramme d'espace-temps attaché au référentiel $\mathcal{R}$. Par ailleurs, les transformations de Galilée sont telles que $t' = t$, donc le diagramme d'espace-temps pour le référentiel $\mathcal{R}'$ se superpose à celui pour $\mathcal{R}$, avec l'axe des temps oblique, de sorte que tous les points immobiles dans $\mathcal{R}'$ sont en mouvement à la vitesse v dans $\mathcal{R}$. Les diagrammes d'espace-temps des deux référentiels sont représentés dans la figure 2.10.

Dans la figure 2.10, il est supposé que la vitesse de la lumière dans le vide est c dans le référentiel $\mathcal{R}$. Différentes situations sont représentées. Sur la gauche, les trajectoires spatio-temporelles de deux observateurs A et B immobiles dans $\mathcal{R}$ sont dessinées. Ceux-ci s'échangent des signaux lumineux : on peut vérifier qu'ils se propagent à la vitesse c, c'est-à-dire avec une pente dont le module est unitaire dans le plan (x, ct). Sur la droite de la figure, deux observateurs A' et B' immobiles dans $\mathcal{R}'$ s'échangent des signaux lumineux : on vérifie aisément que la vitesse de la lumière mesurée dans leur référentiel n'est plus égale à c.

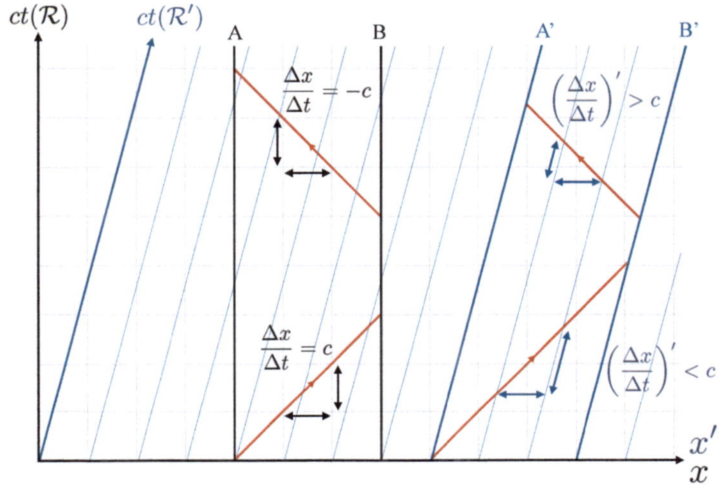

FIGURE 2.10 – Diagrammes d'espace-temps illustrant les transformations de coordonnées de Galilée et la non-invariance de la vitesse de la lumière dans le vide dans ce cas.

Cela est en contradiction avec les observations de l'expérience de Michelson et Morley et montre que les transformations de Galilée ne peuvent être conservées.

Dans la suite, nous commençons par observer géométriquement comment se traduit l'invariance de c par changement de référentiel. Dans un second temps, nous décrirons plus formellement la classe de transformations associées. Pour prendre en compte l'invariance de c par changement de référentiel inertiel, il est donc nécessaire que soient modifiées les directions de x et de ct, comme représenté sur la figure 2.11. On vérifie que la vitesse de la lumière mesurée dans l'un ou l'autre des référentiels $\mathcal{R}$ ou $\mathcal{R}'$ est la même

La transformation de coordonnées conduisant à la rotation des axes x et ct de la figure 2.11 se nomme *transformation de Lorentz*. L'expression analytique de cette transformation de coordonnées sera montrée dans la partie suivante. Dans les situations du quotidien, on a toujours $c\Delta t \gg \Delta x$ car $v \ll c$. Ainsi, il n'est pas nécessaire de considérer la rotation de l'axe x dans le diagramme d'espace-temps car les effets n'en sont pas observables. C'est la nécessaire multiplication par c de la coordonnée temporelle qui rend la rotation de l'axe x non observable.

2.3.3 Causalité et c comme vitesse limite

Il a déjà été montré dans la partie 2.2.2 qu'imposer l'invariance de c par changement de référentiel inertiel fait de cette vitesse une limite physique indépassable.

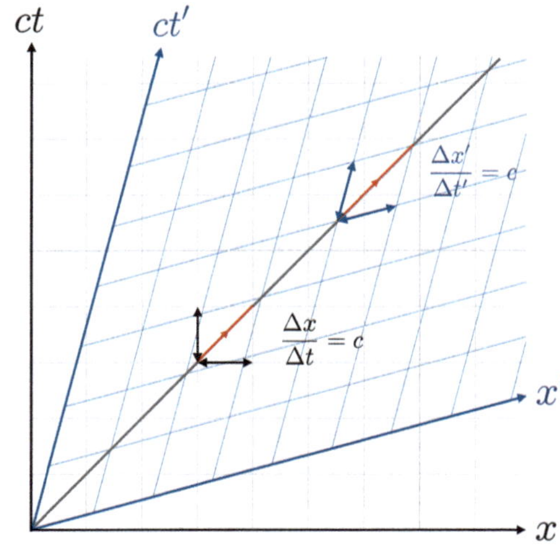

FIGURE 2.11 – Diagramme d'espace-temps associé à la transformation de coordonnées de Lorentz et l'invariance de la vitesse de la lumière dans le vide dans ce cas.

Nous montrons ici que cette limite est en lien étroit avec la notion de causalité. Le principe de causalité stipule simplement que la cause doit précéder l'effet. Ceci signifie que, si deux événements sont ordonnés en temps d'une certaine façon dans un repère donné, alors ils doivent être ordonnés de la même manière dans tout autre référentiel inertiel. Considérons deux événements A et B ordonnés de manière causale avec $A \Rightarrow B$, A étant la cause de B. Prenons un référentiel $\mathcal{R}$ tel que les événements A et B se produisent au même lieu, et un référentiel $\mathcal{R}'$ en translation à la vitesse u par rapport au premier. La situation est représentée sur la gauche de la figure 2.12.

Les diagrammes de gauche et du milieu de la figure 2.12 représentent des situations similaires pour $u < u' < c$. On observe que l'ordre temporel des événements A et B est inchangé. Si l'on suppose en revanche que le référentiel $\mathcal{R}'$ se déplace à une vitesse $u > c$, alors il est nécessaire d'inverser les positions des axes x et ct par rapport à la bissectrice du repère. En effet, c'est la seule solution pour qu'un observateur au repos dans $\mathcal{R}'$ ait une vitesse supérieure à c dans $\mathcal{R}$. Dans ce cas, le changement de référentiel ne conserve pas l'ordre temporel des événements, ce qui contredit le principe de causalité. La vitesse c est donc bien une vitesse limite.

La valeur de c doit être vue comme une propriété fondamentale de l'espace-temps : c'est la vitesse du lien causal. Il est impossible de transmettre de l'information à une vitesse supérieure à c. Nous invitons le lecteur à garder ce fait

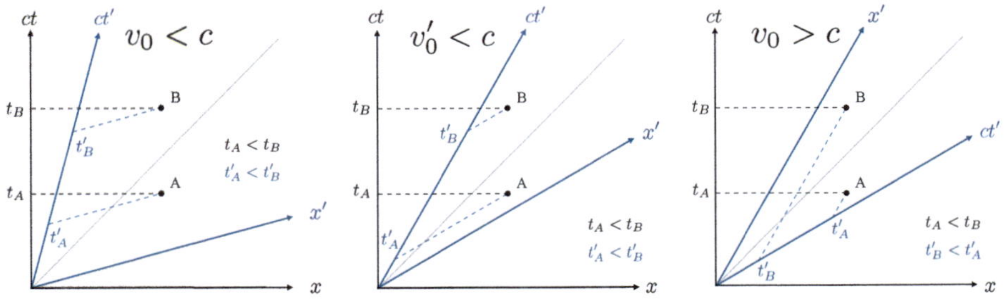

FIGURE 2.12 – Diagrammes d'espace-temps montrant que si un référentiel se déplace à $v > c$, le principe de causalité n'est pas respecté.

en tête et à considérer que l'on note c comme « causalité ». Le fait qu'il s'agisse de la vitesse de la lumière dans le vide est circonstanciel et lié à la masse nulle du photon.

2.3.4 Cônes de lumière

Les diagrammes d'espace-temps constituent un outil précieux pour la description de la structure causale de l'espace-temps. Étant donné à un événement A, il est possible de représenter tous les points de son passé qui sont en contact causal, c'est-à-dire qui ont potentiellement pu influencer A, ainsi que tous les points du futur que A pourra influencer. Ces points sont à l'intérieur de ce que l'on appelle, respectivement, le cône de lumière passé et le cône de lumière futur. La partie de gauche de la figure 2.13 montre cette structure causale dans un plan (abscisse, ordonnée) = (x, ct). Considérant l'événement spatio-temporel A, le schéma représente les lieux spatio-temporels de tous les événements passés et futurs qui peuvent être causalement reliés à A dans la région en vert, et les événements sans lien causal possible dans la région rouge. La frontière entre les deux régions représente le *cône de lumière.*

Le diagramme de droite de la figure 2.13 montre comment le cône de lumière évolue lorsqu'un temps ultérieur est considéré. L'événement A' se produit au même lieu que A mais plus tard. Des événements pouvant potentiellement influencer A sont représentés avec les cercles vert à l'intérieur du cône de lumière passé, tandis que les cercles verts dans le cône de lumière futur peuvent recevoir de l'information de A. Les points rouges représentent des événements sans lien causal possible avec A ou A'. Dans le diagramme de droite, il apparaît que pour un observateur situé en A, certains événements causalement disconnectés à t_A entrent dans le cône de lumière passé à $t_{A'}$, alors que d'autres sortent du cône de lumière futur.

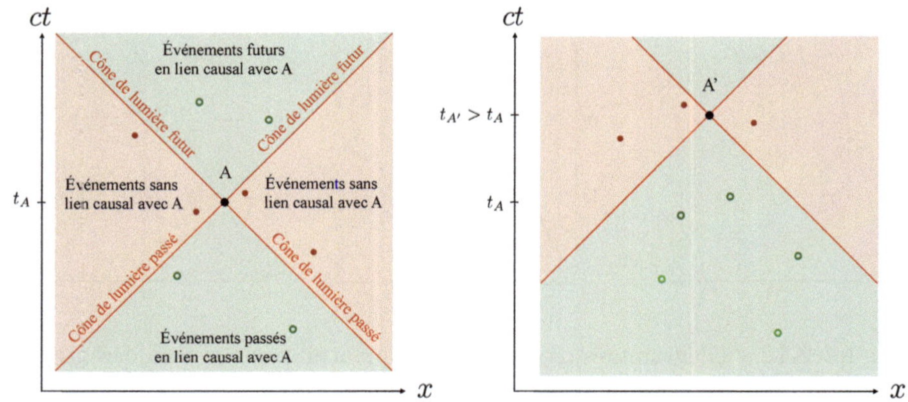

FIGURE 2.13 – Représentation du cône de lumière dans une coupe (x, ct) de l'espace-temps. Pour les événements A et A', les cercles verts sont en lien causal, et les points rouges sont déconnectés.

La trajectoire réelle d'un point matériel porte le nom de *ligne d'univers*. Les événements d'une trajectoire réelle sont toujours contenus dans les cônes de lumière à chaque instant, comme illustré sur la figure 2.14 à gauche où est représentée une section (x, y, ct) du diagramme d'espace-temps. Dans ce cas, l'équation de la surface séparant les régions causales et acausales est $c^2t^2 = x^2 + y^2$, ce qui justifie la dénomination de cône. La représentation complète du cône de lumière pour une partie spatiale tridimensionnelle n'est pas possible dans notre espace à trois dimensions, car il faudrait quatre dimensions pour la représenter. Dans le cas d'un mouvement à une dimension dans un espace isotrope et homogène, on peut considérer que chaque point d'un diagramme d'espace-temps en (x, ct) représente un plan infini, c'est-à-dire un espace isotrope à deux dimensions. Sur la droite de la figure 2.14, la trajectoire spatio-temporelle est en bleu, et la trajectoire dans le plan (x, y) est en rouge. Les plans qui y sont représentés sont les plans de simultanéité. En effet, chaque point d'un de ces plans correspond à une même coordonnée temporelle.

2.4 L'invariant relativiste

Considérons un événement A de coordonnées (t_A, x_A, y_A, z_A) et un autre événement B de coordonnées (t_B, x_B, y_b, z_B) situé sur le cône de lumière futur de A. En d'autres termes, il est possible de relier A et B par un signal lumineux se propageant à la vitesse c. Leurs coordonnées dans un référentiel $\mathcal{R}$ sont liées par :

$$c^2 (t_B - t_A)^2 = (x_A - x_B)^2 + (y_A - y_B)^2 + (z_A - z_B)^2 \quad . \tag{2.21}$$

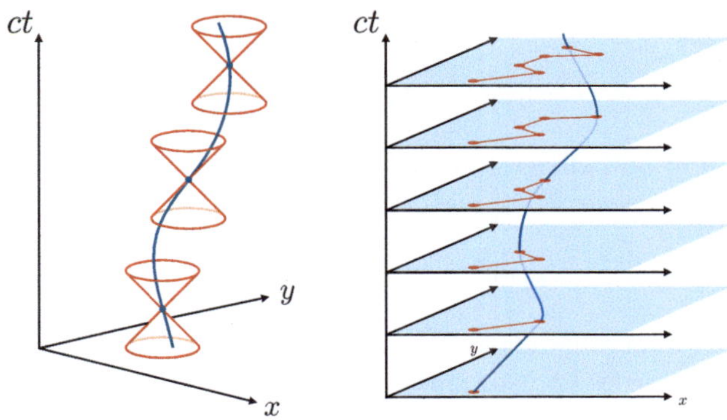

FIGURE 2.14 – La trajectoire d'un point matériel est toujours contenue dans les cônes de lumière (à gauche). Construction d'une trajectoire spatio-temporelle à partir de la trajectoire dans un plan (à droite).

Dans un autre référentiel $\mathcal{R}'$ en translation rectiligne uniforme par rapport à $\mathcal{R}$, les coordonnées des deux événements sont reliées par la même relation que (2.21). Ce lien entre les coordonnées des événements est utilisé pour construire une métrique de mesure des intervalles spatio-temporels. S'agissant d'une relation qui reste valable même après un changement de référentiel inertiel décrit par les transformations de Lorentz, la mesure d'un intervalle relativiste se fera en comparant la distance spatiale à la distance temporelle. Ainsi, on définit l'intervalle relativiste comme

$$I = c^2 (t_B - t_A)^2 - (x_A - x_B)^2 - (y_A - y_B)^2 - (z_A - z_B)^2 \quad , \qquad (2.22)$$

soit encore pour des variations infinitésimales des coordonnées,

$$I = c^2 \mathrm{d}t^2 - \mathrm{d}x^2 - \mathrm{d}y^2 - \mathrm{d}z^2 \quad . \qquad (2.23)$$

Par construction, cette mesure de l'intervalle dans l'espace-temps garde la même valeur quel que soit le référentiel inertiel, pour peu que soient utilisés les changements de coordonnées laissant c invariant, soit les transformations de Lorentz. On dit que I est un *invariant relativiste*, ou un *invariant de Lorentz*.

Si l'on revient un instant sur l'expérience de pensée de la figure 2.6, on peut se convaincre aisément que cet intervalle est invariant même pour des événements qui ne sont pas sur le cône de lumière. Il s'agissait de considérer depuis deux référentiels distincts un aller-retour de la lumière sur une distance L, ce qui nous avait permis de faire émerger le facteur de Lorentz. Dans le référentiel en mouvement, la relation suivante avait été obtenue :

$$c^2(\Delta t)^2 = u^2(\Delta t)^2 + 4L^2 \quad . \qquad (2.24)$$

En remarquant que $u^2(\Delta t)^2 = (\Delta x)^2$, cela conduit à

$$c^2(\Delta t)^2 - (\Delta x)^2 = 4L^2 \ . \tag{2.25}$$

Dans le référentiel de l'aller-retour, le temps était noté t_0, et on avait obtenu $c^2(\Delta t_0)^2 = 4L^2$. Dans ce référentiel, $\Delta x_0 = 0$, d'où l'on conclut :

$$c^2(\Delta t)^2 - (\Delta x)^2 = c^2(\Delta t_0)^2 - (\Delta x_0)^2 = 4L^2 \ . \tag{2.26}$$

L'invariance de l'intervalle relativiste est donc vérifiée dans ce cas. Il est temps à présent d'expliciter les transformations de coordonnées permettant de passer d'un référentiel à un autre. Nous allons confirmer que la forme de l'invariant relativiste est conservée même quand les événements ne sont pas sur le cône de lumière.

2.5 Les transformations de Lorentz

Les transformations de coordonnées de Lorentz, illustrées dans la figure 2.11, doivent mélanger les variables d'espace et de temps pour rendre compte de l'invariance de la vitesse c et de la désynchronisation des horloges que cela implique. Il existe de nombreuses dérivations formelles de ces transformations de coordonnées, et nous proposons ici de les déduire de l'invariance de l'équation d'onde. Il est également possible de les déduire de l'invariance de l'élément de distance relativiste, cette seconde méthode étant décrite dans l'annexe B.

2.5.1 Retour sur la propagation des ondes

On peut trouver les transformations de Lorentz en imposant que la forme de l'équation d'onde pour une vitesse de propagation c est invariante par changement de référentiel, avec en particulier la même vitesse de propagation. Pour cela, plaçons-nous à une dimension et notons (ct, x) les coordonnées dans le référentiel $\mathcal{R}$, et (ct', x') les coordonnées dans le référentiel $\mathcal{R}'$ en translation à la vitesse u dans la direction x par rapport à $\mathcal{R}$. L'invariance de l'équation de propagation se traduit par :

$$\left(\frac{1}{c}\frac{\partial}{\partial t} - \frac{\partial}{\partial x}\right)\left(\frac{1}{c}\frac{\partial}{\partial t} + \frac{\partial}{\partial x}\right) = \left(\frac{1}{c}\frac{\partial}{\partial t'} - \frac{\partial}{\partial x'}\right)\left(\frac{1}{c}\frac{\partial}{\partial t'} + \frac{\partial}{\partial x'}\right) \ . \tag{2.27}$$

En définissant $T(u)$ comme l'opérateur gouvernant les transformations de coordonnées, la condition (2.27) impose que

$$\left(\frac{1}{c}\frac{\partial}{\partial t} - \frac{\partial}{\partial x}\right) = T(u)\left(\frac{1}{c}\frac{\partial}{\partial t'} - \frac{\partial}{\partial x'}\right) \ , \tag{2.28}$$

$$\left(\frac{1}{c}\frac{\partial}{\partial t}+\frac{\partial}{\partial x}\right) = T^{-1}(u)\left(\frac{1}{c}\frac{\partial}{\partial t'}+\frac{\partial}{\partial x'}\right) . \tag{2.29}$$

Par ailleurs, la limite classique de la transformation recherchée doit vérifier $\partial_t = (\partial_{t'} - u\partial_{x'})$ (voir (2.4)). Ceci est compatible avec une transformation linéaire de la forme $\partial_t = f(u)\,(\partial_{t'} - u\partial_{x'})$, $f(u)$ étant une fonction non nulle telle que $\lim_{u\to 0} f(u) = 1$. Dans le cas particulier où $\partial_t = 0$, alors $\partial_{t'} = u\partial_{x'}$, ce qui donne les dérivées par rapport à x :

$$\frac{\partial}{\partial x} = T(u)\left(\frac{u}{c}\frac{\partial}{\partial x'}-\frac{\partial}{\partial x'}\right), \tag{2.30}$$

$$\frac{\partial}{\partial x} = T^{-1}(u)\left(\frac{u}{c}\frac{\partial}{\partial x'}+\frac{\partial}{\partial x'}\right) . \tag{2.31}$$

En égalisant les deux relations précédentes, on obtient

$$T(u)=\sqrt{\frac{1+\frac{u}{c}}{1-\frac{u}{c}}} = \gamma\left(1+\frac{u}{c}\right) \tag{2.32}$$

$$T^{-1}(u)=\sqrt{\frac{1-\frac{u}{c}}{1+\frac{u}{c}}} = \gamma\left(1-\frac{u}{c}\right) , \tag{2.33}$$

avec

$$\gamma=\frac{1}{\sqrt{1-\frac{u^2}{c^2}}} . \tag{2.34}$$

Les relations (2.32) et (2.33) peuvent être injectées dans (2.28), et (2.29), d'où l'on tire après somme et différence

$$\frac{\partial}{\partial t} = \gamma\left(\frac{\partial}{\partial t'}-u\frac{\partial}{\partial x'}\right) \tag{2.35}$$

$$\frac{\partial}{\partial x} = \gamma\left(\frac{\partial}{\partial x'}-\frac{u}{c^2}\frac{\partial}{\partial t'}\right) . \tag{2.36}$$

On en déduit

$$\frac{\partial x'}{\partial x}=\gamma , \quad \frac{\partial x'}{\partial t}=-\gamma u , \quad \frac{\partial t'}{\partial x}=-\frac{\gamma u}{c^2} , \quad \frac{\partial t'}{\partial t}=\gamma , \tag{2.37}$$

à comparer aux relations (2.3) qui avaient été obtenues dans le cas galiléen. Ces relations impliquent que

$$\left\{\begin{array}{l} t'=\gamma t+f(x) \\ x'=\gamma x+g(t) \end{array}\right. , \quad \text{et donc} \quad \left\{\begin{array}{l} \dfrac{\partial t'}{\partial x}=f'(t)=-\gamma\frac{u}{c^2} \\ \dfrac{\partial x'}{\partial t}=g'(t)=-\gamma u \end{array}\right. . \tag{2.38}$$

Si l'on suppose que $\mathcal{R}$ et $\mathcal{R}'$ coïncident à $t' = t = 0$, ces relations donnent après intégration

$$\begin{cases} ct' = \gamma\,(c\,t - \beta\,x) \\ x' = -\gamma\,(\beta\,c\,t - x) \quad \text{avec} \quad \beta = \dfrac{u}{c} \end{cases} . \tag{2.39}$$

On a par ailleurs $y' = y$ et $z' = z$ car le mouvement de $\mathcal{R}'$ est selon la direction x. Ces changements de coordonnées sont les *transformations de Lorentz* : elles assurent donc que l'équation de propagation d'une onde de vitesse c est invariante par changement de référentiel inertiel. Les relations (2.39) sont les transformations de base dans le cas où le référentiel initial et le référentiel final partagent un axe commun et ont même origine. De façon générale, on peut toujours se ramener à cette situation en combinant une transformation de Lorentz avec une rotation des axes du repère et une translation dans l'espace et dans le temps.

Il est important de souligner qu'une équation d'onde avec une vitesse de propagation différente de c n'est pas invariante par la transformation de Lorentz. Seul l'opérateur de d'Alembert avec la vitesse de propagation c est indépendant du référentiel inertiel.

Pour un observateur au repos dans $\mathcal{R}$, par exemple $x = 0$, cette transformation se traduit par un facteur de dilatation du temps (2.34). Ce dernier est identique au facteur donné par (2.19) que l'on avait trouvé dans la partie 2.2.2. Par ailleurs, il est aisé de vérifier que ces transformations de coordonnées se réduisent aux relations classiques données par (1.1) dans la limite $\beta \ll 1$. En effet, dans cette limite, $\gamma \simeq 1$, $\beta c = u$ et $ct - \beta x = ct(1 - \beta x/ct) \simeq ct(1 - \beta^2)$. Ainsi, on retrouve bien les relations galiléennes $t' = t$ et $x' = x - ut$, les premières corrections relativistes étant d'ordre u^2/c^2.

2.5.2 Rapidité et composition des vitesses

Considérons ici le cas d'un changement de référentiel inertiel dans la direction de l'axe x, les axes des repères $\mathcal{R}$ et $\mathcal{R}'$ étant alignés et de même origine. Dans ce cas, la transformation de Lorentz s'écrit sous forme matricielle de la façon suivante :

$$\begin{pmatrix} ct' \\ x' \\ y' \\ z' \end{pmatrix} = \begin{pmatrix} \gamma & -\gamma\beta & 0 & 0 \\ -\gamma\beta & \gamma & 0 & 0 \\ 0 & 0 & 1 & 0 \\ 0 & 0 & 0 & 1 \end{pmatrix} \begin{pmatrix} ct \\ x \\ y \\ z \end{pmatrix} . \tag{2.40}$$

En remarquant que $\gamma^2 - \gamma^2\beta^2 = 1$, on voit qu'il existe un argument φ tel que

$$\begin{cases} \mathrm{ch}\varphi = \gamma \\ \mathrm{sh}\varphi = \gamma\beta \end{cases} \quad \text{soit} \quad \beta = \mathrm{th}\varphi \ . \tag{2.41}$$

Le paramètre φ est appelé la *rapidité*. Ainsi, la partie (ct, x) de la transformation de Lorentz peut s'écrire

$$\begin{pmatrix} ct' \\ x' \end{pmatrix} = \begin{pmatrix} \mathrm{ch}\varphi & -\mathrm{sh}\varphi \\ -\mathrm{sh}\varphi & \mathrm{ch}\varphi \end{pmatrix} \begin{pmatrix} ct \\ x \end{pmatrix} . \tag{2.42}$$

Une transformation de Lorentz de paramètre $\beta = u/c$ s'apparente donc à une « rotation » dans l'espace-temps, d'angle $\varphi = \mathrm{argth}\beta$, à ceci près que sont utilisées des fonctions hyperboliques en lieu et place des fonctions trigonométriques. La composition de deux transformations de Lorentz de rapidités φ_1 et φ_2 s'exprime alors de façon simple,

$$\begin{pmatrix} \mathrm{ch}\varphi_1 & -\mathrm{sh}\varphi_1 \\ -\mathrm{sh}\varphi_1 & \mathrm{ch}\varphi_1 \end{pmatrix} \begin{pmatrix} \mathrm{ch}\varphi_2 & -\mathrm{sh}\varphi_2 \\ -\mathrm{sh}\varphi_2 & \mathrm{ch}\varphi_2 \end{pmatrix} = \begin{pmatrix} \mathrm{ch}(\varphi_1 + \varphi_2) & -\mathrm{sh}(\varphi_1 + \varphi_2) \\ -\mathrm{sh}(\varphi_1 + \varphi_2) & \mathrm{ch}(\varphi_1 + \varphi_2) \end{pmatrix} . \tag{2.43}$$

Il apparaît donc que ce sont les rapidités qu'il faut additionner lors de la composition de deux transformations de Lorentz. En revenant aux vitesses, on a alors que

$$\beta_{1+2} = \mathrm{th}(\varphi_1 + \varphi_2) = \frac{\beta_1 + \beta_2}{1 + \beta_1\beta_2} , \tag{2.44}$$

ce qui donne l'équivalent relativiste de la loi d'addition des vitesses.

L'étude de quelques cas limites est particulièrement instructive. À basse vitesse, le terme au dénominateur, de la forme $1 + v^2/c^2$, est proche de 1 et on retrouve la loi de composition galiléenne $\beta_{1+2} = \beta_1 + \beta_2$. Au contraire, si l'on considère qu'une des vitesses est proche de c, la valeur d'un des $\beta_{1,2}$ est proche de 1, ce qui donne β_{1+2} proche de 1 également. Les vitesses se composent comme si « $c + v = c$ »...

2.6 L'espace-temps de Minkowski

2.6.1 Les quadrivecteurs

En relativité, les systèmes seront toujours décrits par des objets à quatre composantes appelés *quadrivecteurs*. Dans tous les cas, on a toujours une composante scalaire et une composante vectorielle. Pour le quadrivecteur déplacement, spécifiant les coordonnées d'un déplacement dans l'espace-temps, la partie scalaire est $c\Delta t$ et la partie vectorielle est le vecteur « déplacement spatial » $\Delta\vec{r} = (\Delta x, \Delta y, \Delta z)$. Il est possible de confondre le quadrivecteur déplacement avec le quadruplet formé par les coordonnées dans le cas particulier où les changements de référentiels se font sans modifier l'origine du repère. Cette structure en quadrivecteur reflète la structure de notre espace-temps à 3+1 dimensions et se retrouve dans tous les domaines de la physique. Cela vaut même en physique classique. Le tableau 2.1 donne quelques exemples de paramètres physiques et de variables qui trouvent naturellement leurs places au sein d'un quadrivecteur.

Quadrivecteur	Partie scalaire	Partie vectorielle
Déplacement	Δt	$\Delta\vec{r}$
Densité-courant	n	$\vec{\jmath}$
Énergie-impulsion	E	$\vec{p}$
Charge-courant	ρ	$\vec{\jmath}$
Potentiels électromagnétiques	V	$\vec{A}$
Pulsation-vecteur d'onde	ω	$\vec{k}$
Opérateur gradient	$\partial/\partial(ct)$	$\boldsymbol{\nabla}$

TABLE 2.1 – Exemples de grandeurs physiques trouvant naturellement leurs places au sein de quadrivecteurs.

Bien entendu, tout quadruplet de nombre ne constitue pas un quadrivecteur. Pour que ce soit le cas, il faut qu'il se transforme par les transformations de Lorentz lors d'un changement de référentiel inertiel. L'utilisation de quadrivecteurs garantira donc l'invariance relativiste pour peu que soit définie une méthode pour en donner une norme qui soit invariante de Lorentz. Dans ce cas, cette norme prendra la même valeur quel que soit le référentiel inertiel dans lequel elle est évaluée. La mesure relativiste de la norme des quadrivecteurs se fait par l'utilisation de la pseudo-norme de Minkowski, décrite ci-après.

2.6.2 Produit scalaire et pseudo-norme de Minkowski

Les quadrivecteurs sont les éléments d'une algèbre munie d'un produit scalaire spécifique. La construction du produit scalaire assure que sa valeur est indépendante du référentiel inertiel dans lequel il est calculé. Pour s'assurer de cette invariance, le produit scalaire prend la forme suivante : pour deux quadrivecteurs A et B dont les composantes sont notées a_μ et b_μ avec $\mu = 0, 1, 2, 3$ ($\mu = 0$ représentant la coordonnée temporelle, et $\mu = 1, 2, 3$ les coordonnées spatiales), on a l'expression du produit scalaire

$$A \cdot B = \begin{pmatrix} a_0 \\ a_1 \\ a_2 \\ b_3 \end{pmatrix} \cdot \begin{pmatrix} b_0 \\ b_1 \\ b_2 \\ b_3 \end{pmatrix} = a_0 b_0 - a_1 b_1 - a_2 b_2 - a_3 b_3 \quad . \tag{2.45}$$

Cette expression du produit scalaire permet de définir la pseudo-norme. Le terme de norme sera utilisé dans la suite comme un abus de langage, dans la mesure où elle n'est pas définie positive. Ainsi, le carré de la pseudo-norme du quadrivecteur A s'écrit en fonction de ses composantes

$$A^2 = a_0^2 - a_1^2 - a_2^2 - a_3^2 \; . \tag{2.46}$$

Ainsi définis, le produit scalaire et la norme sont indépendants du référentiel inertiel, ce qui sera vérifié dans la suite.

2.6.3 Classification des intervalles spatio-temporels

Le quadrivecteur déplacement élémentaire $\mathrm{d}X = (c\,\mathrm{d}t, \mathrm{d}x, \mathrm{d}y, \mathrm{d}z)$ peut également être noté $\mathrm{d}X = (c\,\mathrm{d}t, \mathrm{d}\vec{r})$ avec $\mathrm{d}\vec{r} = (\mathrm{d}x, \mathrm{d}y, \mathrm{d}z)$ le vecteur « déplacement élémentaire » spatial. Ce quadrivecteur permet de spécifier un intervalle par la donnée de ses coordonnées dans un repère donné.

Les relations (2.22) et (2.23) définissent la pseudo-norme de Minkowski pour les quadrivecteurs dont les extrémités seraient respectivement en A et B, et en X et $X+\mathrm{d}X$. C'est cette relation qui donne la mesure de l'intervalle spatio-temporel relativiste. C'est une généralisation de la notion de distance dans le sens où l'une des directions de mesure est temporelle. Bien que l'invariant relativiste définisse une distance généralisée, ou une mesure de l'intervalle spatio-temporel, il ne s'agit pas d'une norme car la relation n'est pas définie positive. En effet, si l'on prend la mesure d'un intervalle entre deux événements causalement déconnectés alors la pseudo-norme prendra une valeur négative. De façon générale trois types d'intervalles spatio-temporels peuvent être distingués,

- intervalle de genre temps, $I > 0$, pour lequel on a donc $c^2\mathrm{d}t^2 > \mathrm{d}\vec{r}^{\,2}$,
- intervalle de genre lumière, $I = 0$, avec $c^2\mathrm{d}t^2 = \mathrm{d}\vec{r}^2$,
- intervalle de genre espace, $I < 0$, et $c^2\mathrm{d}t^2 < \mathrm{d}\vec{r}^2$.

Les intervalles de genre temps décrivent donc des trajectoires potentielles de points matériels, car dans ce cas $\mathrm{d}\vec{r}^{\,2}/\mathrm{d}t^2 = \vec{v}^{\,2} < c^2$. Deux événements séparés par un intervalle de genre temps peuvent être situés sur la trajectoire d'un point matériel. En effet, cela revient à dire que la vitesse de ce point est inférieure à c. Les intervalles de genre lumière séparent deux événements reliés par un signal se propageant à c. Enfin, deux événements séparés par un intervalle de genre espace ne peuvent pas être en lien causal.

La relation (2.22) liant la mesure de l'intervalle relativiste et les différences de coordonnées est une *relation métrique*. Elle définit en fait une géométrie particulière qui, dans le cas de la relativité restreinte, porte le nom de géométrie de Minkowski. Le lien entre le signe des valeurs des intervalles et le lien de causalité est purement conventionnel. Ici, il est dû au choix d'avoir passé la partie spatiale à gauche de l'équation (2.22) pour définir I. Dans ce cas on dit que la signature de la métrique utilisée est $(+,-,-,-)$. On aurait tout aussi bien pu choisir de placer le « – » devant la composante temporelle. Le choix opposé aurait pu être fait avec le signe « – » devant la composante temporelle. Il est donc important de prendre garde à la convention adoptée sur la signature de la métrique en comparant des calculs de différentes sources. Les résultats obtenus seront toujours indépendants du choix arbitraire de la signature de la métrique. Le seul point physiquement pertinent est que les signes de l'élément temporel et des éléments spatiaux soient opposés.

2.6.4 Le temps propre

Considérons un observateur se déplaçant à la vitesse $\vec{v}$ dans un référentiel $\mathcal{R}$. Ayant abandonné la notion de temps absolu, il est légitime de se demander ce qu'il va lire sur son horloge. On définit alors son *référentiel propre* comme le référentiel dans lequel il est au repos. À partir de l'expression des intervalles relativistes (2.23), on définit le *temps propre* $\mathrm{d}\tau$ comme

$$c^2\mathrm{d}\tau^2 = c^2\mathrm{d}t^2 - \mathrm{d}\vec{r}^{\,2} \ . \tag{2.47}$$

Pour un intervalle de genre temps, c'est-à-dire le long d'une trajectoire possible d'un objet matériel, la mesure de l'intervalle relativiste donne le temps qui s'écoule pour l'objet. Dans son référentiel propre, on a en effet $\mathrm{d}\vec{r}^{\,2} = 0$, et $\mathrm{d}\tau = \mathrm{d}t$. Le temps propre est donc le temps qui serait mesuré dans le référentiel propre d'un système considéré.

Dans la limite non relativiste, c'est-à-dire pour des mouvements pour lesquels $v \ll c$, le temps propre se confond avec la coordonnée temporelle. La correction relativiste est donnée par :

$$\mathrm{d}\tau^2 = \mathrm{d}t^2 - \frac{1}{c^2}\mathrm{d}\vec{r}^{\,2} = \mathrm{d}t^2\left(1 - \frac{\vec{v}^{\,2}}{c^2}\right) \ . \tag{2.48}$$

On retrouve ici le facteur de Lorentz γ comme facteur de dilatation du temps entre le référentiel où est mesuré t et le référentiel propre de l'objet en mouvement. Dans la limite classique, l'intervalle relativiste est bien donné par la distance temporelle $c^2\mathrm{d}t^2$.

2.6.5 Précautions relatives aux notations

Dans les parties précédentes, trois types d'élévations au carré d'une grandeur ont été utilisées. En relativité, il convient de bien réaliser la nature de l'objet dont on prend le carré :

- pour une grandeur scalaire a, on a $a^2 = a \times a$,
- pour une grandeur vectorielle, $\vec{a}$, on a $\vec{a}^{\,2} = a_x^2 + a_y^2 + a_z^2$,
- et pour une grandeur quadrivectorielle, $A^2 = A_t^2 - A_x^2 - A_y^2 - A_z^2$.

2.6.6 Invariance du produit scalaire et de la pseudo-norme

Nous vérifions ici que le produit scalaire de Minkowski est invariant de Lorentz. Prenons un cas unidimensionnel pour simplifier, et calculons la valeur d'un produit scalaire $A \cdot B$ dans deux référentiels inertiels $\mathcal{R}$ et $\mathcal{R}'$:

$$A \cdot B = a_0 b_0 - a_1 b_1 \quad \text{et} \quad (A \cdot B)' = a_0' b_0' - a_1' b_1' \ , \tag{2.49}$$

avec

$$A' = \begin{pmatrix} a_0' \\ a_1' \end{pmatrix} = \begin{pmatrix} \gamma & -\gamma\beta \\ -\gamma\beta & \gamma \end{pmatrix} \begin{pmatrix} a_0 \\ a_1 \end{pmatrix} \quad \text{et} \quad B' = \begin{pmatrix} b_0' \\ b_1' \end{pmatrix} = \begin{pmatrix} \gamma & -\gamma\beta \\ -\gamma\beta & \gamma \end{pmatrix} \begin{pmatrix} b_0 \\ b_1 \end{pmatrix} . \tag{2.50}$$

Ainsi en développant le produit scalaire,

$$\begin{aligned} (A \cdot B)' &= (\gamma a_0 - \gamma\beta a_1)(\gamma b_0 - \gamma\beta b_1) - ((-\gamma\beta a_0 + \gamma a_1)(-\gamma\beta b_0 + \gamma b_1)) \\ &= (\gamma^2 - \gamma^2\beta^2)\, a_0\, b_0 - (\gamma^2 - \gamma^2\beta^2)\, a_1\, b_1 \\ &\quad -\gamma^2\beta\, a_1\, b_0 - \gamma^2\beta\, a_0\, b_1 + \gamma^2\beta\, a_0\, b_1 + \gamma^2\beta\, a_1\, b_0 \\ &= \gamma^2\,(1 - \beta^2)\,(a_0 b_0 - a_1 b_1) \\ &= a_0 b_0 - a_1 b_1 \ . \end{aligned} \tag{2.51}$$

Le produit scalaire et donc la pseudo-norme sont bien invariants par les transformations de Lorentz. Ils peuvent être calculés dans n'importe quel référentiel inertiel et prendront toujours la même valeur. Les transformations de Lorentz constituent donc une *isométrie* pour la pseudo-norme de Minkowski.

2.6.7 Le groupe de Poincaré

L'ensemble des isométries de l'espace-temps de Minkowski constitue le *groupe de Poincaré*. Ce groupe comprend cinq types de transformations, que sont :

- les translations d'espace ou de temps,
- les rotations de l'espace à trois dimensions,
- les transformations de Lorentz (vues dans la partie 2.5),
- la parité,
- le renversement du temps.

Le *groupe de Lorentz* est constitué par les quatre derniers types de transformation. On rencontre le terme de *boost* ou de *boost de Lorentz* pour désigner la transformation correspondant à une transformation de Lorentz sans rotation spatiale.

2.7 Retour sur l'expérience de Fizeau

L'expérience de Fizeau décrite dans la partie 2.1.4 avait conduit à la conclusion d'un entraînement partiel de l'éther, avec la loi de composition donnée par l'équation (2.7). Cette relation ne trouve pas de justification dans le cadre classique. Son interprétation comme entraînement partiel de l'éther est par ailleurs mise à mal par l'expérience de Michelson et Morley, qui montre que le concept d'éther est tout simplement inutile.

Dans le cadre de la relativité restreinte, la relation (2.7) s'explique simplement. La vitesse de la lumière dans l'eau est donnée par $v = c/n$, et on note u la vitesse de l'eau dans le laboratoire. Avec la composition relativiste des vitesses, la vitesse c' de la lumière dans l'eau en mouvement s'écrit

$$c' = \frac{v + u}{1 + \frac{vu}{c^2}} = \frac{\frac{c}{n} + u}{1 + \frac{u}{nc}} \ . \tag{2.52}$$

Cette expression peut être développée au premier ordre en u/c,

$$c' = \frac{c}{n}\left(1 + n\frac{u}{c}\right)\left(1 + \frac{1}{n}\frac{u}{c}\right)^{-1} = \frac{c}{n} + u\left(1 - \frac{1}{n^2}\right) + \mathcal{O}\left(\frac{u^2}{c}\right) \ . \tag{2.53}$$

On retrouve donc bien la formule de Fizeau (2.7) pour des vitesses u petites devant c.

2.8 Effets de perspective relativiste

Les phénomènes impliquant des vitesses proches de celle de la lumière décrits par la relativité restreinte peuvent parfois induire des effets contre-intuitifs. Ceci tient à ce que la perception humaine, et ce que l'on nomme le « bon sens », sont construits sur la base d'observations effectuées à des vitesses très inférieures à c. En particulier, en relativité, les durées et les longueurs apparaissent comme dépendant du référentiel, deux phénomènes respectivement connus sous les termes de *dilatation des temps* et *contraction des longueurs.* Cette dépendance au référentiel de mesure justifie le terme de relativité. Nous allons voir ici que ces effets peuvent être tous deux vus comme des effets de perspective dans l'espace-temps.

2.8.1 La dilatation des temps

Nous avons déjà rencontré le phénomène de dilatation des temps lors de la construction de la relativité dans la partie 2.2.2, ainsi qu'avec les transformations de Lorentz dans la partie 2.5. L'utilisation des diagrammes d'espace-temps permet d'illustrer la dilatation des temps comme un simple effet de perspective lié à l'invariance de Lorentz.

Considérons deux observateurs, l'un au repos dans un repère $\mathcal{R}$ et l'autre au repos dans un repère $\mathcal{R}'$ en translation à la vitesse u par rapport à $\mathcal{R}$ dans la direction x. Le fait crucial qu'introduit la relativité est tout simplement géométrique : les droites de simultanéité respectives de chacun des deux observateurs ne sont pas parallèles. C'est là une autre version de la relativité de la simultanéité évoquée précédemment. Pour cette raison, la notion de comparaison des horloges « au même instant » n'a pas de sens absolu, ce qu'illustre la figure 2.15 où sont représentées les droites de simultanéité pour deux référentiels inertiels différents. Les événements simultanés dans $\mathcal{R}$ se situent sur des droites horizontales, tandis que les événements simultanés dans $\mathcal{R}'$ se répartissent sur des droites obliques. Sur la même figure 2.15, la branche d'hyperbole représente tous les points situés à une valeur constante d'intervalle relativiste depuis le point O, c'est-à-dire tels que $c^2t^2 - x^2 = cte$. Les intervalles relativistes OA et OA sont donc égaux : $I_{OA} = I_{OB}$. Autrement dit, si l'on choisit la graduation de l'axe ct telle que $ct_A = 1$ m, alors on a également $ct'_B = 1$ m.

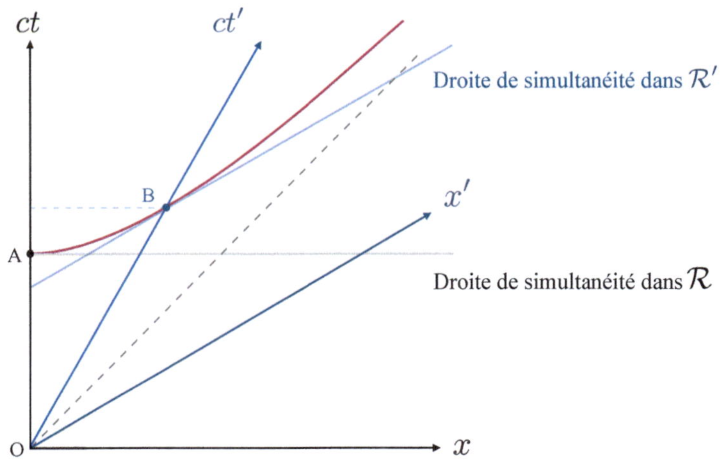

FIGURE 2.15 – Droites de simultanéité dans deux référentiels inertiels.

La comparaison des horloges ne peut pas se faire en utilisant les droites de simultanéité, car celles-ci sont relatives aux observateurs. Pour comparer la course des horloges dans un contexte relativiste, il faut utiliser l'échange de signaux se déplaçant à la vitesse c. Considérons un observateur au repos dans $\mathcal{R}$, muni d'une horloge dont les « tics » sont séparés par une unité de sa coordonnée temporelle ct. Dans un référentiel en translation $\mathcal{R}'$, un observateur peut indiquer ses « tics » d'horloge en envoyant des signaux vers les observateurs du référentiel $\mathcal{R}$. La situation est explicitée dans la figure 2.16 : sur l'axe ct sont représentées les unités de temps dans le référentiel $\mathcal{R}$ (1, 2, 3,...), et sur l'axe ct' apparaissent les unités de temps dans $\mathcal{R}'$ (1', 2', 3',...). Afin de comprendre comment celles-ci sont liées entre elles, les courbes d'intervalles relativistes constants depuis l'origine sont tracées : ce sont les branches d'hyperboles partant de 1, 2, 3 etc. Sur la figure 2.16, les trajectoires de photons émis depuis $\mathcal{R}'$ en direction de $\mathcal{R}$ sont dessinées en lignes pointillées rouges. Ce sont des droites d'équation $ct = -x + cte$. Ce schéma est explicite : si l'horloge en $\mathcal{R}'$ clignote à intervalles $(\Delta t')_{\mathcal{R}'} = 1$, alors ces intervalles de temps ct' seront vus plus longs dans le référentiel $\mathcal{R}'$. Dans l'exemple de la figure 2.16, on a précisément $(\Delta t')_{\mathcal{R}} = 2 \times (\Delta t)_{\mathcal{R}}$, alors que $(\Delta t')_{\mathcal{R}'} = 1$.

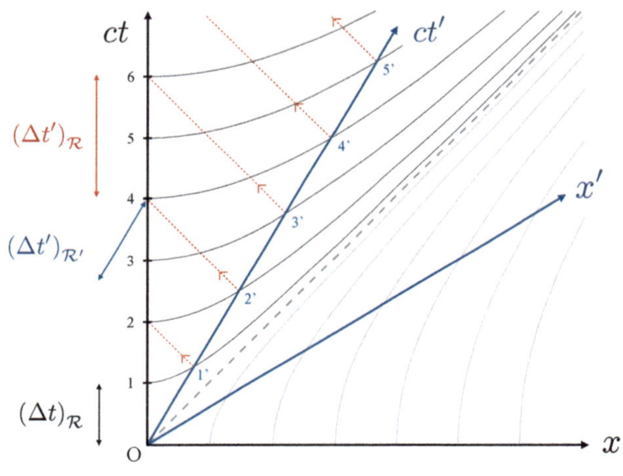

FIGURE 2.16 – Deux horloges sont synchronisées au point O. La course de l'horloge dans le référentiel $\mathcal{R}'$ observée depuis $\mathcal{R}$ semble pourtant plus lente.

C'est toujours la valeur de l'intervalle relativiste $c^2\mathrm{d}t^2 - \mathrm{d}\vec{r}^{\,2}$ qui est invariante. Ainsi, les intervalles de temps et d'espaces subissent une sorte d'effet de vases communicants : pour un même mouvement, si dans un référentiel l'on se déplace vite dans l'espace, alors on se déplace lentement dans le temps, et si on se déplace lentement dans l'espace, alors on se déplace vite dans le temps. Ceci est toujours vérifié, avec une différence des carrés qui reste constante. Le facteur de conversion naturel entre le temps et l'espace est la vitesse c, de sorte que la variable naturelle pour mesurer les intervalles de temps est ct plutôt que t. Pour cette raison, tout se passe comme si dans notre expérience quotidienne, nous nous déplacions très vite dans le temps et lentement dans l'espace. C'est pourquoi les intervalles relativistes associés aux observations de tous les jours sont largement dominés par la partie temporelle $c^2\mathrm{d}t^2$. On retrouve que, pour mettre en évidence les effets relativistes, il est nécessaire d'impliquer des vitesses très élevées. Pour un observateur donné, la seule coordonnée temporelle qui soit absolue correspond au temps mesuré sur une horloge au repos.

Cet effet de dilatation du temps est relatif et non absolu. En effet, un observateur au repos a toujours l'impression que les horloges de tous les objets en mouvement par rapport à lui s'écoulent plus lentement. Pour s'en convaincre, la figure 2.17 illustre la réciprocité de l'effet en montrant la même situation du point de vue du référentiel propre de $\mathcal{R}$ à gauche, et du référentiel propre de $\mathcal{R}'$ à droite. Nous construisons un quadruplet d'événements sur un diagramme d'espace-temps avec lesquels il est facile de se représenter visuellement le côté symétrique de la situation. Prenons A et B des événements successifs liés à un observateur au repos dans $\mathcal{R}$. Appelons A' l'événement simultané à A dans le référentiel $\mathcal{R}'$ et B' l'événement simultané à B dans le référentiel $\mathcal{R}$. Dans le schéma de gauche, les intervalles relativistes OA et OB' sont égaux, $I_{OA} = I_{OB'}$ car situés sur la même branche d'hyperbole. La pente de la droite de simultanéité dans $\mathcal{R}'$ montre clairement que l'intervalle de temps séparant A et B sur l'axe ct est plus court que l'intervalle $A'B'$ sur l'axe ct'. Pour cette comparaison, il convient de se fier à la graduation de l'axe et non aux longueurs brutes sur le schéma. À présent, considérons le schéma de droite dessiné cette fois du point de vue de $\mathcal{R}'$. Les mesures des intervalles OA et OB' sont toujours égales. Mais là, c'est le temps AB qui semble plus long que $A'B'$, car ce sont les intervalles séparant O des points de l'hyperbole qui sont à intervalles constants, et non les temps écoulés. Sur ces constructions, on voit que les papillons $AA'B'B$ dans $\mathcal{R}$ et $\mathcal{R}'$ sont simplement renversés, avec les rapports égaux

$$\left(\frac{t_B - t_A}{t'_{A'} - t'_{B'}}\right)_{\mathcal{R}} = \left(\frac{t'_{A'} - t'_{B'}}{t_B - t_A}\right)_{\mathcal{R}'} . \tag{2.54}$$

L'effet est donc bien symétrique, la dilatation des temps est donc bel et bien un effet de perspective dans l'espace-temps. Ici, les horloges sont synchronisées en O. La question de comparer à nouveau les horloges à un temps ultérieur sur un même événement sera abordée dans la partie 2.9.3 traitant du paradoxe des jumeaux de Langevin.

2.8.2 La contraction des longueurs

L'analogue spatial de l'effet de dilatation du temps est la contraction apparente des longueurs. Il s'agit à nouveau d'un effet de perspective, comme illustré dans la figure 2.18 : une tige représentée en rouge est de longueur unitaire dans le référentiel $\mathcal{R}'$. Cette longueur est représentée par le segment OB. Les segments de même mesure dans le référentiel $\mathcal{R}$ sont donnés par les distances séparant le point O de la branche d'hyperbole représentée en noir. La mesure de OA donne la longueur apparente de la tige dans le référentiel $\mathcal{R}$, inférieure à la longueur propre de l'objet : $OA < 1$.

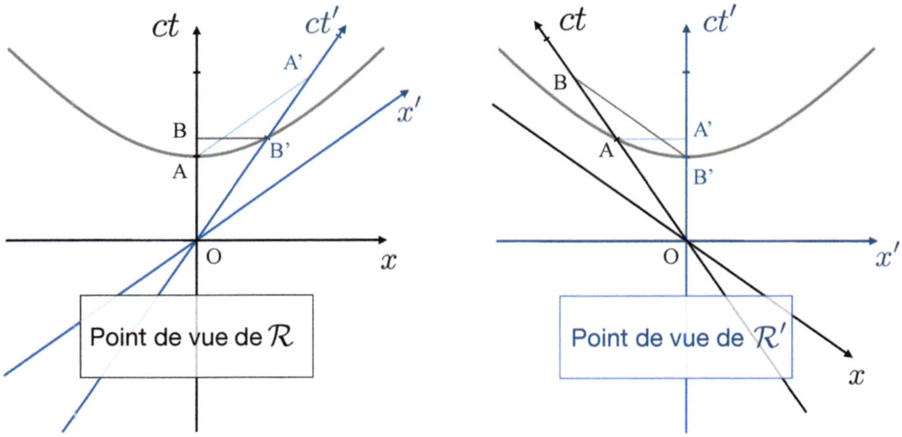

FIGURE 2.17 – Démonstration graphique du caractère symétrique de l'effet de dilatation du temps.

Notons qu'il s'agit d'un effet de perception. Il n'est en aucun cas question d'une quelconque force interne. Physiquement, la seule longueur intrinsèque est la longueur propre, mesurée dans le référentiel au repos de l'objet.

2.8.3 L'effet Doppler relativiste

Classiquement, la fréquence d'un signal reçu en provenance d'une source en mouvement dépend de la vitesse de cette dernière. Ce phénomène porte le nom d'*effet Doppler*. Pour un observateur fixe recevant une onde de pulsation ω_r, un émetteur s'éloignant à la vitesse u et une vitesse d'onde c, la formule classique de modification de la pulsation indique que $\omega_r = (1 - u/c)\,\omega_e$, où ω_e est la pulsation émise. En relativité cette formule doit être corrigée de l'effet de dilatation du temps. En notant que $(\omega/c, \vec{k})$ forme un quadrivecteur, la transformation de Lorentz donne directement la loi de modification de la pulsation :

$$\begin{pmatrix} \omega_r/c \\ \vec{k}_{r,x} \end{pmatrix} = \gamma \begin{pmatrix} 1 & -\beta \\ -\beta & 1 \end{pmatrix} \begin{pmatrix} \omega_e/c \\ \vec{k}_{e,x} \end{pmatrix} , \tag{2.55}$$

avec $\beta = u/c$, et donc

$$\omega_r = \gamma\left(\omega_e - \vec{k}\cdot\vec{u}\right) = \gamma\omega_e\left(1 - \frac{u}{c}\right) . \tag{2.56}$$

On obtient donc la formule relativiste de l'effet Doppler dans ce cas :

$$\frac{\omega_r}{\omega_e} = \gamma\left(1 - \frac{u}{c}\right) = \frac{1-\beta}{\sqrt{1-\beta^2}} , \tag{2.57}$$

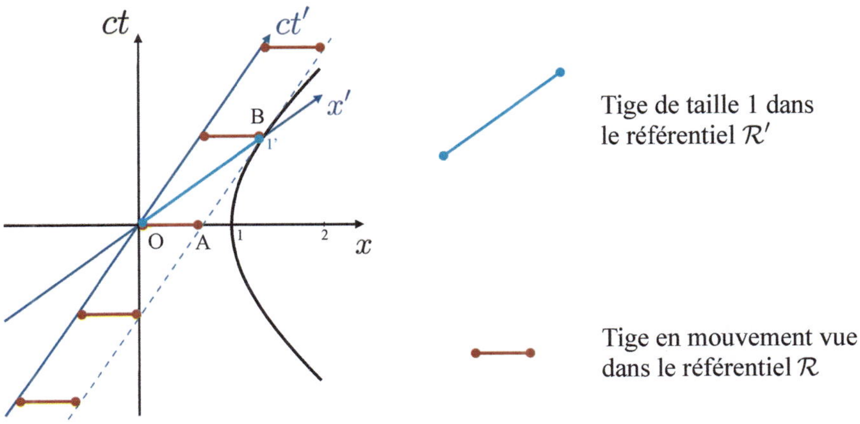

FIGURE 2.18 – Illustration de la contraction apparente des longueurs, avec un segment de taille unitaire dans le référentiel $\mathcal{R}'$.

soit au final

$$\frac{\omega_r}{\omega_e} = \frac{f_r}{f_e} = \frac{\lambda_e}{\lambda_r} = \sqrt{\frac{1-\beta}{1+\beta}} \ . \tag{2.58}$$

La fréquence reçue par l'observateur f_r est inférieure à la fréquence émise pour $\beta > 0$: il y a donc un « un décalage vers le rouge » [2]. Dans la limite des petites vitesses $\beta \ll 1$, on retrouve la formule classique au premier ordre :

$$\frac{\omega_r}{\omega_e} \simeq \left(1 - \frac{\beta}{2}\right)\left(1 - \frac{\beta}{2}\right) = 1 - \frac{u}{c} + \mathcal{O}\left(\frac{u^2}{c^2}\right) \ . \tag{2.59}$$

2.9 Paradoxes apparents de la relativité restreinte

De nombreux paradoxes apparents sont présents en relativité. Nous allons en illustrer trois ici dont le caractère paradoxal apparaît d'autant plus que les vitesses concernées sont proches de la vitesse de la lumière, très différentes de celles rencontrées dans notre environnement quotidien. Dans tous les cas, cependant, les paradoxes ne sont qu'apparents et les trois exemples mentionnés ici trouvent des explications de caractères différents.

2. Cette expression fait référence au spectre visible, où le rouge correspond aux plus basses fréquences.

2.9.1 Le train et le hangar

Considérons un train se déplaçant à grande vitesse. Sa longueur propre est de 20 m, et sa vitesse est telle que sa longueur apparente dans un repère lié au sol est de 10 m. Il pénètre dans un hangar comprenant deux portes, A et B, distantes de 10 m. Au-dessus du hangar, dans une salle de contrôle, une personne commande l'ouverture et la fermeture des portes. La situation est schématisée dans la figure 2.19. À l'origine les deux portes sont ouvertes. Lorsque la personne voit le train de 10 m entièrement contenu dans le hangar, elle ferme les portes. Pendant un court instant, il semblerait donc qu'un train de 20 m de long puisse être contenu dans un hangar de 10 m de long.

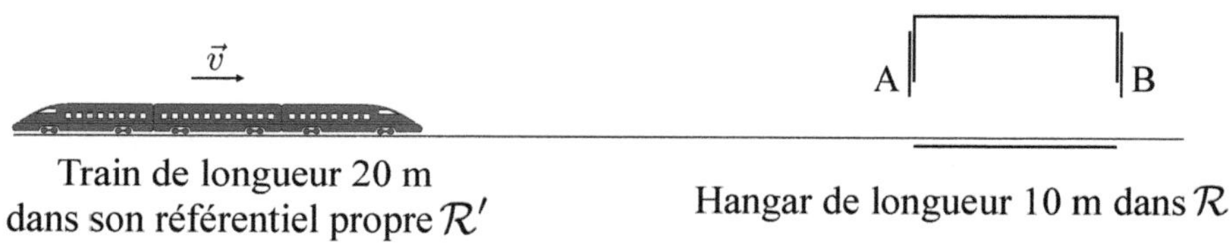

FIGURE 2.19 – Paradoxe du hangar.

La résolution de ce paradoxe apparent tient à ce que la situation a été décrite à dessein en ignorant la relativité de la simultanéité. En effet, s'ils sont simultanés dans $\mathcal{R}$, les deux événements « fermeture de la porte A » et « fermeture de la porte B » ne sont pas simultanés dans le référentiel $\mathcal{R}'$. Si on appelle E l'événement « fermeture de la porte A », et S l'événement « fermeture de la porte B », on a dans le référentiel $\mathcal{R}$, $E = (ct_E, x_E) = (0, 0)$, et $S = (ct_S, x_S)$. Dans le référentiel $\mathcal{R}'$ lié au train,

$$E' = (ct'_E, x'_E) = (\gamma (ct_E - \beta x_E), \gamma (x_E - \beta ct_E)) = (0, 0) \tag{2.60}$$

$$S' = (ct'_S, x'_S) = (\gamma (ct_S - \beta x_S), \gamma (x_S - \beta ct_S)) = (-10\gamma\beta, 10\gamma) . \tag{2.61}$$

Par conséquent

$$t'_S - t'_E = -\frac{10\gamma\beta}{c} < 0 \ , \tag{2.62}$$

de sorte que dans le référentiel $\mathcal{R}'$, l'événement S' se produit avant E', et non simultanément.

2.9.2 Les vaisseaux spatiaux de Bell

Considérons deux vaisseaux spatiaux au repos dans un référentiel $\mathcal{R}$. Dans ces conditions, leurs horloges sont synchronisées. Ils se mettent en accélération constante en même temps à $t = 0$. La situation est schématisée dans la figure 2.20. Classiquement, on pourrait croire qu'ils restent à distance constante l'un de l'autre. Or le paradoxe apparent est le suivant : si la distance entre les vaisseaux est constante dans le référentiel $\mathcal{R}$, elle ne l'est plus dans le référentiel propre de l'un d'eux. Ceci a été mis en évidence par Edmond Dewan et Michael Beran dans un ouvrage traitant de la relativité de 1959. Cependant, il est associé au nom de John Steward Bell. En effet, la légende raconte que ce physicien aurait posé en 1976 la question suivante à ses collègues à la cafétéria du CERN : si les vaisseaux étaient reliés par une corde fragile, la corde se briserait-elle ? Constatant que ses collègues ne proposaient pas la réponse correcte, il aurait sondé son entourage, constatant un consensus en faveur d'une corde demeurant intacte. L'erreur commise par la majorité de ces physiciens pourtant expérimentés montre que le résultat est contre-intuitif.

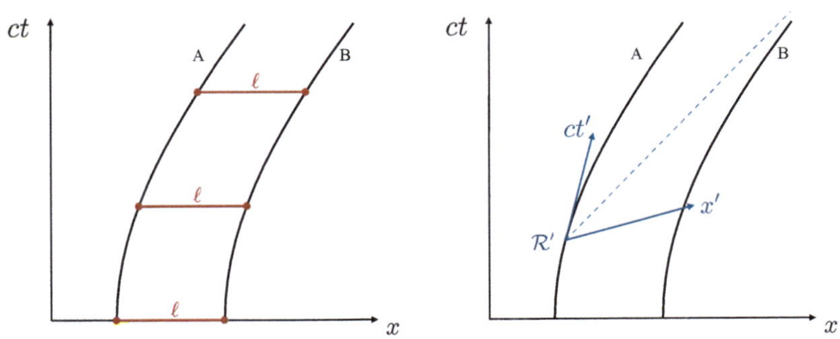

FIGURE 2.20 – Situation des vaisseaux de Bell dans le référentiel $\mathcal{R}$ (à gauche), et illustration de la rotation des lignes de simultanéité (à droite).

En effet, si l'expérience était conduite, à supposer que la corde puisse se briser sans exercer de force sur les vaisseaux, alors elle se briserait. Il s'agit là d'une conséquence de la relativité de la simultanéité. En effet, les accélérations sont égales pour les vaisseaux à chaque coordonnée temporelle t. Du point de vue d'un vaisseau, les lignes de simultanéités ne sont pas horizontales sur le diagramme d'espace-temps correspondant, de sorte qu'à une coordonnée temporelle t' fixée dans le référentiel du vaisseau A par exemple, l'accélération observée du vaisseau B n'est pas identique, tout comme la vitesse relative. Cela est illustré sur la droite de la figure 2.20 : à l'instant $t' = 0$ sur la trajectoire de A dans le référentiel $\mathcal{R}'$, le vaisseau B se déplace à une vitesse plus élevée. Chaque vaisseau verrait l'autre s'éloigner, et donc la corde se briserait.

2.9.3 Les jumeaux de Langevin

Le paradoxe des jumeaux de Langevin est probablement le plus fameux associé à la relativité restreinte. Supposons que des jumeaux, Alice et Bob, se séparent, de sorte que Bob parte en fusée à une vitesse v proche de c pour ensuite revenir et retrouver sa jumelle Alice, restée sur Terre pendant tout ce temps. D'après les sections précédentes, pour un observateur terrestre, l'horloge de Bob va s'écouler moins vite que celle d'Alice, en raison de sa vitesse. Au retour sur Terre, Bob sera donc plus jeune que sa sœur Alice. Cela ne constitue pas un paradoxe, c'est simplement l'effet de dilatation des temps.

Le paradoxe apparaît lorsque l'on remarque que la situation semble symétrique : du point de vue de Bob, c'est Alice qui s'est déplacée à grande vitesse, et on pourrait croire que c'est elle qui pourrait être plus jeune de ce point de vue. La question se pose donc : y a-t-il un jumeau plus jeune que l'autre à l'issue de l'expérience, et si oui, lequel ? En réalité, la symétrie qui existait dans la partie 2.8.1 est ici brisée entre les jumeaux : l'une (Alice) reste sur Terre, tandis que l'autre (Bob) effectue une action locale qui crée le demi-tour. Cette brisure de symétrie est indispensable pour qu'on puisse les retrouver au même point de l'espace-temps, comparer leurs horloges et mesurer leur désynchronisation.

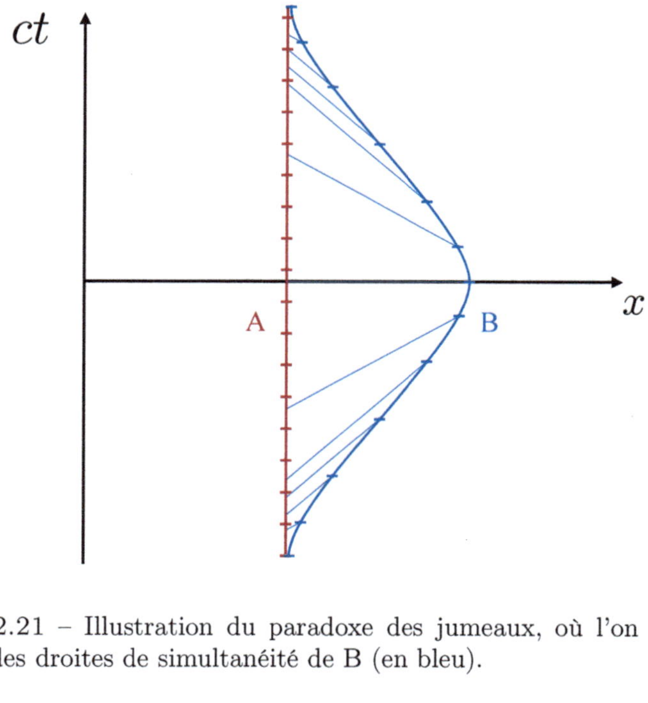

FIGURE 2.21 – Illustration du paradoxe des jumeaux, où l'on peut voir la rotation des droites de simultanéité de B (en bleu).

En effet, pour gagner de la vitesse, faire demi-tour et s'arrêter à nouveau, le jumeau Bob doit changer de référentiel inertiel. Alice, au contraire, reste constamment dans le même référentiel inertiel. Ainsi, Bob va subir des forces d'inerties alors qu'Alice, non. Pour voir comment les temps propres se comparent, il est utile de tracer les droites de simultanéité pour les deux voyageurs. Celles d'Alice sont toujours horizontales, tandis que celles de Bob ne sont jamais parallèles à l'axe x (hormis à l'instant même du demi-tour), comme le montre la figure 2.21. Ce demi-tour est nécessaire pour qu'Alice et Bob puissent comparer leurs horloges à la fin de l'expérience. La situation est toute différente de celle évoquée autour de la figure 2.17, où l'on montrait que les deux points de vue sont bien symétriques tant que le demi-tour n'est pas effectué.

Finalement, c'est Bob qui sera plus jeune qu'Alice à la fin de l'expérience. Ceci se vérifie sur la figure 2.21, où l'on voit que Bob a compté 12 tics d'horloge, là où Alice en a compté 17. C'est le jumeau qui est resté dans le référentiel inertiel qui voit son temps propre s'être écoulé davantage. Ce résultat peut bien entendu être retrouvé de façon analytique en utilisant les transformations de Lorentz, comme nous le verrons au début du prochain chapitre.

À retenir de ce chapitre

- La physique est décrite dans un espace-temps quadridimensionnel dont chaque point $(ct, \vec{r})$ porte de nom d'événement.
- L'invariance de la vitesse de la lumière dans tous les référentiels inertiels et la causalité imposent la forme des transformations des intervalles de coordonnées par changement de référentiel inertiel. Ce sont les transformations de Lorentz.

  Dans le cas d'un repère $\mathcal{R}'$ en translation à vitesse $v = \beta c$ par rapport à $\mathcal{R}$ le long de l'axe Ox, la transformation s'écrit

$$\begin{pmatrix} c\Delta t' \\ \Delta x' \\ \Delta y' \\ \Delta z' \end{pmatrix} = \begin{pmatrix} \gamma & -\gamma\beta & 0 & 0 \\ -\gamma\beta & \gamma & 0 & 0 \\ 0 & 0 & 1 & 0 \\ 0 & 0 & 0 & 1 \end{pmatrix} \begin{pmatrix} c\Delta t \\ \Delta x \\ \Delta y \\ \Delta z \end{pmatrix} ,$$

  où γ est le facteur de Lorentz : $\gamma = \dfrac{1}{\sqrt{1-\beta^2}}$.
- Ces transformations sont des isométries associées à la métrique dite de Minkowski de signature $(+, -, -, -)$.
- Cette métrique permet de définir l'intervalle spatio-temporel entre deux événements

$$I = c(\Delta t)^2 - (\Delta \vec{r})^2 ,$$

  ainsi que le temps propre τ d'un observateur, tel que

$$c^2 \mathrm{d}\tau^2 = c^2 \mathrm{d}t^2 - \mathrm{d}\vec{r}^{\,2} .$$

- La loi relativiste de composition des vitesses s'écrit

$$\beta_{1+2} = \frac{\beta_1 + \beta_2}{1 + \beta_1 \beta_2} .$$

- Toute la physique peut se réécrire *via* des quadrivecteurs $A = (A_0, A_1, A_2, A_3)$, dont la norme

$$I = A_0^2 - A_1^2 - A_2^2 - A_3^2$$

  est invariante de Lorentz.

Chapitre 3

Le formalisme hamiltonien et la relativité

3.1 Le principe de moindre action relativiste

Le chapitre précédent a été consacré à la mise en place du cadre mathématique et géométrique nouveau dans lequel évoluent les objets de la physique relativiste. Dans cette partie, nous allons appliquer le formalisme lagrangien et hamiltonien du chapitre 1 à l'espace-temps de la relativité pour y observer l'évolution des systèmes physiques. L'objectif est donc d'introduire un principe de moindre action relativiste. Pour obtenir ce dernier, nous allons nous inspirer du paradoxe des jumeaux vu au chapitre précédent.

3.1.1 Leçon du paradoxe des jumeaux

Considérons un cas idéalisé où le jumeau Bob fait un aller-retour constitué de deux portions en ligne droite à vitesse constante. Soit t' le temps mesuré dans les référentiels de Bob, avec une vitesse positive à l'aller, et négative au retour. La situation est schématisée sur la figure 3.1.

Sur la première portion, la relation entre les coordonnées de Bob et celles d'Alice est donnée par

$$\begin{pmatrix} ct' \\ x' \end{pmatrix} = \begin{pmatrix} \mathrm{ch}\varphi & -\mathrm{sh}\varphi \\ -\mathrm{sh}\varphi & \mathrm{ch}\varphi \end{pmatrix} \begin{pmatrix} ct \\ x \end{pmatrix} , \tag{3.1}$$

où φ est la rapidité au trajet aller, telle que $\beta = \mathrm{th}\varphi$, positive. Les trajets s'effectuant à la même vitesse en valeur absolue, la rapidité au retour est donc $-\varphi$. φ varie entre 0 et $+\infty$ lorsque β varie de 0 à 1. Au point D du demi-tour, en inversant la matrice de changement de coordonnées et en notant que $x'_D = 0$, il vient

$$\begin{pmatrix} ct_D \\ x_D \end{pmatrix} = \begin{pmatrix} ct'_D \,\mathrm{ch}\varphi \\ ct'_D \,\mathrm{sh}\varphi \end{pmatrix} , \tag{3.2}$$

tandis qu'au point E des retrouvailles, on a

$$\begin{pmatrix} c(t_E - t_D) \\ x_E - x_D \end{pmatrix} = \begin{pmatrix} c(t'_E - t'_D)\,\mathrm{ch}\varphi \\ -c(t'_E - t'_D)\,\mathrm{sh}\varphi \end{pmatrix} . \tag{3.3}$$

Le temps total mesuré par Alice est t_E, il est donc lié au temps mesuré par Bob par la relation

$$t_E = t'_D\mathrm{ch}\varphi + (t'_E - t'_D)\,\mathrm{ch}\varphi = t'_E\mathrm{ch}\varphi . \tag{3.4}$$

Il apparaît donc que l'on a toujours $t_E > t'_E$. L'égalité est obtenue uniquement lorsque $\varphi = 0$, c'est-à-dire $\beta = 0$, quand la vitesse de Bob est nulle. Cela revient à dire que Bob reste sur Terre avec Alice. Le moindre mouvement de Bob entraîne donc un décalage temporel sur son horloge à son retour. Or les coordonnées temporelles t et t' sont les temps propres respectivement d'Alice et Bob. Par conséquent les lignes d'univers inertielles, ou galiléennes (c'est-à-dire celles qui correspondent à des mouvements libres) sont celles qui maximisent le temps propre.

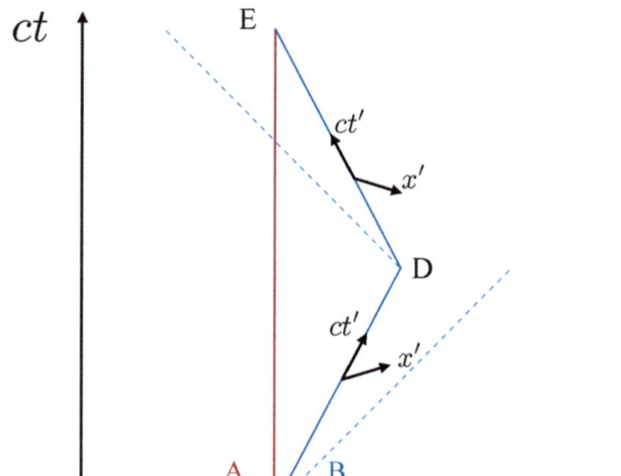

FIGURE 3.1 – Situation idéalisée du paradoxe des jumeaux : celui resté dans un référentiel inertiel voit son temps propre s'écouler de façon maximale.

3.1.2 Lagrangien relativiste pour la particule libre

Le chapitre 1 nous a enseigné que la mécanique classique obéit à un principe de moindre action. Nous allons voir que c'est le cas également de la mécanique relativiste. Nous venons en effet de voir que la trajectoire inertielle d'un mouvement libre maximise le temps propre. Ceci nous indique que nous pouvons essayer de rechercher l'action d'un point matériel sous la forme

$$S = -K \int \mathrm{d}\tau \ . \tag{3.5}$$

L'intervalle relativiste nous donne la valeur de l'incrément de temps propre,

$$c^2 \mathrm{d}\tau^2 = c^2 \mathrm{d}t^2 - \mathrm{d}\vec{r}^{\,2} \quad \Rightarrow \quad \mathrm{d}\tau = \mathrm{d}t\sqrt{1 - \frac{1}{c^2}\frac{\mathrm{d}\vec{r}^{\,2}}{\mathrm{d}t^2}} \ , \tag{3.6}$$

et, par voie de conséquence, l'expression de l'action

$$S = -K \int_{t_1}^{t_2} \mathrm{d}t \ \sqrt{1 - \frac{1}{c^2}\frac{\mathrm{d}\vec{r}^{\,2}}{\mathrm{d}t^2}} \ . \tag{3.7}$$

La constante K peut être déterminée par le passage à la limite classique. Dans la limite des faibles vitesses devant c, cette action devient :

$$S = -K \int_{t_1}^{t_2} \mathrm{d}t \left(1 - \frac{1}{2}\frac{\vec{v}^{\,2}}{c^2}\right) \ , \tag{3.8}$$

ce qui correspond au lagrangien

$$L = -K + \frac{1}{2} K \frac{\vec{v}^{\,2}}{c^2} \ . \tag{3.9}$$

Le terme constant ne contribue pas à l'action. En effet, il donne une dérivée totale et ne dépend que des conditions de bord, qui sont maintenues constantes pour obtenir les équations du mouvement. Le lagrangien classique pour une particule libre étant $mv^2/2$, il apparaît donc que pour retrouver la limite classique, il est nécessaire et suffisant que

$$K = mc^2 \ , \tag{3.10}$$

de sorte que le lagrangien relativiste pour la particule libre s'écrit

$$L = -mc^2\sqrt{1 - \beta^2} \ . \tag{3.11}$$

L'action est donc donnée par

$$S = -mc^2 \int \sqrt{1 - \beta^2} \ \mathrm{d}t = -mc^2 \int \frac{\mathrm{d}t}{\gamma} \ . \tag{3.12}$$

Dans la limite non-relativiste, le facteur $1/\gamma$ peut être développé à l'ordre le plus bas en v^2/c^2,

$$L = -mc^2\left(1 - \frac{1}{2}\frac{v^2}{c^2}\right) = \frac{1}{2}mv^2 - mc^2 \ . \tag{3.13}$$

On retrouve ici la forme générale du lagrangien classique, au terme mc^2 près qui joue le rôle d'un potentiel constant. Ce terme ne contribue pas à la variation de l'action et ne modifie pas les équations classiques du mouvement.

3.1.3 Une version relativiste de la seconde loi de Newton

Avant de poursuivre la description hamiltonienne de la relativité, nous allons nous intéresser dans cette sous-section à la nouvelle forme des équations du mouvement qu'induit cette action. Afin de trouver la forme relativiste de la deuxième loi de Newton, il convient d'ajouter un potentiel au lagrangien précédent. Nous considérons ici le cas d'un potentiel scalaire ne dépendant pas de la vitesse. Le cas plus général d'un potentiel vectoriel est abordé dans la partie 3.5.1 décrivant une particule chargée dans un champ électromagnétique. Le lagrangien est donc

$$L = -\frac{mc^2}{\gamma} - V(\vec{r}) \ . \tag{3.14}$$

Les relations suivantes viennent nourrir les équations d'Euler-Lagrange,

$$\frac{\partial L}{\partial \vec{r}} = -\frac{\partial V(\vec{r})}{\partial \vec{r}} = \vec{F} \tag{3.15}$$

$$\frac{\partial L}{\partial \vec{v}} = -mc^2\frac{\partial}{\partial \vec{v}}\frac{1}{\gamma} = \gamma m\vec{v} \ . \tag{3.16}$$

En utilisant (1.18), on obtient donc la relation

$$\frac{\mathrm{d}}{\mathrm{d}t}\left(\gamma m\vec{v}\right) = \vec{F} \ . \tag{3.17}$$

En se rappelant que $\mathrm{d}t = \gamma \mathrm{d}\tau$, on peut réécrire cette équation en introduisant le temps propre

$$\frac{\mathrm{d}}{\mathrm{d}\tau}\left(m\vec{v}\right) = \vec{F} \ . \tag{3.18}$$

On retrouve la forme connue de la deuxième loi de Newton, la seule modification résidant dans la dérivée temporelle qui est à présent une dérivée par rapport au temps propre. Rappelons que les deux se confondent dans la limite non relativiste.

3.2 L'énergie relativiste

L'expression du lagrangien relativiste étant établie, il est possible de déterminer le moment conjugué de Lagrange, et par voie de conséquence l'hamiltonien. L'expression de l'impulsion est donnée par (1.30), soit

$$\vec{p} = \frac{\partial L}{\partial \vec{v}} = \frac{m\vec{v}}{\sqrt{1-\beta^2}} \quad \Rightarrow \quad \vec{p} = \gamma\, m\vec{v}\ . \tag{3.19}$$

Tout se passe comme si l'inertie « croissait » avec la vitesse, ce que l'on trouve parfois exprimé à tort dans la littérature comme le fait que « la masse croît avec la vitesse ». Ce n'est pas le cas, bien au contraire, comme nous allons le voir plus loin : la masse est un invariant relativiste. Cependant, il est vrai que l'apport d'énergie nécessaire pour un incrément de vitesse donné diverge à mesure que β s'approche de 1.

L'énergie est donnée par le hamiltonien, dont l'expression générale (1.40) prend ici la forme

$$H = \vec{p}\cdot\vec{v} + mc^2\sqrt{1-\frac{v^2}{c^2}} \quad \Rightarrow \quad E = \gamma\, mc^2\ . \tag{3.20}$$

La variation du facteur de Lorentz est donnée dans la figure 2.7. Cette expression permet donc de montrer que l'énergie diverge quand β tend vers 1 pour une particule massive. Par ailleurs, l'énergie au repos n'est pas nulle, elle est donnée par l'expression précédente dans la limite $\beta = 0$, soit $\gamma = 1$,

$$E = mc^2\ . \tag{3.21}$$

C'est la formule emblématique de la relativité, écrite par Albert Eintein en 1905. Elle traduit une équivalence jusqu'alors insoupçonnée entre énergie et masse.

L'énergie et l'impulsion sont en fait les coordonnées du *quadrivecteur énergie-impulsion*

$$P = \begin{pmatrix} E \\ \vec{p}\, c \end{pmatrix}\ . \tag{3.22}$$

L'impulsion a ici été multipliée par c, de sorte que les quatre composantes ont la même unité, celle d'une énergie. Comme pour tout quadrivecteur, la norme de Minkowski de P est invariante. Son expression se déduit de (3.19) et (3.20) :

$$E^2 - \vec{p}^{\,2}c^2 = \gamma^2 m^2\left(c^4 - c^2\vec{v}^{\,2}\right) = m^2c^4\gamma^2(1-\beta^2)\ , \tag{3.23}$$

soit

$$P^2 = E^2 - \vec{p}^{\,2}c^2 = m^2c^4\ . \tag{3.24}$$

La masse des particules est donc un invariant relativiste.

Limite non-relativiste

Dans la limite des faibles vitesses, correspondant à la limite classique, l'énergie peut être développée à l'ordre le plus bas en p^2,

$$E = \sqrt{\vec{p}^{\,2}c^2 + m^2c^4} = mc^2\sqrt{1 + \frac{\vec{p}^{\,2}}{m^2c^2}} = mc^2 + \frac{\vec{p}^{\,2}}{2m} + \mathcal{O}\left(\frac{\vec{p}^{\,4}}{m^3c^2}\right) \ . \qquad (3.25)$$

La formule classique de l'énergie cinétique est donc retrouvée au premier ordre en p^2. À ceci s'ajoute une nouvelle contribution correspondant à l'énergie de masse au repos.

Limite ultra-relativiste

Dans la limite des très hautes vitesses, l'expression de l'énergie peut être développée comme suit,

$$E = \sqrt{\vec{p}^{\,2}c^2 + m^2c^4} = |\vec{p}|\,c\sqrt{1 + \frac{m^2c^2}{\vec{p}^{\,2}}} = |\vec{p}|\,c + \mathcal{O}\left(\frac{m^2c^3}{|\vec{p}|}\right) \ . \qquad (3.26)$$

Dans la limite d'une masse nulle, comme pour un photon par exemple, la relation liant l'énergie et l'impulsion devient

$$E = c\,|\vec{p}| \ . \qquad (3.27)$$

En comparant cette relation aux expressions (3.19) et (3.20), il apparaît donc que les particules de masse nulle se déplacent à la vitesse de la lumière. D'après les principes premiers de la relativité, cette assertion est donc vraie dans tous les référentiels inertiels. Ainsi les trajectoires des photons sont les génératrices du cône de lumière en tout point de la trajectoire.

3.2.1 La masse des particules

L'équivalence entre masse et énergie, exprimée par la fameuse relation (3.21), est un concept radicalement nouveau par rapport à la physique classique. Elle implique que la masse et l'énergie peuvent être interchangeables, mais également que la structure interne d'une particule influence sa masse, à travers l'énergie d'interaction entre ses constituants. Les masses des particules sont couramment exprimées en eV$/c^2$, faisant apparaître cette équivalence directement. La valeur de l'électron-volt, 1 eV $= 1{,}602 \times 10^{-19}$ J correspond alors à une masse

$$1 \text{ eV}/c^2 = 1{,}783 \times 10^{-36} \text{ kg} \ . \qquad (3.28)$$

Particule	Masse en kg	Masse en unités d'énergie
Proton	$1{,}67 \times 10^{-27}$	$938\ \text{MeV}/c^2$
Neutron	$1{,}68 \times 10^{-27}$	$940\ \text{MeV}/c^2$
Électron	$9{,}11 \times 10^{-31}$	$511\ \text{keV}/c^2$
Photon	$< 1{,}78 \times 10^{-54}$	$< 10^{-18}\ \text{eV}/c^2$

TABLE 3.1 – Masses des particules constituant notre environnement quotidien.

Le tableau 3.1 donne les valeurs des masses des quatre particules constituant notre environnement quotidien. La valeur citée pour le photon est une limite supérieure déduite d'observations astrophysiques. Il est en effet fondamentalement impossible de mesurer zéro en physique, toute expérience réelle étant soumise à une résolution non nulle. Dans la suite, nous considérerons le photon de masse nulle, ce qui peut se justifier par des arguments de symétrie en physique des particules.

La formule semi-classique déduite de la limite non-relativiste (3.25)

$$E = mc^2 + \frac{1}{2}mv^2 \tag{3.29}$$

permet d'estimer le rapport entre l'énergie de masse et l'énergie cinétique classique. Ce rapport sera de l'ordre de v^2/c^2. Pour un objet de 2 kg se déplaçant à 1 m/s, l'énergie cinétique est de 1 joule. L'énergie de masse de ces 2 kg s'élève à $1{,}8 \times 10^{17}$ J. Bien que systématiquement mise de côté dans la physique classique, l'énergie de masse domine largement. La raison pour laquelle il est légitime de ne pas considérer l'énergie de masse en physique classique (en dehors de la gravitation) tient à ce que les énergies cinétiques et les énergies de liaisons sont toujours négligeables devant l'énergie de masse, de sorte qu'il n'y a pas de transfert d'énergie possible à cette échelle. Classiquement, l'énergie de masse constitue donc une référence arbitraire qu'il est possible de soustraire des états initiaux et finaux de tous les processus classiques.

3.2.2 Les réactions nucléaires

Les réactions nucléaires correspondent à une réorganisation de la matière au sein des noyaux des atomes. La force qui y lie les protons et les neutrons est très forte en comparaison des autres interactions, de sorte que l'énergie d'interaction impliquée est grande. Pour cette raison, la masse d'un noyau n'est pas égale à la somme des masses de ses constituants car il faut lui soustraire l'énergie d'interaction. On parle de *défaut de masse* pour les noyaux. L'énergie d'interaction typique au sein d'un noyau est de l'ordre de 10 MeV, soit une fraction de l'ordre du pourcent de l'énergie de masse, ce qui conduit à des effets physiques significatifs. Notons qu'il en est de même pour les atomes et les molécules. Ainsi, la masse d'un atome d'hydrogène n'est pas égale strictement à la somme de celles d'un proton et d'un électron. Cependant, dans ce cas, l'énergie d'interaction typique est de l'ordre de 10 eV, ce qui conduit à un défaut de masse de l'ordre de 10 eV/1000 MeV $\sim 10^{-8}$. Le défaut de masse dans ce cas n'est pas pertinent dans la description des réactions chimiques, c'est-à-dire de la réorganisation des électrons au sein des atomes et molécules.

Lors d'une réaction de fission nucléaire, comme la fission d'un noyau d'uranium 235 par collision avec un neutron décrite de façon symbolique par

$$ {}^{235}_{92}\mathrm{U} + \mathrm{n} \quad \rightarrow \quad {}^{92}_{36}\mathrm{Kr} + {}^{141}_{56}\,\mathrm{Ba} + 3\mathrm{n} \ , \tag{3.30} $$

la masse des réactifs n'est pas égale à la masse des produits. Pour cette réaction en particulier,

$$ m_{\text{initiale}} = m_{\mathrm{U}} + m_{\mathrm{n}} = 219\,883\ \mathrm{MeV}/c^2 \tag{3.31} $$

$$ m_{\text{finale}} = m_{\mathrm{Kr}} + m_{\mathrm{Ba}} + 3 \times m_{\mathrm{n}} = 219\,713\ \mathrm{MeV}/c^2 \ . \tag{3.32} $$

On a donc $m_{\text{finale}} - m_{\text{initiale}} < 0$, la différence étant de l'ordre de 170 MeV/c^2. Les produits de la réaction sont plus liés que le réactif. En conséquence, la somme des masses dans l'état final est plus faible. Par conservation de l'énergie, les produits acquièrent de l'énergie cinétique, ici 170 MeV par réaction. C'est cette énergie qui chauffe le cœur du réacteur d'une centrale nucléaire.

Dans le cas du Soleil, seule une réaction nucléaire impliquant une forte énergie de liaison peut expliquer sa production d'énergie. Il est possible de relier la température de surface de l'étoile à la puissance totale rayonnée. En ordre de grandeur, le Soleil maintient sa température de surface à 5 700 K. Ceci correspond à une puissance rayonnée $P = \sigma T^4 \times 4\pi R^2$, σ étant la constante de Stefan, T la température de surface, et R le rayon du Soleil. Cela donne une puissance de $3{,}8 \times 10^{26}$ W. En utilisant la fameuse formule (3.21), on divise par c^2 pour en déduire un taux de perte de masse. Le Soleil rayonne donc l'équivalent de $4 \times 10^9\ \mathrm{kg \cdot s^{-1}}$. La réaction principale est la fusion de quatre protons en un noyau d'hélium,

$$ 4\mathrm{p} \quad \rightarrow \quad {}^{4}_{2}\mathrm{He} + 2\mathrm{e}^+ + 2\gamma \ . \tag{3.33} $$

On peut estimer la perte en masse par réaction,

$$ \Delta m \simeq 4m_p - m_{\mathrm{He}} - 2m_{\mathrm{e}} \ , \tag{3.34} $$

ce qui donne numériquement 25 MeV/c^2. Par ailleurs, la masse du Soleil est de 2×10^{30} kg, il y a donc de l'ordre de 10^{57} protons à disposition. Si on attribue la perte de masse de 4×10^9 kg/s à cette réaction, on en tire que la durée de vie du Soleil, avant épuisement des réactifs, peut être estimée à

$$ T = \frac{10^{57} \times 25\ \mathrm{MeV}/c^2}{4 \times 10^9\ \mathrm{kg \cdot s^{-1}}} \simeq 10^{11}\ \text{années} \ . \tag{3.35} $$

Cette durée est plus grande que l'âge de l'univers et donne une estimation très approximative du temps de vie du Soleil. Si les réactions étaient chimiques, le taux de perte de masse par réaction serait beaucoup plus faible, et il faudrait brûler beaucoup plus de réactifs pour permettre de maintenir la surface à 5 700 K. Les efficacités des réactions sont dans le même rapport que les énergies de liaison des réactifs, soit 10^8 entre chimique et nucléaire, comme mentionné précédemment. Si les réactions étaient chimiques, le Soleil ne pourrait pas brûler plus longtemps qu'environ mille ans. Pour les physiciens de la fin du XIXe siècle connaissant les réactions chimiques mais ignorant les réactions nucléaires, la durée de vie du Soleil demeurait un mystère...

À ce point de l'ouvrage, il est intéressant de noter à quel point il est remarquable que des considérations générales sur l'espace et le temps conduisent si naturellement à aborder l'intimité de la matière. En effet, rien ne laissait présager, en développant une théorie portant sur la causalité dans l'espace-temps, que l'on aboutirait à un concept aussi large que l'équivalence entre la masse et l'énergie. Même si ce lien entre la matière et l'espace-temps prend tout son sens en relativité générale, nous voyons ici qu'il est déjà présent en relativité restreinte.

3.2.3 La durée de vie du muon et la dilatation du temps

À présent que sont connues les relations entre masse, vitesse et énergie, il est possible d'illustrer un effet commun de dilatation du temps. Un muon est une particule similaire à l'électron, mais plus lourde, et instable. Sa masse est de $m_\mu = 106$ MeV$/c^2$ et sa durée de vie moyenne est de $\tau = 2{,}2$ μs. De nombreux muons sont observés sur Terre au niveau du sol en provenance du ciel. On en mesure entre 150 et 200 par mètre carré et par seconde, avec des énergies de l'ordre de 1 GeV. Ces particules étant instables, elles sont nécessairement créées dans l'atmosphère, elles ne peuvent pas provenir du cosmos. Elles sont en fait les produits de réaction entre des rayons cosmiques (constitués de particules chargées venant de l'espace) et des éléments de la haute atmosphère, entre 7 km et 10 km. La vitesse des muons peut être extraite de la relation (3.20) :

$$v = c \times \sqrt{1 - \left(\frac{m_\mu c^2}{E}\right)^2}\,, \tag{3.36}$$

soit $v = 0{,}994\,c$ avec les valeurs ci-dessus. À cette vitesse et pendant la durée τ, un muon pourrait parcourir une distance $D = v \times \tau = 656$ m. Si ce raisonnement était correct, il serait impossible d'observer des muons au niveau du sol, ceux-ci étant créés à plusieurs kilomètres d'altitude. En réalité, le temps de vie du muon est défini dans son référentiel propre, et il est nécessaire de tenir compte du facteur de Lorentz lorsque cette durée est mesurée dans le référentiel de la Terre. Ainsi, le temps de vie du muon dans notre référentiel est

$$\tau_{\text{obs}} = \frac{\tau}{\sqrt{1-\beta^2}} \ . \tag{3.37}$$

Pour l'énergie considérée, $\beta^2 = 0{,}988$ et la correction à la durée de vie est d'un facteur de l'ordre de dix. Ainsi, dans notre référentiel, les muons peuvent parcourir au moins 6 km avant de se désintégrer. C'est la raison pour laquelle de nombreux muons atteignent effectivement le sol. La simple observation de ces particules au niveau du sol est en soi une démonstration expérimentale du phénomène de dilatation relativiste du temps.

3.3 Système de particules

3.3.1 Invariance et conservation

La description des systèmes de particules relativistes fait appel à l'algèbre des quadrivecteurs. Les composantes des quadrivecteurs décrivant les particules individuelles s'additionnent comme pour les vecteurs habituels. Par exemple, le quadrivecteur énergie-impulsion d'un ensemble de N particules est

$$\begin{pmatrix} E_{\text{tot}} \\ \vec{p}_{\text{tot}}c \end{pmatrix} = \begin{pmatrix} \sum\limits_{i=1}^{N} E_i \\ \sum\limits_{i=1}^{N} \vec{p}_i c \end{pmatrix} . \tag{3.38}$$

Dans un référentiel donné, chaque ligne doit vérifier l'égalité. Il s'agit là tout simplement de la conservation de l'énergie et de l'impulsion. La cinématique relativiste respecte bien entendu ces deux lois de conservation.

La conservation des composantes du quadrivecteur total du système de particules est valable dans un référentiel inertiel donné. La conservation ne doit pas être confondue avec l'invariance de sa pseudo-norme par changement de référentiel. La relativité permet de construire une grandeur qui prendra la même valeur dans tous les référentiels inertiels : il s'agit de la pseudo-norme de Minkowski du quadrivecteur considéré. Ainsi,

$$I = \left(\sum_i E_i\right)^2 - \left(\sum_i \vec{p}_i c\right)^2 \tag{3.39}$$

est un invariant relativiste, sa valeur ne dépend pas du référentiel inertiel dans lequel il est évalué.

Il est souvent opportun de déterminer la valeur d'un invariant relativiste dans un référentiel où son expression est la plus simple à calculer. Il s'agit souvent du référentiel dit *du centre de masse*, défini comme le référentiel dans lequel l'impulsion totale est nulle [1] :

$$\vec{p}^{\,\star}_{\text{tot}} = \sum_i \vec{p}_i = \vec{0} \ . \tag{3.40}$$

Les grandeurs évaluées dans le système du centre de masse sont couramment marquées d'une étoile. Il est important de noter que ce référentiel n'est pas celui où $\sum_i m_i \vec{v}_i = \vec{0}$ comme en physique classique, c'est bien l'impulsion et non la vitesse qu'il convient de minimiser.

3.3.2 Exemple : la diffusion Compton

La diffusion Compton correspond à la collision d'un photon sur un électron. L'électromagnétisme classique prévoit que la longueur d'onde du photon ne change pas. Cela est en désaccord avec l'expérience, en particulier les travaux d'Arthur Compton sur les interactions des rayons X avec la matière au début du XXe siècle qui lui vaudront le prix Nobel de physique 1927. La réaction en question peut être schématisée comme sur la figure 3.2, où l'on se place dans le référentiel au repos de l'électron, et où le photon est dévié d'un angle θ.

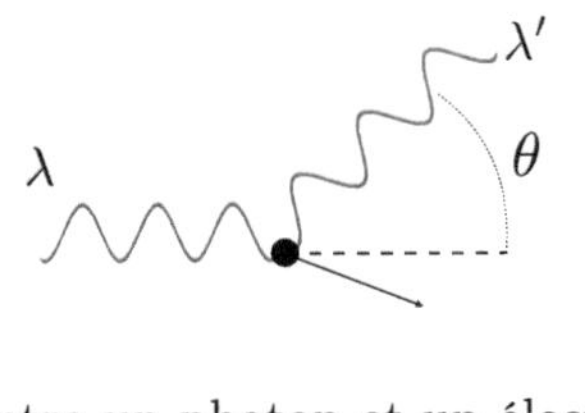

FIGURE 3.2 – Collision entre un photon et un électron, diffusion Compton.

Les grandeurs cinématiques sont définies dans le tableau ci-dessous :

	e	+	γ	$\longrightarrow$	e'	+	γ
Énergie	E_e		E_γ		E'_e		E'_γ
Impulsion	$\vec{p}_e$		$\vec{p}_\gamma$		$\vec{p}_e^{\,\prime}$		$\vec{p}_\gamma$

À chacune des quatre lignes correspond une conservation,

$$E_e + E_\gamma \quad = \quad E'_e + E'_\gamma \tag{3.41}$$

1. Attention, en physique classique cette définition correspond au référentiel dans lequel le centre de masse est au repos, d'où son nom. Le terme est conservé en relativité, même si ce n'est plus le cas.

$$\vec{p}_e + \vec{p}_\gamma \;=\; \vec{p}_e^{\,'} + \vec{p}_\gamma^{\,'} \;. \tag{3.42}$$

Chaque particule vérifie à tout instant les relations de dispersion $E^2 - \vec{p}^{\,2}c^2 = m^2c^4$. De plus, la grandeur

$$I = (E_e + E_\gamma)^2 - (\vec{p}_e + \vec{p}_\gamma)^2 c^2 \tag{3.43}$$

peut être calculée indifféremment dans l'état initial ou dans l'état final, et sa valeur ne dépend pas du référentiel inertiel considéré. Dans l'exemple discuté ici, on considère que l'électron est au repos dans l'état initial, de sorte que $\vec{p}_e = \vec{0}$ et donc $E_e = m_e c^2$, m_e étant la masse de l'électron. Ainsi, l'équation de conservation (3.41) se développe en

$$m_e c^2 + E_\gamma = E'_\gamma + \sqrt{\vec{p}_e^{\,\prime 2} c^2 + m_e^2 c^4} \;, \tag{3.44}$$

d'où l'on déduit

$$\vec{p}_e^{\,\prime 2} c^2 = \left(m_e c^2 + E_\gamma - E'_\gamma\right)^2 - m_e^2 c^4 \;. \tag{3.45}$$

On peut par ailleurs utiliser la conservation de l'impulsion (3.42),

$$\vec{p}_e^{\,\prime 2} c^2 = \left(\vec{p}_\gamma - \vec{p}_\gamma^{\,'}\right)^2 c^2 = p_\gamma^2 c^2 + p_\gamma'^2 c^2 - 2 p_\gamma p'_\gamma \cos\theta \;. \tag{3.46}$$

En égalisant les deux dernières relations et en notant que $E_\gamma^{(\prime)} = p_\gamma^{(\prime)} c$ en raison de la masse nulle du photon, il vient la relation entre les énergies du photon entrant et du photon sortant,

$$E_\gamma E'_\gamma \,(1 - \cos\theta) = m_e c^2 \left(E_\gamma - E'_\gamma\right) \;. \tag{3.47}$$

L'énergie d'un photon est reliée à sa longueur d'onde par $E = hc/\lambda$, où h est la constante de Planck. Cela permet d'exprimer la *formule de Compton* sous sa forme la plus connue,

$$\lambda' - \lambda = \frac{h}{m_e c}\,(1 - \cos\theta) \;. \tag{3.48}$$

C'est cette relation que l'on vérifie expérimentalement. L'observation diffusion de photons permet donc d'évaluer le rapport $h/m_e c$ appelé *longueur d'onde de Compton* à partir de mesures de couleurs et d'amplitudes.

3.4 Quadrivecteurs et électromagnétisme

3.4.1 Force de Lorentz

L'expression classique de la force de Lorentz subie par une particule chargée fait apparaître explicitement la vitesse de cette dernière :

$$\frac{\mathrm{d}\vec{p}}{\mathrm{d}t} = \vec{F} = q\left(\vec{E} + \vec{v} \wedge \vec{B}\right) \;. \tag{3.49}$$

Elle dépend donc *a priori* du référentiel. Une version relativiste des équations du mouvement doit lier des quadrivecteurs. On peut construire une quadri-vitesse en prenant la dérivée des coordonnées d'une particule $(ct, \vec{r})$ par rapport au temps propre. Le seul quadrivecteur (donc invariant de Lorentz) que l'on peut construire dont la partie spatiale donne la vitesse classique dans la limite relativiste est, en notant que $\mathrm{d}t = \gamma \mathrm{d}\tau$,

$$U = \frac{\mathrm{d}}{\mathrm{d}\tau} \begin{pmatrix} ct \\ \vec{r} \end{pmatrix} = \gamma \frac{\mathrm{d}}{\mathrm{d}t} \begin{pmatrix} ct \\ \vec{r} \end{pmatrix} = \begin{pmatrix} \gamma c \\ \gamma \vec{v} \end{pmatrix} . \tag{3.50}$$

Cette expression est en fait naturelle, car elle se relie directement au quadri-vecteur énergie-impulsion (3.22). Il est écrit ici avec une convention différente, où ses coordonnées ont la dimension d'une impulsion

$$P = \begin{pmatrix} E/c \\ \vec{p} \end{pmatrix} = \begin{pmatrix} \gamma mc \\ \gamma m\vec{v} \end{pmatrix} = mU . \tag{3.51}$$

La deuxième loi de Newton pour une particule soumise à la force de Lorentz fait donc apparaître, à γ près, la partie vectorielle de la quadri-vitesse. En multipliant (3.49) par γ, il vient

$$\frac{\mathrm{d}\vec{p}}{\mathrm{d}\tau} = q \left(\frac{u_0}{c} \vec{E} + \vec{u} \wedge \vec{B} \right) , \tag{3.52}$$

où u_0 est la composante temporelle de la quadri-vitesse U, et $\vec{u}$ sa partie vectorielle. Pour exprimer l'équivalent relativiste de la seconde loi de Newton dans ce cas à quatre composantes, il faut introduire une relation scalaire : c'est bien entendu la conservation de l'énergie. La puissance de la force électrique s'obtient en multipliant la relation (3.49) par $\vec{v}$, ce qui donne l'expression

$$\frac{\mathrm{d}}{\mathrm{d}t} \left(\frac{1}{2} m v^2 \right) = q\vec{E} \cdot \vec{v} . \tag{3.53}$$

On voit ainsi qu'elle est la limite classique de la formule relativiste

$$\frac{\mathrm{d}E}{\mathrm{d}\tau} = \frac{\mathrm{d}cu_0}{\mathrm{d}\tau} = q\vec{E} \cdot \vec{u} . \tag{3.54}$$

Attention à ne pas confondre ici énergie E et champ électrique $\vec{E}$. On regroupe les relations (3.52) et (3.54) sous la forme compacte

$$\frac{\mathrm{d}P}{\mathrm{d}\tau} = qM \cdot U , \tag{3.55}$$

avec P donné par (3.51), U donné par (3.50), et M une matrice contenant les composantes des champs électriques et magnétiques,

$$M = \begin{pmatrix} 0 & E_x/c & E_y/c & E_z/c \\ E_x/c & 0 & B_z & -B_y \\ E_y/c & -B_z & 0 & B_x \\ E_z/c & B_y & -B_x & 0 \end{pmatrix} . \tag{3.56}$$

Dans la suite, nous allons relier cette matrice à une formulation relativiste des équations de Maxwell.

3.4.2 Transformation du champ électromagnétique

Les relations obtenues dans la section précédente peuvent être utilisées pour trouver les règles de transformation des champs $\vec{E}$ et $\vec{B}$ lors d'un changement de référentiel inertiel. Dans un référentiel $\mathcal{R}'$ se déplaçant à β par rapport à $\mathcal{R}$ dans la direction x, on a

$$\begin{aligned} E'_x &= E_x & B'_x &= B_x \\ E'_y &= \gamma\,(E_y - c\beta B_z) & B'_y &= \gamma\left(B_y + \tfrac{\beta}{c}E_z\right) \\ E'_z &= \gamma\,(E_z + c\beta B_y) & B'_z &= \gamma\left(B_z - \tfrac{\beta}{c}E_y\right) . \end{aligned} \tag{3.57}$$

Dans la limite des petites vitesses, les transformations des champs à l'ordre le plus bas se déduisent des limites $\beta \longrightarrow 0$, il vient alors

$$\vec{E}' \simeq \vec{E} + \vec{v} \wedge \vec{B} \tag{3.58}$$

$$\vec{B}' \simeq \vec{B} . \tag{3.59}$$

Il est clair que les champs $\vec{E}$ et $\vec{B}$ ne sont pas des invariants de Lorentz, deux observateurs en mouvement inertiel relatif ne pouvant s'accorder sur leurs valeurs. Là réside la source de paradoxes tels que celui mentionné dans la section 2.1.1 où l'on suppose toujour implicitement que les valeurs des champs ne dépendent pas du référentiel.

3.4.3 Formulation covariante de l'électromagnétisme

Les objets fondamentaux : les potentiels

Les champs $\vec{E}$ et $\vec{B}$ n'ont pas la structure spatio-temporelle de quadrivecteurs. Ils ne sont donc pas naturellement adaptés au formalisme de la relativité restreinte. Les objets fondamentaux qui permettent d'écrire les lois de l'électromagnétisme sont les potentiels et les courants dont nous avons vu précédemment, dans le tableau 2.1, qu'ils ont bien une partie scalaire et une partie vectorielle. Le quadri-potentiel est donc

$$A^\mu = \begin{pmatrix} V/c \\ \vec{A} \end{pmatrix} , \tag{3.60}$$

avec V le potentiel électrique et $\vec{A}$ le potentiel vecteur. Le quadri-courant décrit les sources du champ :

$$J^\mu = \begin{pmatrix} \rho c \\ \vec{\jmath} \end{pmatrix} , \tag{3.61}$$

où ρ est la densité volumique de charge et $\vec{\jmath}$ la densité de courant.

Les notations d'Einstein

Les quadrivecteurs potentiels et courants sont notés avec des indices grecs en haut (on parle d'indices contravariants). On définit les mêmes grandeurs avec les indices en bas (indices covariants) en multipliant par la matrice de Minkowski

$$\eta_{\mu\nu} = \eta^{\mu\nu} = \begin{pmatrix} 1 & 0 & 0 & 0 \\ 0 & -1 & 0 & 0 \\ 0 & 0 & -1 & 0 \\ 0 & 0 & 0 & -1 \end{pmatrix} . \tag{3.62}$$

Cette multiplication s'écrit

$$A_\mu = \sum_{\nu=0}^{3} \eta_{\mu\nu} A^\nu = \eta_{\mu\nu} A^\nu , \tag{3.63}$$

où il est convenu que les indices répétés sont sommés. Ceci constitue la *convention de sommation d'Einstein.* Cette notation est très commode car elle assure que, lorsque des produits de quadrivecteurs sont effectués avec un indice en haut et l'autre en bas, le produit scalaire de Minkowski est automatiquement utilisé, créant ainsi un invariant relativiste. Par exemple,

$$A^2 = A_\mu A^\mu, \quad \text{ou encore} \quad A \cdot J = A_\mu J^\mu = A^\mu J_\mu . \tag{3.64}$$

Transformations de jauge

Dans le formalisme relativiste présenté ici, il est intéressant de noter que les transformations de jauge (1.81) prennent une forme très simple,

$$A'^\mu = A^\mu + \frac{\partial \chi}{\partial x_\mu} , \tag{3.65}$$

avec χ une fonction quelconque. Pour voir que c'est bien le cas, il faut noter qu'avec la convention de signe prise en (3.60), la dérivée habituelle agit sur les variables avec les indices en haut, donc

$$A'^{\mu} = A^{\mu} + \eta^{\mu\nu} \frac{\partial \chi}{\partial x^{\nu}} \ , \tag{3.66}$$

soit

$$A'^{0} = \frac{V'}{c} = A^{0} + \frac{\partial \chi}{\partial x^{0}} = A^{0} + \frac{\partial \chi}{\partial ct} \ , \tag{3.67}$$

$$\vec{A}' = \vec{A} - \frac{\partial \chi}{\partial \vec{x}} \ . \tag{3.68}$$

La simplicité de la transformation illustre à nouveau que, du point de vue relativiste, les potentiels sont des objets bien plus commodes à manipuler que les champs et représentent peut être quelque chose de plus fondamental. Le signe « – » introduit de façon nécessaire dans les transformations de jauge (1.81) apparaît ainsi comme une conséquence des valeurs des coefficients de la métrique de Minkowski.

Lois de l'électromagnétisme

Le champ électromagnétique est décrit de façon covariante par une généralisation de la matrice (3.56), que l'on nomme *tenseur de Faraday*. Il est possible de trouver sa forme de façon intuitive en notant que la version relativiste de la deuxième loi de Newton doit s'écrire

$$\frac{\mathrm{d}u^{\mu}}{\mathrm{d}\tau} = \alpha \, u_{\nu} F^{\mu\nu} \ . \tag{3.69}$$

Le membre de droite qui est l'équivalent de la force doit faire apparaître des produits avec la vitesse, comme nous l'indique l'expression usuelle de la force de Lorentz. En remarquant que la norme de la quadri-vitesse est conservée au cours de l'évolution, on a

$$\frac{\mathrm{d}u_{\mu}u^{\mu}}{\mathrm{d}\tau} = 2u_{\mu}\frac{\mathrm{d}u^{\mu}}{\mathrm{d}\tau} = 0 \ , \tag{3.70}$$

d'où l'on déduit

$$u_{\mu}u_{\nu}F^{\mu\nu} = 0 \ . \tag{3.71}$$

Dans l'expression précédente apparaît le produit de deux formes décrites par deux indices. La première est $u_{\mu}u_{\nu}$, qui est symétrique dans la permutation de ses indices, par commutativité du produit scalaire de Minkowski. Pour que cette relation soit vraie, il faut donc nécessairement que la forme $F^{\mu\nu}$ soit antisymétrique par permutation des indices. Par ailleurs, on s'attend à ce que l'équivalent de la force fasse apparaître des dérivées des potentiels comme dans les expressions classiques. La forme la plus simple pour le tenseur de Faraday s'écrit donc en fonction du potentiel de la façon suivante,

$$F_{\mu\nu} = \frac{\partial A_\nu}{\partial x^\mu} - \frac{\partial A_\mu}{\partial x^\nu} \ , \tag{3.72}$$

où $x^\mu = (ct, x, y, z)$. En prenant le terme de proportionnalité de l'équation (3.69) égal à la charge, $\alpha = q$, cette relation est exactement équivalente à (1.23), réécrite avec les conventions discutées dans cette partie. L'expression du tenseur de Faraday donc est semblable à la matrice M à quelques signes près, liés aux définitions de la section précédente. De façon explicite, on a

$$F_{\mu\nu} = \begin{pmatrix} 0 & E_x/c & E_y/c & E_z/c \\ -E_x/c & 0 & -B_z & B_y \\ -E_y/c & B_z & 0 & -B_x \\ -E_z/c & -B_y & B_x & 0 \end{pmatrix} \ . \tag{3.73}$$

et

$$F^{\mu\nu} = \begin{pmatrix} 0 & -E_x/c & -E_y/c & -E_z/c \\ E_x/c & 0 & -B_z & B_y \\ E_y/c & B_z & 0 & -B_x \\ E_z/c & -B_y & B_x & 0 \end{pmatrix} \ , \tag{3.74}$$

Les équations de Maxwell s'écrivent donc de façon compacte à partir du tenseur de Faraday,

$$\frac{\partial F_{\mu\nu}}{\partial x^\rho} + \frac{\partial F_{\rho\mu}}{\partial x^\nu} + \frac{\partial F_{\nu\rho}}{\partial x^\mu} = 0 \ , \tag{3.75}$$

et

$$\frac{\partial F^{\mu\nu}}{\partial x^\mu} = \mu_0 J^\nu \ . \tag{3.76}$$

La première ligne donne les équations constitutives, sans sources $\mathrm{div}\,\vec{B} = 0$ et $\vec{\mathrm{rot}}\,\vec{E} = -\partial\vec{B}/\partial t$. Cette relation est automatique dès lors que la définition de $F^{\mu\nu}$ est antisymétrique dans ses indices, ce qui est nécessairement impliqué par la relation (3.71). La seconde ligne donne les deux autres équations de Maxwell, avec les sources :

$$\mathrm{div}\vec{E} = \frac{\rho}{\varepsilon_0} \quad \text{et} \quad \vec{\mathrm{rot}}\vec{B} = \mu_0\vec{\jmath} + \frac{1}{c^2}\frac{\partial\vec{E}}{\partial t} \ . \tag{3.77}$$

Nous allons voir à présent que ces équations dérivent en fait d'un principe de moindre action.

3.5 Retour sur la formulation lagrangienne

3.5.1 Lagrangien d'une particule chargée dans un champ

Il est à présent possible d'écrire le lagrangien pour une particule de charge q dans un champ électromagnétique de façon totalement relativiste. En fonction du temps propre, le lagrangien s'écrit

$$L = \frac{1}{2}m\, u_\mu(\tau)u^\mu(\tau) + q\, u_\mu(\tau)A^\mu(x^\nu) \ . \tag{3.78}$$

Ceci se vérifie avec les équations d'Euler-Lagrange où le temps est remplacé par le temps propre :

$$\frac{\partial L}{\partial x^\mu} = \frac{\mathrm{d}}{\mathrm{d}\tau}\left(\frac{\partial L}{\partial u^\mu}\right) \ . \tag{3.79}$$

Commençons par expliciter les différents termes,

$$\frac{\partial L}{\partial x^\mu} = q u_\nu \frac{\partial A^\nu}{\partial x^\mu} \ , \tag{3.80}$$

car comme expliqué dans le chapitre (1), la position et la vitesse sont des variables indépendantes, et

$$\frac{\partial L}{\partial u^\mu} = m u_\mu + q A_\mu \ . \tag{3.81}$$

La dérivée du potentiel par rapport au temps propre se décompose sur les différentes dérivées partielles comme

$$\frac{\mathrm{d}A_\mu}{\mathrm{d}\tau} = \frac{\partial A_\mu}{\partial x^\nu}\frac{\mathrm{d}x^\nu}{\mathrm{d}\tau} = \frac{\partial A_\mu}{\partial x^\nu}u^\nu \ . \tag{3.82}$$

En injectant ces résultats dans la relation (3.78), on obtient

$$m\frac{\mathrm{d}u_\nu}{\mathrm{d}\tau} + q\frac{\partial A_\nu}{\partial x^\mu}u^\mu = q u_\mu \frac{\partial A^\mu}{\partial x^\nu} = q u^\mu \frac{\partial A_\mu}{\partial x^\nu} \ . \tag{3.83}$$

En ré-arrangeant les termes, on a

$$m\frac{\mathrm{d}u_\mu}{\mathrm{d}\tau} = q\, u^\nu \left(\frac{\partial A_\nu}{\partial x^\mu} - \frac{\partial A_\mu}{\partial x^\nu}\right) = q\, u^\nu F_{\mu\nu} \ ,$$

ce qui est équivalent à la forme de l'équation du mouvement (3.69).

3.5.2 Lagrangien du champ électromagnétique

Pour le champ, il est nécessaire de définir une densité volumique de lagrangien à partir d'invariants de Lorentz. Les quantités invariantes de Lorentz du premier ordre qu'il est possible de construire à partir du tenseur de Faraday et des quadrivecteurs potentiels et sources sont $A_\mu J^\mu$ $F_{\mu\nu}F^{\mu\nu}$, $A_\mu A^\mu$, et $F_{\mu\nu}\tilde{F}^{\mu\nu}$, où $\tilde{F}$ est déduit de F de la façon suivante :

$$\tilde{F}_{\mu\nu} = \frac{1}{2}\epsilon_{\mu\nu\alpha\beta}F^{\alpha\beta} \ , \tag{3.84}$$

avec $\epsilon_{\mu\nu\alpha\beta}$ le symbole de Levi-Civita. Ce dernier est défini comme suit : il vaut $+1$ si les indices sont une permutation paire de (0,1,2,3), -1 pour une permutation impaire de (0,1,2,3) et zéro sinon. On ne considère pas $\tilde{F}^2$ dans la mesure où $\tilde{F}^2 = -F^2$. Le terme A^2 n'est pas pris en compte car il conduit à une polarisation longitudinale du champ électromagnétique, c'est-à-dire à une masse pour le photon. Le terme $F\tilde{F}$ est proportionnel à $\vec{E}\cdot\vec{B}$ et n'est pas retenu car il ne conserve pas la parité. Il nous enseigne cependant que tous les observateurs inertiels s'accordent sur la valeur du produit scalaire $\vec{E}\cdot\vec{B}$. Le terme en F^2 peut être exprimé en fonction des champs, il vaut

$$F_{\mu\nu}F^{\mu\nu} = 2\left(\frac{\vec{E}^2}{c^2} - \vec{B}^2\right) \ . \tag{3.85}$$

Des observateurs en mouvements inertiels relatifs s'accorderont donc également sur la mesure de la différence entre les carrés des champs. Le terme $A_\mu J^\mu$ décrit l'interaction entre les champs et les sources. Finalement la densité volumique de lagrangien décrivant les équations de Maxwell est

$$\mathcal{L} = -\frac{1}{4\mu_0}F_{\mu\nu}F^{\mu\nu} - A_\mu J^\mu \ . \tag{3.86}$$

C'est en effet la minimisation de l'action correspondante qui conduit aux lois de l'électromagnétisme (3.76). Dans ce cas, comme dans tous les cas de théories de champs, le lagrangien est intégré sur un volume d'espace-temps à quatre dimensions, d'où le passage d'un lagrangien à une densité volumique de lagrangien. L'obtention des équations du mouvement pour le champ consiste à démontrer la relation (3.76), dans la mesure où les équations sans source (3.75) sont automatiques. Les équations d'Euler-Lagrange pour le champ sont données par

$$\partial_\nu \frac{\partial\mathcal{L}}{\partial\left(\partial_\nu A_\mu\right)} = \frac{\partial\mathcal{L}}{\partial A_\mu} \ , \tag{3.87}$$

où l'on note dans cette partie $\partial_\nu = \partial/\partial x^\nu$ pour plus de concision. Ici les indices ν sont répétés donc muets, ce qui porte à quatre le nombre d'équations. On a donc

$$\frac{\partial\mathcal{L}}{\partial A_\mu} = -J^\mu \ , \tag{3.88}$$

et

$$\frac{\partial \mathcal{L}}{\partial\left(\partial_\nu A_\mu\right)}=-\frac{1}{4\mu_0}\frac{\partial}{\partial\left(\partial_\nu A_\mu\right)}F_{\rho\sigma}F^{\rho\sigma}\ . \tag{3.89}$$

Rappelons que les indices répétés du tenseur de Faraday sont muets. On a bien pris soin ici d'utiliser des indices différents de $\mu\nu$, qui ne sont pas muets (on a 16 équations au total). En explicitant le produit, on obtient

$$\frac{\partial}{\partial\left(\partial_\nu A_\mu\right)}F_{\rho\sigma}F^{\rho\sigma}=\frac{\partial}{\partial\left(\partial_\nu A_\mu\right)}\Big[\left(\partial_\rho A_\sigma-\partial_\sigma A_\rho\right)\left(\partial^\rho A^\sigma-\partial^\sigma A^\rho\right)\Big]\ . \tag{3.90}$$

En développant le produit de droite, on remarque que

$$\frac{\partial}{\partial\left(\partial_\nu A_\mu\right)}F_{\rho\sigma}F^{\rho\sigma}=2\frac{\partial}{\partial\left(\partial_\nu A_\mu\right)}\left(\partial_\rho A_\sigma\partial^\rho A^\sigma-\partial_\sigma A_\rho\partial^\rho A^\sigma\right) \tag{3.91}$$

$$=4\left(\partial^\mu A^\nu-\partial^\nu A^\mu\right)\ , \tag{3.92}$$

où le dernier passage est justifié par

$$\partial_\rho A_\sigma\partial^\rho A^\sigma=\partial_\rho A_\sigma\eta^{\alpha\rho}\eta^{\beta\sigma}\partial_\alpha A_\beta\ , \tag{3.93}$$

montrant que le produit $\partial_\nu A_\mu$ apparaît bien deux fois. On a finalement

$$\frac{\partial F_{\rho\sigma}F^{\rho\sigma}}{\partial\left(\partial_\nu A_\mu\right)}=4F^{\mu\nu} \tag{3.94}$$

et donc

$$\partial_\nu\frac{\partial \mathcal{L}}{\partial\left(\partial_\nu A_\mu\right)}=-\frac{1}{\mu_0}\partial_\nu F^{\mu\nu}\ . \tag{3.95}$$

En injectant ce résultat et (3.88) dans l'équation d'Euler-Lagrange (3.87), on retrouve bien les équations de Maxwell avec sources sous la forme exprimée par l'équation (3.76).

3.6 Relativité générale

La relativité générale inclut la gravitation dans le cadre relativiste. Pour cela, on suppose l'équivalence stricte entre la masse inertielle (qui s'oppose à un changement de mouvement inertiel) et la masse gravitationnelle (qui joue le rôle d'une charge gravitationnelle). Ainsi, les accélérations sont fondamentalement indissociables des effets de pesanteur, et les mouvements des corps libres soumis uniquement à la gravitation sont indépendants de leurs masses. Rendre compte formellement de cette équivalence nécessite de mettre en place un formalisme qui va au-delà du cadre de cet ouvrage et les calculs nécessaires sont souvent fastidieux. De manière succincte, la présence de masse déforme l'espace-temps, et la métrique est différente de la métrique de Minkowski décrite par la matrice (3.62). Alors qu'en relativité restreinte la relation entre l'intervalle relativiste et les coordonnées est donnée par

$$I = c^2 \mathrm{d}t^2 - \mathrm{d}x^2 - \mathrm{d}y^2 - \mathrm{d}z^2 = \eta_{\mu\nu} \mathrm{d}x^\mu \mathrm{d}x^\nu \ , \tag{3.96}$$

sa généralisation s'écrit

$$I = g_{\mu\nu} \mathrm{d}x^\mu \mathrm{d}x^\nu \ , \tag{3.97}$$

où $g_{\mu\nu}$ une matrice symétrique qui n'est pas nécessairement diagonale, et dont les coefficients ne sont pas nécessairement constants. Les coefficients de $g_{\mu\nu}$ représentent la généralisation du potentiel gravitationnel, qui ne peut plus être décrit par une simple grandeur scalaire, et contient l'information sur la courbure géométrique de l'espace-temps. Les trajectoires des chutes libres correspondent à des géodésiques dans l'espace-temps qui ne sont en général pas des droites dans l'espace euclidien tridimensionnel.

La densité volumique de lagrangien permettant de rendre compte de la gravitation est le *lagrangien d'Einstein-Hilbert*, donné par

$$\mathcal{L} = \sqrt{-g}\, \mathcal{R} \ , \tag{3.98}$$

où g est le déterminant de $g_{\mu\nu}$ et $\mathcal{R}$ est une quantité scalaire, appelée *scalaire de Ricci*, qui contient des dérivées premières et secondes de $g_{\mu\nu}$ et décrit la courbure de l'espace-temps en chaque point.

Il a fallu une dizaine d'années à Albert Einstein pour développer la théorie sous sa forme finale, en 1915. Celle-ci a permis d'expliquer les anomalies de l'orbite de Mercure, et elle a prédit de façon spectaculaire la déviation des rayons lumineux par le Soleil, observés en 1919 lors d'une éclipse totale.

À retenir de ce chapitre

- Le lagrangien d'une particule relativiste libre est proportionnel à l'opposé de son temps propre, $L = -K\mathrm{d}\tau$. La limite classique impose $K = mc^2$.
- Le moment conjugué de Lagrange de la particule libre est $\vec{p} = \gamma m\vec{v}$ et son énergie est $E = \gamma mc^2$. En particulier apparaît une énergie au repos $E = mc^2$.
- L'hamiltonien de la particule libre relativiste est

$$H(\vec{p}) = \sqrt{\vec{p}^{\,2}c^2 + m^2c^4}\ .$$

  Les limites ultra-relativiste et non relativiste donnent respectivement $E = pc$ et $E = mc^2 + \dfrac{p^2}{2m}$.
- La masse d'une particule peut s'exprimer en unité d'énergie, pour un électron $m_e = 511\ \mathrm{keV}/c^2$ et pour un proton $m_p = 938\ \mathrm{MeV}/c^2$.
- L'évolution d'un système de particules relativistes est conditionnée par les conservations des composantes du quadrivecteur énergie-impulsion et par les invariances de Lorentz.
- L'électromagnétisme peut se reformuler de manière invariante de Lorentz en définissant des quadrivecteurs correspondant aux potentiels et aux sources (charges et courants).

Chapitre 4

La nature quantique de la matière et de la lumière

Si la relativité a constitué un bouleversement de notre compréhension de la structure de l'espace-temps et de l'Univers à grande échelle, introduisant un cadre cohérent permettant d'y intégrer les équations de Maxwell, la plus grande révolution de la physique au tournant du XXe siècle a sans aucun doute été l'avènement de la physique quantique. Cette dernière a transformé notre vision de la structure intime de la matière et a permis le développement des technologies qui ont façonné notre monde moderne. Le reste de cet ouvrage va être consacré à présenter son cadre théorique étonnant et à en déduire le modèle atomique quantique.

4.1 Les problèmes de l'interaction lumière-matière

À la fin du XIXe siècle, la physique est essentiellement dominée par deux théories : la théorie newtonienne qui décrit le comportement de la matière et son évolution sous l'effet des forces, et la théorie maxwellienne qui a unifié au sein du champ électromagnétique tous les phénomènes électriques et magnétiques, identifiant au passage la lumière comme étant une onde électromagnétique dans une gamme de longueurs d'onde bien précise. Or, la remise en cause de cette physique newtonienne et maxwellienne va s'opérer justement lorsqu'il va s'agir de comprendre la nature de l'interaction lumière-matière, que ce soit pour la loi d'addition des vitesses pour une onde lumineuse se propageant dans un fluide en mouvement (expérience de Fizeau en 1851, voir 2.1.4), pour la propagation de la lumière au sein d'un supposé « éther luminifère » (expérience de Michelson-Morley en 1887, voir 2.1.5), pour l'interprétation des spectres d'émission ou d'absorption des corps simples (série de Balmer en 1885, puis formule de Rydberg en 1888), pour l'effet photoélectrique (expérience de Hertz en 1887), ou encore pour le spectre d'émission dit « du corps noir » à la toute fin du XIXe siècle. Nous avons rencontré les deux premières au cours du chapitre 2 portant sur la théorie de la relativité, nous allons maintenant décrire succinctement les trois dernières qui ont joué un rôle crucial dans la révolution qu'a connue la physique à l'aube du XXe siècle.

4.1.1 Les raies de l'hydrogène : la formule de Rydberg

FIGURE 4.1 – Spectre de l'atome d'hydrogène (dans le domaine visible).

La mesure de la première raie spectrale, la raie d'émission du sodium, est effectuée en 1752 par le physicien écossais Thomas Melvill. À partir de la deuxième moitié du XIXe siècle, les travaux fondateurs de Fraunhofer, Angström, Kirchhoff et Bunsen vont cataloguer les raies d'absorption (et d'émission) des corps simples dans la gamme visible, et notamment celle de l'hydrogène (voir figure 4.1). Toutefois, ce n'est qu'en 1885 qu'un professeur de mathématiques suisse de l'Université de Bâle, Joseph Balmer, trouve une relation simple permettant de prédire les diverses longueurs d'onde de ces raies dans le cas de l'hydrogène. En effet, si on les range par ordre décroissant, leurs longueurs d'onde semblent converger vers une longueur d'onde λ_∞ en suivant la loi connue aujourd'hui sous le nom de *formule de Balmer* :

$$\lambda_n = \lambda_\infty \frac{n^2}{n^2 - 4} \qquad \text{pour } n \geq 3 \ , \tag{4.1}$$

avec $\lambda_\infty \approx 364{,}56$ nm. On s'apercevra assez rapidement que l'hydrogène possède des raies spectrales également en dehors du domaine visible, dans l'ultraviolet pour les raies dites *de Lyman*, dans l'infrarouge pour les raies *de Paschen*, puis l'infrarouge profond et les ondes radios pour les séries de raies suivantes. En 1888, le physicien suédois Johannes Rydberg généralisera ainsi la formule de Balmer *via* la *formule de Rydberg* :

$$\frac{1}{\lambda_{m,n}} = R_H \left(\frac{1}{m^2} - \frac{1}{n^2} \right) \ , \tag{4.2}$$

rendant ainsi compte de l'ensemble des raies de l'hydrogène (la formule de Balmer apparaissant ainsi comme un cas particulier correspondant à $m = 2$). La constante R_H, dite *de Rydberg*, était mesurée à $R_H \approx 1{,}097373 \times 10^7$ m^{-1}.

Il n'en demeurait pas moins la propriété ahurissante pour l'époque, et apparemment vérifiée par tous les corps simples, que leur interaction avec le champ électromagnétique (par absorption ou émission) s'effectuait uniquement à certaines longueurs d'onde bien précises, en contradiction totale avec les modèles continus de la physique newtonienne ou maxwellienne. Comment ces longueurs d'onde étaient-elles déterminées en fonction du corps ? À quoi correspondaient-elles ? Mystère...

4.1.2 L'effet photoélectrique

En 1885, le physicien allemand Heinrich Hertz fait une découverte remarquable : il met en évidence que la matière est capable d'émettre des électrons lorsqu'elle est illuminée par une onde électromagnétique. Cette émission est cependant bizarrement contrainte. Au-dessus d'une certaine longueur d'onde, aucun électron n'est émis, quelle que soit l'intensité de l'illumination. En revanche, pour des longueurs d'onde plus courtes, la matière émet des électrons et ce, proportionnellement à l'intensité du champ électromagnétique incident, donc même pour des intensités de rayonnement très faibles. Là encore, on ne comprend pas pourquoi, dans un modèle où les énergies sont distribuées de manière continue, des électrons ne pourraient être émis lorsqu'une densité de puissance électromagnétique suffisante était envoyée sur un échantillon de matière à moins de descendre en-dessous d'une longueur d'onde seuil. Il faudra attendre 1905 pour voir Einstein donner une explication à ce phénomène fondée sur la quantification du rayonnement électromagnétique.

4.1.3 Le rayonnement du corps noir

Non seulement les savants de l'époque ne comprennent pas comment la matière interagit ponctuellement avec le rayonnement électromagnétique, mais en physique statistique, ils ne comprennent pas non plus comment s'établit l'équilibre thermodynamique entre matière et rayonnement (autrement dit, l'équilibre lumière-matière). En particulier, la distribution en fréquence (ou en longueur d'onde) du rayonnement à l'équilibre à température T suit une loi, dite *rayonnement du corps noir*[1], inexplicable par la physique statistique de l'époque (voir figure 4.2). Bien au contraire, comme nous l'avons vu à la section 1.7.4, le champ électromagnétique dans une cavité parallélépipédique peut être vu dans la formulation classique hamiltonienne comme une somme infinie d'oscillateurs harmoniques à des fréquences quantifiées par les dimensions de la cavité, à la manière de la quantification des fréquences propres d'une

1. L'hypothèse centrale est celle d'un corps absorbant tout rayonnement qui vient le frapper (d'où l'appellation de *corps noir*), avant de renvoyer ultérieurement cette énergie à nouveau sous forme de rayonnement, établissant ainsi l'équilibre thermodynamique.

corde vibrante. Le rayonnement possède donc une infinité de degrés de liberté. Qui plus est, à trois dimensions, leur nombre va même croissant à mesure que la fréquence augmente.

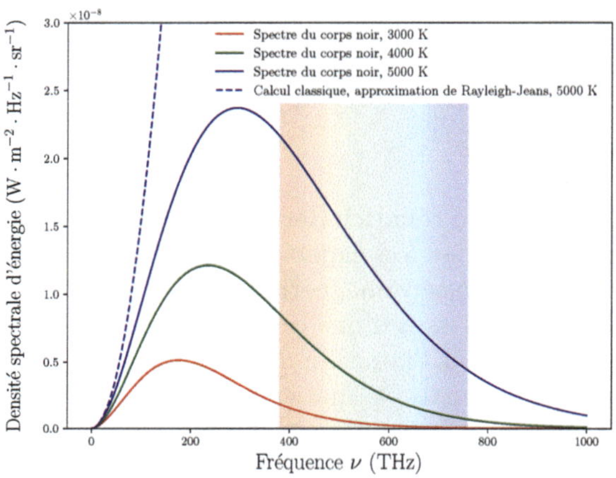

FIGURE 4.2 – Rayonnement du corps noir pour trois températures (traits pleins). Le dégradé de couleurs représente le spectre visible et la courbe en pointillés montre le calcul classique, en désaccord total avec les mesures en particulier à haute fréquence.

Dans cette description, le rayonnement contient donc infiniment plus de degrés de liberté que la matière. On utilise alors un argument d'équipartition de l'énergie disponible sur tous les degrés de liberté à l'équilibre, argument qui avait permis de rendre compte de l'équilibre thermodynamique en théorie cinétique des gaz. Avec son nombre infini de degrés de liberté, le rayonnement devrait d'une part absorber toute l'énergie disponible, ne laissant rien à la matière, et d'autre part répartir essentiellement cette énergie vers les plus hautes fréquences : cette conclusion erronée tirée de la physique classique, en contradiction avec les mesures expérimentales, porte le nom de catastrophe ultraviolette (voir 1.7.4).

Enfin, il faut évoquer un mystère peut-être encore plus fondamental que tous les précédents, mystère qui deviendra encore plus prégnant après les expériences de Rutherford en 1909 (que nous allons voir immédiatement après). Ce mystère tient à l'incapacité d'aucun modèle de physique classique à rendre compte de la stabilité de la matière. En effet, si les particules qui la composent sont chargées, comme l'avait déjà observé J. J. Thomson, alors leur mouvement au sein de la matière devrait leur faire perdre de l'énergie par rayonnement électromagnétique. Le calcul de cette dissipation est mené dans la partie 4.3.2. Comment était-il possible que de tels systèmes ne s'effondrent pas sur eux-mêmes, les électrons se précipitant sur le noyau, et au contraire semblent perdurer dans un état stationnaire ?

L'ensemble de ces observations expérimentales en contradiction avec les modèles physiques de l'époque ont conduit la communauté scientifique dans les trente années qui ont suivi à comprendre conjointement la structure de la matière et la nature de la lumière.

4.2 La formule de Planck

On peut dater l'acte de naissance de la mécanique quantique à 1900. Max Planck, professeur de physique à l'Université de Berlin, s'attache alors à résoudre l'énigme du rayonnement du corps noir, et plus précisément la catastrophe ultraviolette rencontrée à la section 1.7.4. Pour rappel, cette catastrophe se traduit par l'apparition d'une divergence apparente de l'énergie stockée par le rayonnement en équilibre thermodynamique avec la matière. Depuis plusieurs années, Max Planck s'efforce ainsi de régulariser l'intégrale (1.115) afin de maîtriser formellement cette divergence. C'est en 1900 qu'il présente une proposition révolutionnaire lors d'un congrès à Berlin, proposition qu'il publie ensuite en 1901 : l'hypothèse des *quanta*. Pour une fréquence ν donnée (ou pour une longueur d'onde donnée), les modes du champ électromagnétique sont analogues à des oscillateurs harmoniques, comme nous l'avons vu au chapitre 1, au détail près qu'ils ne peuvent prendre que des valeurs d'énergie discrètes, proportionnelles à ν. Pour un mode repéré par l'indice m, dont la pulsation propre est ω_m, la fréquence est donnée par $\nu_m = \omega_m/2\pi$, et les énergies accessibles deviennent :

$$\varepsilon_m(n) = n \times h\nu_m \qquad \text{avec } n \in \mathbb{N}^* \ , \tag{4.3}$$

h étant une constante universelle. Ainsi, pour une longueur d'onde donnée, à l'opposé de tout ce qu'avait enseigné la physique classique, le champ électromagnétique ne peut exister de façon continue en énergie. Il faut en quelque sorte « payer » une énergie minimale, comme si le champ était formé de paquets insécables d'énergie donnée : les valeurs possibles de l'énergie dans l'équation (12.2) ne peuvent être que des multiples entiers de la fréquence, au facteur h près.

Pour Planck, h n'est qu'un paramètre intermédiaire, une aide au calcul qui doit normalement tendre vers 0 dans la théorie définitive. Par rapport au calcul classique, la différence réside donc dans l'expression de l'énergie moyenne des oscillateurs harmoniques. À supposer qu'une valeur de l'énergie correspond à un seul état de l'oscillateur harmonique [2], l'hypothèse de quantification de

2. Cette hypothèse, dite de non-dégénérescence des états sera justifiée par la physique quantique.

l'énergie modifie la valeur moyenne attendue pour un oscillateur harmonique à la température T et l'on obtient

$$\langle E_{\mathrm{osc}} \rangle = \frac{h\nu}{\exp\left(\frac{h\nu}{k_{\mathrm{B}}T}\right) - 1} \ , \tag{4.4}$$

où pour alléger les notations on a retiré les indices m rappelant que cela est valable pour un mode donné. Cette relation est démontrée dans l'annexe A. La différence fondamentale avec le calcul classique (voir 1.7.4) est qu'à présent l'énergie moyenne des oscillateurs dépend de la fréquence. La densité spectrale d'énergie volumique s'obtient alors en multipliant cette valeur moyenne par la densité d'états à la fréquence ν vue au chapitre 1 :

$$\mathrm{d}u(\nu, T) = \frac{8\,\pi\,h\,\nu^3}{c^3} \frac{\mathrm{d}\nu}{\exp\left(\frac{h\nu}{k_{\mathrm{B}}T}\right) - 1} \ , \tag{4.5}$$

formule connue sous le nom de *loi de Planck.* Le facteur dépendant de la fréquence conduit à régulariser l'intégrale (1.112) dans l'ultraviolet [3], l'énergie totale étant donnée par

$$U_{\mathrm{EM}} = \int_0^{+\infty} \frac{8\pi V h\nu^3}{c^3} \frac{\mathrm{d}\nu}{\exp\left(\frac{h\nu}{k_{\mathrm{B}}T}\right) - 1} = \frac{8\pi V}{c^3} \frac{(k_{\mathrm{B}}T)^4}{h^3} \int_0^{+\infty} \frac{x^3}{e^x - 1} \mathrm{d}x \ . \tag{4.6}$$

L'intégrale sans dimension est finie et vaut $\pi^4/15$, ce qui donne finalement

$$U_{\mathrm{EM}} = \frac{8\,\pi^5\,V}{15\,c^3\,h^3}\,(k_{\mathrm{B}}T)^4 \ . \tag{4.7}$$

L'idée de Planck de faire tendre la quantité h vers zéro à la fin du calcul ne permet pas d'aboutir à un résultat physique dans la mesure où comme en physique classique, la limite $h \to 0$ donne une énergie infinie.

En confrontant la formule (4.7) aux mesures de densité spectrale du rayonnement thermique, il apparaît qu'il convient d'attribuer à h une valeur non nulle,

$$h = 6{,}63 \times 10^{-34}\ \mathrm{J \cdot s} \ , \qquad \hbar = \frac{h}{2\pi} = 1{,}06 \times 10^{-34}\ \mathrm{J \cdot s} \ . \tag{4.8}$$

C'est cette valeur qui permet de reproduire les observations. Il s'agit d'une constante fondamentale, h est nommée *constante de Planck*, $\hbar = h/2\pi$ étant la *constante de Planck réduite.*

Ce qui se voulait être une astuce de calcul s'est avéré être le point de départ de la théorie quantique. À ce point de l'histoire, il était encore incompréhensible que

3. C'est en fait un abus de langage désignant les hautes énergies/fréquences.

l'énergie soit quantifiée de la sorte. Quelques années plus tard, Albert Einstein interprétera l'effet photo-électrique comme l'échange de quanta de lumière, des paquets d'énergie semblables à ceux dont on a supposé ici qu'ils constituaient les états de l'oscillateur harmonique, qui seront baptisés *photons*. Chaque photon de fréquence ν (ou de pulsation ω, ou de longueur d'onde λ) emporte ainsi avec lui un quantum d'énergie E tel que

$$E = h\nu = \hbar\omega = \frac{hc}{\lambda} \ . \tag{4.9}$$

Einstein sera récompensé par le prix Nobel de physique en 1921 pour ces travaux, le reconnaissant comme un des pères fondateurs de la physique quantique.

Nous verrons au chapitre 7 que la physique quantique explique finalement la quantification de l'énergie sous la forme de l'équation (4.3). Pour comprendre cela, il nous faudra développer tout le formalisme de la physique quantique. L'hypothèse de Planck est donc bien plus fondamentale que ne l'avait imaginé son auteur, qui a permis de mettre sur une voie prometteuse la génération suivante de physiciens. Planck reçoit le prix Nobel de physique en 1918 pour ses travaux fondateurs de cette nouvelle physique.

4.3 La découverte de l'atome

4.3.1 L'expérience de Rutherford

Le premier jalon important dans la compréhension de la structure de la matière a été la découverte de l'électron [4] en 1897 par Joseph John Thomson, l'un des plus grands savants britanniques de son temps qui dirigea notamment le célèbre laboratoire Cavendish à Cambridge. En étudiant l'émission de courants chargés par de la matière chauffée (les rayons cathodiques), Thomson avait observé que ceux-ci étaient constitués de particules de charge négative et de masse environ 1 000 fois plus petite que celle de la masse de l'atome d'hydrogène. En 1904, le même Thomson propose ainsi son modèle de la matière dit *plum pudding* dans lequel l'essentiel de la masse est composé d'un fond relativement uniforme chargé positivement (le « pudding ») qui serait parsemé d'électrons (les « raisins secs ») de masse totale beaucoup plus faible.

Cependant, en 1909, le physicien néo-zélandais Ernest Rutherford, ancien étudiant de Thomson au Cavendish devenu ensuite professeur à l'université de Manchester [5], dirige Hans Geiger et Ernest Marsden dans une expérience deve-

4. Le terme *électron* avait été forgé, quant à lui, par un physicien irlandais, George Johnstone Stoney, quelques années auparavant pour désigner la charge élémentaire transmise lors des réactions chimiques.

5. Rutherford avait déjà obtenu le prix Nobel de chimie en 1908 pour ses travaux portant sur la radioactivité.

nue l'une des plus célèbres de l'histoire de la physique. Il s'agissait de mesurer la déviation de particules alpha ($^4He^{2+}$, autrement dit des atomes d'hélium 4 auxquels on a retiré deux électrons) bombardées sur une mince feuille d'or, comme schématisé dans la figure 4.3. Leur observation est proprement étonnante : la plupart des particules alpha traversent la feuille d'or comme si elle n'était tout simplement pas là ! Quelques particules sont cependant déviées, avec parfois de grands angles. Positionnant alors le détecteur non pas derrière la feuille d'or, mais du même côté que la source, ils ont la surprise de constater que certaines particules reviennent pratiquement dans la direction d'où elles sont issues : dans de rares cas, la feuille d'or s'est comportée comme un mur. Les particules ont donc rencontré dans leur traversée de la feuille d'or des objets de masse au moins comparable à la leur, et ont subi de la part de ces objets une répulsion intense. La conclusion est donc sans appel : l'essentiel du volume de la feuille d'or est dépourvu de toute matière, tandis que cette dernière se trouve concentrée dans de petits objets extrêmement massifs chargés positivement : les noyaux. La charge positive est donc portée par l'essentiel de la masse autour de laquelle il est raisonnable de penser que les électrons orbitent, à la manière des planètes autour du Soleil.

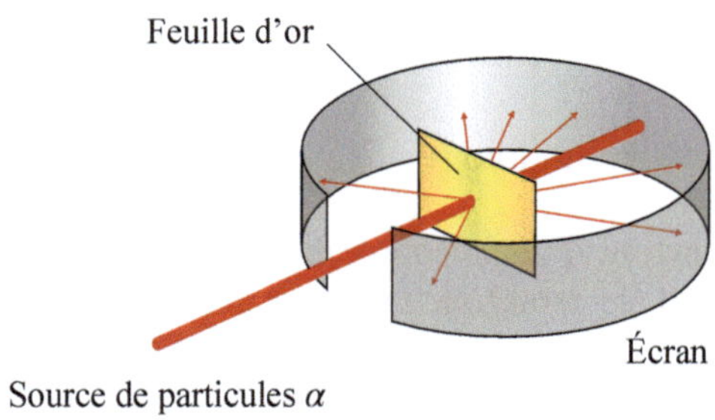

FIGURE 4.3 – Représentation de l'expérience de Rutherford. La source de particules α se situe sur la gauche. La majorité des projectiles ne sont pas déviés. Quelques taches apparaissent cependant sur l'écran très loin de l'axe, correspondant à d'importants angles de diffusion.

4.3.2 La stabilité de la matière

La découverte de Rutherford met en lumière une question qui était déjà en gestation dans les modèles antérieurs : comment les électrons qui constituent la matière peuvent-ils être liés aux noyaux, en orbitant autour de ces derniers, sans perdre d'énergie ? En effet, ces électrons en orbite suivent un mouvement accéléré (accélération normale à la trajectoire dans le cas des orbites circulaires) et, comme toute charge électrique dans une telle situation, ils doivent perdre continûment de l'énergie par rayonnement électromagnétique, perte qui devrait les conduire *in fine* à s'effondrer sur le noyau. On peut même aisément estimer le temps caractéristique de cette chute. La puissance rayonnée dans toutes les directions de l'espace d'un électron soumis à une accélération a est donnée par la formule de Larmor (obtenue en calculant le potentiel retardé créé par la charge en mouvement, à l'aide des équations de Maxwell) :

$$P_{\text{ray}} = \frac{2}{3}\frac{e^2}{4\pi\varepsilon_0 c^3}\, a^2 \ . \tag{4.10}$$

Si l'on suppose un mouvement circulaire quasi-uniforme où le rayon r de l'orbite électronique est lentement variable, alors l'énergie cinétique est en permanence égale à la moitié de l'énergie potentielle (au signe près) et l'accélération vaut $a = v^2/r$, d'où

$$\frac{1}{2}m_e v^2 = \frac{1}{2}\frac{e^2}{4\pi\varepsilon_0 r} \qquad \text{et} \qquad a^2 = \frac{v^4}{r^2} = \left(\frac{e^2}{4\pi\varepsilon_0 m_e}\right)^2 \frac{1}{r^4} \ . \tag{4.11}$$

L'énergie mécanique, qui est inversement proportionnelle à r, varie ainsi en raison de la puissance rayonnée qui est inversement proportionnelle à r^4. On peut donc écrire cette évolution sous la forme :

$$\frac{d}{dt}\left(-\frac{1}{2}\frac{e^2}{4\pi\varepsilon_0 r}\right) = -\frac{2}{3}\frac{e^2}{4\pi\varepsilon_0 c^3}\left(\frac{e^2}{4\pi\varepsilon_0 m_e}\right)^2 \frac{1}{r^4} \ , \tag{4.12}$$

qui peut aussi se réécrire

$$\frac{dr}{dt} = -\frac{K}{r^2} \qquad \text{avec} \quad K = \frac{4}{3c}\left(\frac{e^2}{4\pi\varepsilon_0 m_e c}\right)^2 \ . \tag{4.13}$$

Cette équation s'intègre entre r_0 à $t = 0$ et $r = 0$ à $t = \tau$:

$$r_0^3 = 3K\,\tau \qquad \text{et donc} \quad \tau = \frac{r_0^3}{3K} = \frac{c}{4}\left(\frac{4\pi\varepsilon_0 m_e c}{e^2}\right)^2 r_0^3 \ . \tag{4.14}$$

Pour une distance $r_0 = 1$ Å $= 10^{-10}$ m, l'application numérique donne un temps $\tau \approx 10^{-10}$ s. Le modèle planétaire classique de l'atome n'est donc pas stable, et l'on peut se demander comment la matière pourrait encore exister sous forme structurée si elle est constituée d'atomes de taille nulle où les électrons se sont effondrés sur le noyau !

4.3.3 L'atome de Bohr

Le défi, à partir de 1909, est donc d'exploiter cette nouvelle image de l'organisation de la matière pour comprendre son interaction avec la lumière, et en particulier le caractère discret des spectres d'absorption et d'émission. Si l'on imagine un satellite orbitant autour de la Terre, celui-ci peut gagner ou perdre de l'énergie continûment, en utilisant son carburant pour créer de l'énergie cinétique et ainsi modifier son énergie mécanique. Or, on savait depuis Planck en 1900 et Einstein en 1905 que la lumière n'est en fait pas un champ électromagnétique continu comme dans la théorie de Maxwell, mais qu'elle est constituée de quanta (les *photons*) dont l'énergie individuelle E est proportionnelle à la fréquence ν de l'onde électromagnétique, le facteur de proportionnalité étant la constante de Planck : $E = h\nu$. Observer des spectres d'absorption ou d'émission discrets impliquait donc une quantification des échanges d'énergie avec l'atome. Comment était-il possible que l'électron, lié au noyau chargé positivement par l'interaction électrostatique coulombienne, et donc identique mathématiquement à l'interaction gravitationnelle, puisse quantifier son énergie de liaison au noyau ?

Le premier à répondre avec un modèle mathématique cohérent à cette question, en 1913, sera un jeune physicien danois alors âgé de 28 ans, Niels Bohr, en poste à l'université de Copenhague après un séjour à Manchester auprès de Rutherford en 1911. Mêlant physique classique et quantification du rayonnement, il élabore un modèle de l'atome d'hydrogène (voir figure 4.4) dans lequel l'interaction entre l'atome et la lumière obéit aux principes suivants :

- L'électron subit une attraction coulombienne de la part du noyau chargé positivement (un proton dans ce cas) et orbite autour de ce dernier suivant des orbites circulaires en suivant les lois de la physique classique, et ceci sans perte d'énergie électromagnétique bien qu'il s'agisse d'une particule chargée subissant une accélération.

- Chaque changement d'orbite s'accompagne de l'absorption ou de l'émission d'un quanta de lumière, de telle sorte que la différence d'énergie entre les orbites corresponde à l'énergie du photon émis ou absorbé (le photon est absorbé si l'électron passe d'une orbite basse à une orbite plus éloignée du noyau, tandis qu'il est émis dans le cas inverse).

- Les orbites sont quantifiées de telle sorte que le moment cinétique soit un multiple entier de $\hbar = h/2\pi$.

On peut remarquer que la dernière condition peut également se formuler en terme d'action de l'électron. En effet, suivant la définition de Maupertuis de l'action mécanique (voir section 1.2.2), l'action de l'électron sur un tour de l'orbite s'écrit :

$$S_O = \int_0^{2\pi} m_e v \, dr = 2\pi \left\| \vec{L} \right\| = 2\pi n\hbar = nh \ . \tag{4.15}$$

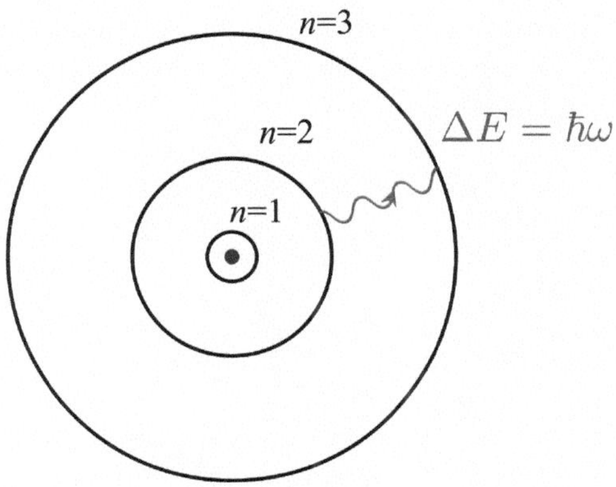

FIGURE 4.4 – Représentation schématique de l'atome de Bohr. Les électrons tournent autour du noyau selon des orbites discrètes dont les énergies sont déterminées par la quantification de l'action (ou du moment cinétique). Ils peuvent sauter d'une orbite à l'autre en émettant ou en absorbant un photon dont la pulsation est proportionnelle à la différence d'énergies des orbites.

L'un des postulats de l'atome de Bohr revient donc à utiliser la constante de Planck h récemment découverte comme quantum d'action de l'électron dans sa trajectoire circulaire autour de l'atome. Muni de ces principes, on peut maintenant calculer quelles sont les orbites possibles de l'électron et en déduire les valeurs des fréquences ou longueurs d'onde des photons qui peuvent être émis ou absorbés lors de changements d'orbite. Le principe fondamental de la dynamique (ou deuxième loi de Newton), une fois projeté sur la direction radiale de l'orbite circulaire, s'écrit pour l'électron :

$$m_e \frac{v^2}{r} = \frac{e^2}{4\pi\varepsilon_0 r^2} \qquad \text{soit} \qquad v = \left(\frac{e^2}{4\pi\varepsilon_0 m_e r} \right)^{\frac{1}{2}} \ . \tag{4.16}$$

En reportant cette valeur de la vitesse dans la condition de quantification vue plus haut, on obtient :

$$2\pi r m_e \left(\frac{e^2}{4\pi\varepsilon_0 m_e r} \right)^{\frac{1}{2}} = nh \ , \tag{4.17}$$

et donc la valeur du rayon de la n-ième orbite de Bohr :

$$r_n = \frac{n^2\hbar^2}{m_e}\left(\frac{4\pi\varepsilon_0}{e^2}\right) = n^2\, a_B \ , \tag{4.18}$$

où $a_B = \dfrac{\hbar^2}{m_e}\left(\dfrac{4\pi\varepsilon_0}{e^2}\right) \approx 0{,}529 \times 10^{-10}$ m porte le nom de *rayon de Bohr.*

Sachant que sur une orbite circulaire dans un potentiel coulombien, l'énergie mécanique est égale à la moitié de l'énergie potentielle, on en déduit également l'énergie de l'électron sur cette orbite :

$$E_n = -\frac{1}{2}\frac{e^2}{4\pi\varepsilon_0\, r_n} = -\frac{1}{2}\frac{m_e}{n^2\hbar^2}\left(\frac{e^2}{4\pi\varepsilon_0}\right)^2 = -\frac{E_0}{n^2} \ , \tag{4.19}$$

avec

$$E_0 = \frac{m_e}{2\hbar^2}\left(\frac{e^2}{4\pi\varepsilon_0}\right)^2 \approx 13{,}6 \text{ eV} \ , \tag{4.20}$$

qui est donc *la valeur la plus basse de l'énergie d'un électron lié à l'atome d'hydrogène*, autrement l'*énergie fondamentale* de l'électron. On peut également faire intervenir l'énergie de masse au repos de l'électron en introduisant c^2 au numérateur et au dénominateur, ce qui fait apparaître une constante sans dimension sur laquelle nous reviendrons plus tard, appelée *constante de structure fine* α définie par

$$\alpha = \frac{e^2}{4\pi\varepsilon_0\hbar c} \ . \tag{4.21}$$

On peut ainsi réécrire E_0 ainsi que le rayon de Bohr en introduisant cette constante :

$$E_0 = \frac{1}{2}\alpha^2 m_e c^2 \quad , \quad a_B = \frac{\hbar^2}{m_e}\left(\frac{4\pi\varepsilon_0}{e^2}\right) = \frac{\hbar}{\alpha\, m_e c} \ . \tag{4.22}$$

La quantification du moment cinétique (ou de l'action) débouche donc sur une quantification des énergies de l'électron autour du noyau de l'atome d'hydrogène. Une transition de l'électron d'une orbite d'indice m vers une orbite plus haute d'indice n plus élevé s'accompagne de l'absorption d'un photon d'énergie $\varepsilon_{m,n}$ et de longueur d'onde $\lambda_{m,n}$ telle que :

$$\varepsilon_{m,n} = \frac{hc}{\lambda_{m,n}} = E_n - E_m = E_0\left(\frac{1}{m^2} - \frac{1}{n^2}\right) \ , \tag{4.23}$$

d'où

$$\frac{1}{\lambda_{m,n}} = \frac{E_0}{hc}\left(\frac{1}{m^2} - \frac{1}{n^2}\right) \ . \tag{4.24}$$

On retrouve la formule de Rydberg avec une valeur de la constante égale à $E_0/(hc)$. Or le calcul de cette constante dans le modèle de Bohr donne :

$$\frac{E_0}{hc} \approx 1{,}097 \times 10^7 \text{ m}^{-1} \ ,$$

ce qui correspond exactement à la constante de Rydberg. De façon spectaculaire, le modèle de Bohr permet ainsi de comprendre et de prédire l'intégralité du spectre de l'hydrogène atomique comme résultant des transitions électroniques entre orbites quantifiées de l'électron. C'est l'un des résultats les plus remarquables et l'un des plus grands succès de la physique quantique naissante.

Niels Bohr obtient le prix Nobel de physique en 1922. Tout en ayant soulevé un coin du voile, le modèle de Bohr n'en pose pas moins un très grand nombre de questions. En effet, il s'agit d'un modèle phénoménologique sans principe fondamental aisément généralisable à d'autres corps. Il n'explique en rien pourquoi les orbites devraient être quantifiées, pourquoi l'on doit se restreindre à des orbites circulaires et, par dessus tout, pourquoi ces orbites sont stables alors que l'électron devrait perdre son énergie par rayonnement. Il faudra attendre encore plus de dix ans pour voir l'avènement d'une théorie physique capable de poser les bases du calcul des spectres de tous les corps simples à partir de principes fondamentaux universels : la physique quantique.

Il faut mentionner ici que quelques années plus tard, Sommerfeld raffinera le modèle de Bohr en introduisant des orbites elliptiques (et non plus uniquement circulaires) et en introduisant des corrections relativistes. Il obtiendra ainsi un spectre plus complet, permettant de rendre compte en partie (mais pas complètement) des spectres des corps simples.

En résumé : la quantification du moment cinétique de l'électron (ou de son action) sur des orbites circulaires impose la quantification des rayons de ces orbites et des énergies correspondantes suivant :

$$r_n = n^2 a_B = n^2 \frac{\hbar}{\alpha\, m_e c} \qquad \text{et} \qquad E_n = -\frac{E_0}{n^2} = -\frac{1}{2}\frac{\alpha^2 m_e c^2}{n^2} \ . \tag{4.25}$$

4.4 Onde ou corpuscule ?

L'une des questions fondamentales que pose le succès du modèle de Bohr est : comment comprendre l'origine de la quantification des orbites ? En fait, si l'on se réfère à la physique classique et que l'on recherche des exemples de quantification des fréquences, on est rapidement amené à celui de la corde vibrante de longueur L fixée à ses deux extrémités. Dans ce cas, les ondes stationnaires se caractérisent par une longueur d'onde spatiale qui doit être un sous-multiple de $L/2$, soit $\lambda_n = L/(2n)$, et donc une quantification des fréquences d'oscillation selon $\nu_n = c_0/\lambda_n$, c_0 étant la célérité de propagation des vibrations le long de la corde.

Pour une orbite circulaire, la condition d'immobilisation aux extrémités est remplacée par une condition de périodicité le long de l'orbite. Si au lieu d'une particule « tournant » autour du noyau, on imagine une oscillation stationnaire d'une « vibration » ou d'une onde dont la nature reste à définir, alors la condition de quantification apparaît de manière assez naturelle dès lors qu'on impose la périodicité entre des positions angulaires distantes de 2π.

La physique quantique naissante avait déjà mis en évidence que la lumière, que l'on pensait jusqu'alors être une onde du champ électromagnétique, avait également une nature corpusculaire car elle était composée de quanta insécables, les photons. Le pas symétrique va être franchi en 1923 par le physicien français Louis de Broglie (prononcer « de Breuil »), prix Nobel de physique 1929, qui, dans sa thèse, postule le caractère ondulatoire des particules matérielles. Ainsi, champ électromagnétique et matière classique semblent-ils réunis par une même nature profonde dont les manifestations peuvent être à la fois onde et corpuscule, selon les circonstances. Les particules de matière (ou *corpuscules*) sont caractérisées par une énergie E et une impulsion $\vec{p}$, tandis que les ondes sont caractérisées par une fréquence ν (ou une pulsation ω) et un vecteur d'onde $\vec{k}$. De Broglie énonce que toute entité, électron, photon... possède en fait toutes ces caractéristiques à la fois et que ces dernières sont liées entre elles, tout comme dans le cas du photon, par des relations très générales :

$$E = h\nu = \hbar\omega \qquad \text{et} \qquad \vec{p} = \hbar\vec{k} \ . \tag{4.26}$$

C'est l'établissement de la *dualité onde-corpuscule* pour l'ensemble des entités de la physique. La relativité avait unifié temps et espace au travers de la constante c, grandeur caractéristique de l'espace-temps, la physique quantique unifie onde et matière au travers de la constante h, grandeur caractéristique liant l'énergie au temps. La particule se voit ainsi dotée d'une longueur d'onde λ, dite *longueur d'onde de de Broglie*, reliée à l'impulsion par

$$\lambda = \frac{h}{\|\vec{p}\|} \ . \tag{4.27}$$

Les relations de de Broglie, pour fondamentales qu'elles soient, ne permettent cependant pas de déduire la réalité physique de ces objets de la physique nouvelle. Pour de Broglie, onde et corpuscule sont tous deux dotés d'une réalité physique et coexistent au sein de chaque « particule quantique » tandis que pour d'autres, il s'agit d'un objet unique et entièrement nouveau qui n'a pas d'équivalent classique.

4.5 L'expérience des fentes d'Young

4.5.1 Principe de l'expérience

L'une des expériences les plus emblématiques de la physique qui permet de révéler l'un des aspects de la physique quantique qui la différencie fondamentalement de la physique classique, est l'expérience dite *des fentes d'Young.* Cette expérience, imaginée par le savant britannique Thomas Young au début du XIXe siècle, avait permis de mettre en évidence le caractère ondulatoire de la lumière, contredisant ainsi la vision de Newton qui imaginait la lumière comme constituée de corpuscules.

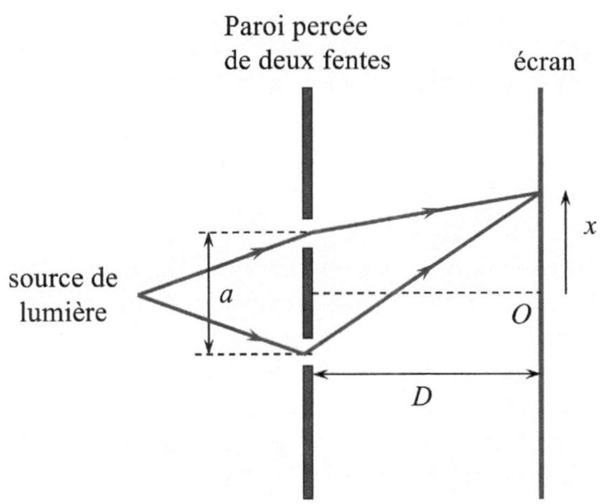

FIGURE 4.5 – Expérience des fentes d'Young (vue de dessus) : on envoie une onde (de la lumière dans l'expérience originale) à travers une paroi percée de deux fentes. L'onde est diffractée au passage des fentes (diffraction représentée ici par la modification des trajectoires), puis rencontre un écran où elle crée une image par interférence des trajectoires.

Le montage expérimental consiste en une source qui émet des ondes vers une paroi percée de deux fentes parallèles (voir figure 4.5). L'onde arrivant sur la paroi est diffractée en chacune des deux fentes, et les deux nouvelles ondes ainsi engendrées interfèrent de l'autre côté de la paroi pour finalement aboutir sur un obstacle (un écran dans le cas de la lumière). On observe alors sur l'écran des franges d'interférence (des régions successives de forte et de faible amplitude d'oscillation), signature de la nature ondulatoire de la propagation (voir figure 4.6, gauche).

Il est assez facile de calculer la distance successive entre deux franges d'interférence successives. On suppose que les fentes sont séparées d'une distance a et que l'écran est à une distance D de la paroi. On définit l'axe Ox appartenant à l'écran et parallèle à la droite reliant les deux fentes, l'origine étant située symétriquement par rapport aux deux fentes. La différence de chemin optique entre deux trajectoires issues des deux fentes aboutissant à l'abscisse x sur l'écran est, dans l'approximation paraxiale :

$$\begin{aligned}\Delta\ell &= \sqrt{D^2 + \left(x + \frac{a}{2}\right)^2} - \sqrt{D^2 + \left(x - \frac{a}{2}\right)^2} \\ &\approx D\left[1 + \frac{1}{2D^2}\left(x + \frac{a}{2}\right)^2 - 1 - \frac{1}{2D^2}\left(x - \frac{a}{2}\right)^2\right] = \frac{ax}{D} \ . \end{aligned} \quad (4.28)$$

Les franges brillantes correspondent à des chemins optiques à interférences constructives, c'est-à-dire lorsque $\Delta\ell$ est un multiple de la longueur d'onde. L'intervalle Δx entre deux franges successives vérifie donc

$$\frac{a\Delta x}{D} = \lambda \qquad \text{soit} \qquad \Delta x = \frac{D\lambda}{a} \ . \quad (4.29)$$

Que se passe-t-il si l'on réalise cette expérience, non plus avec des ondes mais avec des billes macroscopiques (par exemple des billes de 1 mm de diamètre) ? Les billes sont émises par la source, traversent la paroi *via* l'une ou l'autre fente en changeant de direction de propagation à la traversée, puis viennent impacter l'écran (figure 4.6, centre). Le résultat sur l'écran est la somme des résultats des distributions d'impacts provenant de chaque fente, sans aucune interférence. L'expérience permet donc de clairement distinguer, uniquement par l'observation de l'écran, la nature des objets propagés.

Que se passe-t-il si l'on remplace ces billes par des électrons ? Dès les années 1923-27, des expériences de diffraction (d'interférence) ont été réalisées avec des électrons aux Bell Labs par Clinton Davisson et Lester Germer d'un côté, et en parallèle au laboratoire Cavendish de l'Université de Cambridge par Georges Paget Thomson (le fils de J. J. Thomson) et Alexander Reid. Les images de diffraction, analogues à celles obtenues dans des expériences de diffraction de rayons X, permettront de prouver la nature ondulatoire de l'électron, résultat qui vaudra à Davisson et Thomson de se voir décerner conjointement le prix Nobel de physique en 1937.

Si l'on effectue une expérience de fentes d'Young (ce qui a été réalisé en pratique depuis) avec des électrons, on observe un phénomène étrange : chaque électron arrive sur l'écran en un point précis, comme le ferait une bille macroscopique, mais l'endroit de l'impact semble être tiré aléatoirement. Si l'on poursuit l'expérience et que l'on accumule les arrivées de particules, on aperçoit progressivement la formation de zones où se concentrent les impacts (correspondant aux fortes amplitudes pour une onde) tandis que d'autres zones demeurent pratiquement dépourvues de tout impact (correspondant aux faibles amplitudes pour une onde). Ainsi, on retrouve une nature ondulatoire, mais de manière statistique, par accumulation d'événements individuellement aléatoires !

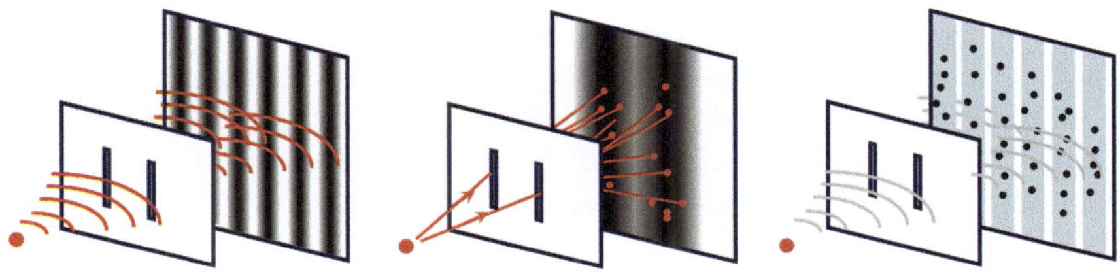

FIGURE 4.6 – Fentes d'Young. Une source émet des ondes ou des particules vers une paroi percée de deux fentes parallèles, qui les diffractent vers un écran. À gauche : des ondes classiques. Les interférences des ondes secondaires issues des fentes engendrent des franges alternées brillantes et obscures (forte et faible amplitudes). Au centre : des billes macroscopiques. Les billes voient leurs trajectoires modifiées au passage des fentes, et créent sur l'écran une distribution d'arrivée qui est la somme des distributions issues de chaque fente, sans interférence. À droite : électrons. On n'observe pas leur trajectoire, mais il y a bien un seul impact sur l'écran à chaque fois. Cependant, en accumulant les impacts, on voit se former en moyenne la figure d'interférences des ondes classiques.

Comment interpréter un tel comportement ? Si chaque électron est indépendant et que son lieu d'impact sur l'écran est tiré aléatoirement toujours avec la même loi de probabilité, alors la loi des grands nombres nous dit que la distribution d'arrivée reproduit cette loi de probabilité. Tout se passe donc comme si chaque électron « connaissait » la loi de probabilité, cette dernière contenant en elle des interférences. Chaque électron connaît donc la structure d'interférences : il porte en lui-même la connaissance permettant de réaliser la structure d'interférences (caractère ondulatoire), puis utilise cette structure pour construire une loi de probabilité qui va lui indiquer comment interagir avec le monde macroscopique (l'écran) pour se manifester finalement comme une particule (caractère corpusculaire).

4.5.2 Peut-on savoir par quelle fente passe la particule ?

La théorie quantique, développée au prochain chapitre, doit donc rendre compte de cette réalité duale : une partie ondulatoire, qui explore l'espace entier et réalise des interférences, et une partie corpusculaire qui se révèle lors de l'impact de la particule sur l'écran. Pour autant, si l'on se représente la particule comme un objet ponctuel, on peut se poser la question : par où la particule est-elle passée ?

Pour le savoir, on peut imaginer un dispositif dans lequel on va éclairer les fentes avec une lumière composée de photons, tandis qu'un observateur va tenter de regarder passer la particule (voir figure 4.7). Lorsque la particule passe dans l'une des deux fentes, elle est éclairée, ce qui signifie qu'elle rencontre un photon venant de la source lumineuse, photon qu'elle renvoie vers l'observateur. Pour que ce dispositif permette de déterminer la fente par laquelle est passée la particule, il faut que sa résolution, c'est-à-dire la longueur d'onde λ_γ du photon soit inférieure à la distance a qui sépare les fentes : $\lambda_\gamma \lesssim a$.

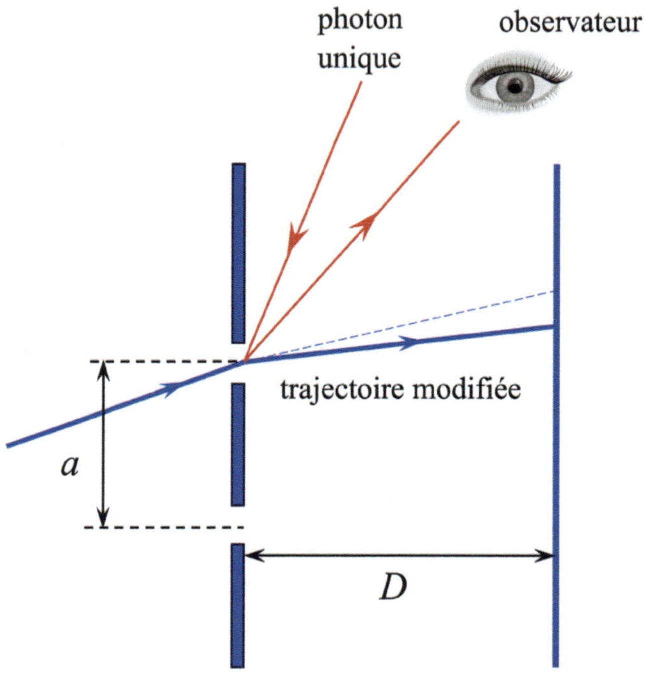

FIGURE 4.7 – Si l'on essaie de savoir par quelle fente est passée la particule, on doit envoyer un photon dont la longueur d'onde est inférieure à la distance entre les fentes. L'interaction de ce photon avec la particule vient perturber la trajectoire de cette dernière.

Or, l'interaction de la particule avec le photon induit une perturbation dans l'impulsion de la première. Cette perturbation Δp est de l'ordre de l'impulsion p_γ du photon, soit $\Delta p \simeq p_\gamma = h/\lambda_\gamma$.

Cette perturbation induit une variation $\Delta\theta$ de la trajectoire de la particule vers l'écran, variation que l'on approcher par sa tangente, toujours dans l'approximation paraxiale :

$$\Delta\theta \approx \frac{\Delta p}{p} \ , \tag{4.30}$$

et donc une incertitude sur la position d'arrivée sur l'écran :

$$\Delta x = D\,\frac{\Delta p}{p} \simeq D\,\frac{p_\gamma}{p} = \frac{D}{\lambda_\gamma}\frac{h}{p} \gtrsim \frac{D}{a}\frac{h}{p} = \frac{D\lambda}{a} \ , \tag{4.31}$$

λ étant la longueur d'onde de de Broglie associée à la particule. On retrouve dans le dernier terme exactement l'expression de la distance inter-franges des fentes d'Young pour les ondes classiques. Autrement dit, le photon utilisé pour regarder la particule, s'il est assez énergétique pour résoudre la distance entre les deux fentes, induit une perturbation qui vient détruire les franges d'interférence quantique pour ne laisser sur l'écran que la figure correspondant aux particules macroscopiques, soit la somme de deux étalements autour des positions des deux fentes. L'observation a *détruit* le phénomène quantique !

On se retrouve donc dans une situation totalement nouvelle, dans une physique qui, contrairement à la physique classique, n'autorise pas l'observation « avec une perturbation aussi petite que l'on veut ». Le processus de mesure quantique implique forcément l'intervention de l'observateur qu'il va donc falloir inclure dans la théorie que nous allons développer.

4.6 Les nouvelles échelles de la physique

Il est important de souligner que l'introduction d'une nouvelle constante universelle, h (ou $\hbar$), entraîne immédiatement la création d'un lien fondamental entre des unités qui étaient apparemment sans rapport direct. La célérité de la lumière dans le vide, c, introduite en relativité, avait établi un lien entre distance et temps qui peuvent tous deux s'exprimer dans les mêmes unités dans un système où $c = 1$. De même, la physique quantique permet d'établir un lien entre énergie et fréquence, et donc énergie et temps, et même énergie et distance *via* la relativité. Il n'existe ainsi plus qu'un choix d'unité (le temps, la distance ou l'énergie). Une fois celle-ci choisie, les autres sont définies immédiatement.

Il est ainsi possible de mesurer des quantités comme le préfacteur de l'interaction électromagnétique entre deux charges élémentaires e, soit $e^2/(4\pi\varepsilon_0)$, en unités de $\hbar c$. Cette quantité est précisément la constante de structure fine que nous avons rencontrée à l'équation (4.21). Sa valeur numérique est

$$\alpha = \frac{e^2}{4\pi\varepsilon_0\hbar c} \approx \frac{1}{137{,}036} \ . \tag{4.32}$$

Cette valeur nous indique que l'interaction électromagnétique a une intensité « relativement faible » dans les unités de la physique fondamentale. Cette propriété permettra par exemple (en dehors du cadre de cet ouvrage) d'effectuer des développements en séries en puissance de α pour calculer des probabilités d'interaction en théorie quantique des champs.

Qui plus est, si l'on adjoint à ce système la constante de la gravitation universelle, G, alors le système est complètement bouclé et on peut définir des grandeurs homogènes à une longueur, un temps ou une masse à partir des seules constantes fondamentales, appelées respectivement longueur de Planck, temps de Planck, masse de Planck et énergie de Planck :

$$\begin{cases} \ell_P = \left(\dfrac{\hbar G}{c^3}\right)^{\frac{1}{2}} & \approx 1{,}62 \times 10^{-35}\ \text{m} \ , \\ \tau_P = \left(\dfrac{\hbar G}{c^5}\right)^{\frac{1}{2}} & \approx 5{,}39 \times 10^{-44}\ \text{s} \ , \\ m_P = \left(\dfrac{\hbar c}{G}\right)^{\frac{1}{2}} & \approx 2{,}18 \times 10^{-8}\ \text{kg} \ , \\ E_P = \left(\dfrac{\hbar c^5}{G}\right)^{\frac{1}{2}} & \approx 1{,}96 \times 10^{9}\ \text{J} \ . \end{cases} \tag{4.33}$$

Il est couramment considéré que les longueur et temps de Planck représentent les échelles spatio-temporelles auxquelles la gravitation et la physique quantique doivent être traitées de manière couplée. Ces échelles sont inaccessibles expérimentalement de façon directe. Ainsi, l'énergie de Planck correspond à environ 10^{15} fois l'énergie disponible dans les collisions de protons au *Large Hadron Collider* du CERN.

En prenant un peu de recul, on réalise qu'en physique, de manière générale, seules comptent les *échelles* et les *unités*. Les échelles sont des notions relatives et font intervenir des nombres sans unité ou des nombres exprimés dans une unité fondamentale, comme l'énergie. Par exemple, dans le cas de l'écoulement d'un fluide, le nombre de Reynolds (sans dimension) indique son échelle de turbulence naturelle résultant d'une compétition entre l'inertie et la viscosité. Avec un choix d'unité convenable, toutes les grandeurs pour la description d'un problème peuvent être exprimées en unité d'énergie. Les rapports des échelles obtenues mesurent la pertinence de tel ou tel aspect pour la description du problème. Les unités sont le lien qui existe entre les échelles fondamentales et les instruments de mesure. Ce sont les unités qui lient la théorie et la réalité « physique », et qui nous permettent d'effectuer les mesures qui alimentent les idées et les modèles.

Ce sont les constantes fondamentales, actuellement c, $\hbar$ et G, qui établissent le lien entre échelles et unités. L'ensemble des constantes fondamentales utilisées pour décrire la nature correspond à un diagnostic de l'état des connaissances. Si nous devions rencontrer une civilisation extra-terrestre, l'échange des constantes fondamentales utilisées des deux côtés permettrait sans doute de comparer précisément les états d'avancement respectifs dans la compréhension de la nature.

Au cours de l'histoire de la physique, l'évolution de l'ensemble des constantes dimensionnées permet de retracer l'histoire des idées et des révolutions associées. Ainsi, selon Johannes Kepler, les orbites des planètes sont toutes liées par la formule empirique $(2\pi/T)^2a^3 = k$, où T est la période de l'orbite et a le demi grand-axe de son ellipse. La constante k peut être vue comme une constante fondamentale. Cependant, la théorie de la gravitation de Newton nous apprend que sa valeur est $k = GM$, où M est la masse du Soleil et G la constante de Newton. Un autre exemple est la constante de Stefan σ qui apparaît dans l'expression de la puissance rayonnée par une surface en fonction de sa température, indépendamment de la matière qui la constitue : $\mathcal{W} = \sigma T^4$. Cette constante aurait été considérée comme une constante universelle si la mécanique statistique n'avait pas permis de donner sa valeur en fonction de constantes « plus fondamentales », $\sigma = 2\pi^5 k_B^4/15\hbar^3c^2$, où k_B est la constante de Boltzmann. Ainsi, une révolution scientifique à venir permettra peut-être de « casser » les constantes considérées comme universelles actuellement, en faisant émerger de nouvelles constantes que nous ne sommes pas encore en mesure d'imaginer.

À retenir de ce chapitre

- À la fin du XIXe siècle, il subsiste encore beaucoup d'incohérences et de questions ouvertes sur la structure de la matière et son interaction avec la lumière : spectres des corps simples, effet photoélectrique, rayonnement du corps noir.
- En 1900 Planck introduit l'hypothèse de quantification de la lumière. Celle-ci surviendrait par paquets (les quanta ou photons) d'énergie proportionnelle à la fréquence : $E = h\nu$. La constante de proportionnalité h porte le nom de constante de Planck.
- En 1905, Einstein fait de cette hypothèse une réalité en l'utilisant pour expliquer l'effet photoélectrique. La lumière possède donc une double nature, à la fois ondulatoire et corpusculaire.
- Suite à l'expérience de Rutherford en 1911 qui met en évidence la nature discontinue de la matière, Bohr propose en 1913 son modèle planétaire de l'atome. Les électrons de l'atome d'hydrogène y occupent des orbites quantifiées d'énergies

$$E_n = -\frac{E_0}{n^2} \quad , \; n \in \mathbb{N}^\star \qquad \text{avec} \qquad E_0 = 13{,}6 \text{ eV} \; .$$

  L'orbite la plus petite a un rayon a_B qui porte le nom de rayon de Bohr et vaut environ 0,5 Å. Les deux quantités E_0 et a_B peuvent s'exprimer à partir d'une constante universelle, sans dimension, la constante de structure fine α ($\approx$ 1/137) :

$$E_0 = \frac{1}{2}\alpha^2 m_e c^2 \quad , \quad a_B = \frac{\hbar}{\alpha m_e c} \quad \text{avec} \quad \alpha = \frac{e^2}{4\pi\varepsilon_0 \hbar c} \; .$$

- En 1923, de Broglie généralise la dualité onde-corpuscule à toutes les particules, même de matière, en reliant énergie et impulsion de la particule à la fréquence et au vecteur d'onde d'une onde associée :

$$E = h\nu \qquad , \qquad \vec{p} = \hbar\vec{k} \; .$$

  La longueur d'onde de de Broglie est définie à partir de l'impulsion de la particule :

$$\lambda = \frac{h}{\|\vec{p}\|} \; .$$

- L'expérience des fentes d'Young met en évidence cette dualité : des particules de matière passant par une double fente réalisent une figure d'interférence sur l'écran, même si chaque particule ne produit qu'un impact ponctuel.

Chapitre 5

La formalisation de la physique quantique

5.1 La fonction d'onde

5.1.1 Amplitude et densité de probabilité

L'objectif de ce chapitre est de construire une théorie ondulatoire qui rende compte des propriétés du monde à l'échelle quantique telles qu'on peut les observer dans des expériences de laboratoire. L'expérience emblématique qui fondera notre démarche est celle des fentes d'Young vue au chapitre précédent, à la section 4.5. Bien évidemment, il faudra également que la théorie physique ainsi développée puisse retrouver la physique classique dans la limite des systèmes macroscopiques, ou bien lorsque la quantification (de l'énergie, du moment cinétique,...) devient invisible vis-à-vis des échelles intervenant dans le système.

De manière analogue à la théorie électromagnétique, l'élaboration d'une théorie ondulatoire va passer par la formalisation des propriétés d'un champ $\psi(\vec{r}, t)$ qui servira à décrire l'état complet d'une particule à chaque instant t. Ce champ doit permettre d'une part de réaliser des interférences, comme celles observées dans les fentes d'Young, et donc être une « amplitude » dont la nature restera à définir, mais également de rendre compte des caractéristiques physiques classiques comme la position ou l'impulsion de la particule.

Penchons-nous plus en détail sur l'expérience des fentes d'Young : nous avons vu au chapitre précédent que celle-ci fait apparaître la dualité onde-corpuscule des entités de la mécanique quantique. En particulier, même si des interférences se produisent au sein du montage expérimental, l'émission d'une particule unique se traduit *in fine* par un seul impact sur l'écran. La position de cet impact semble aléatoire, mais il est à chaque fois ponctuel. On n'observe pas d'« onde » sur l'écran. Les interférences ne se manifestent qu'à travers l'accumulation d'un très grand nombre d'impacts, de sorte que le champ $\psi(\vec{r}, t)$ doit nous servir également à construire une loi de probabilité. Cette quantité étant positive, le candidat le plus naturel est $|\psi(\vec{r}, t)|^2$, encore une fois par analogie avec la densité de puissance de l'électromagnétisme, $\left(\frac{\varepsilon_0}{2}|E|^2 + \frac{|B|^2}{2\mu_0}\right)$.

Le premier à avoir interprété de la sorte la fonction d'onde ψ et son module carré $|\psi|^2$ est Max Born, prix Nobel de physique 1954. La dualité onde-corpuscule que la théorie se doit de reproduire va donc se manifester, *via* le *même* champ, à travers deux quantités :

- $\psi(\vec{r}, t)$ sera une *amplitude de probabilité*, ou *fonction d'onde*, qui obéira à une équation d'onde linéaire et rendra compte des phénomènes d'interférences et de superpositions,

- $|\psi(\vec{r}, t)|^2$ sera une *densité de probabilité de présence* qui sera utilisée pour construire la loi de probabilité reproduisant les mesures. Son intégrale sera donc égale à 1.

Par ailleurs, et ceci est une différence notable par rapport à l'électromagnétisme, l'amplitude ψ va prendre des valeurs complexes. La notation complexe a déjà été rencontrée en électromagnétisme, mais il s'agissait plus d'une assistance au calcul permettant de manipuler sans lourdeur la phase des champs, cet artifice étant autorisé par le caractère linéaire des équations d'évolution (les équations de Maxwell). Dès que l'on souhaitait calculer des quantités non linéaires comme le vecteur de Poynting, il fallait d'ailleurs faire attention à retranscrire les champs comme des quantités réelles.

Tout au contraire, en physique quantique, le champ ψ est intrinsèquement une quantité complexe. Il est compliqué de justifier ce choix *a priori*, Schrödinger ayant développé sa théorie quantique en utilisant les complexes initialement pour des raisons pratiques. Il est évidemment possible d'éradiquer les complexes en exprimant tout en fonction de deux champs réels (partie réelle et partie imaginaire, ce que Schrödinger a tenté), mais c'est là un artifice qui tente simplement de masquer la structure profonde de la théorie.

En fait, de nombreux arguments plaident en faveur de la nécessité d'utiliser les nombres complexes pour représenter les ondes, depuis le principe d'incertitude d'Heisenberg que nous verrons dans ce chapitre à la section 5.4.3, jusqu'à l'introduction du moment cinétique intrinsèque (le spin, au chapitre 9). Plus récemment, des travaux ont montré qu'en fait, il ne semble pas possible de rendre compte de tous les aspects de la physique quantique (notamment l'intrication que nous verrons au chapitre 11) en se contentant d'une fonction d'onde réelle.

5.1.2 Le principe de superposition

La théorie que nous devons développer est une théorie ondulatoire, ce qui implique qu'elle doit obéir au *principe de superposition* : la superposition de deux ondes, chacune de ces ondes décrivant un état possible de la particule, est également une onde, donc un état de la particule. Voilà qui est spectaculaire : jamais en physique la somme de deux états d'une particule classique ne constituait un nouvel état possible ! Ainsi, en physique hamiltonienne où l'état d'une particule est la donnée de sa position et de son impulsion, notée $(\vec{r}, \vec{p})$, la notation « $(\vec{r}_1, \vec{p}_1) + (\vec{r}_2, \vec{p}_2)$ » n'aurait aucun sens pour désigner l'état d'une seule particule. En revanche, en physique quantique, si $\psi_1(\vec{r}, t)$ et $\psi_2(\vec{r}, t)$ sont deux fonctions d'onde correspondant à deux états quantiques possibles, alors l'état

$$\psi(\vec{r}, t) = \lambda_1\, \psi_1(\vec{r}, t) + \lambda_2\, \psi_2(\vec{r}, t) \tag{5.1}$$

correspond également à un état quantique possible. Bien évidemment, pour conserver la propriété de densité de probabilité vue plus haut, il faut s'assurer que la somme des probabilités soit égale à 1, et donc normaliser correctement cette combinaison linéaire. La fonction d'onde correspondant à cet état s'écrit ainsi :

$$\psi(\vec{r}, t) = \frac{1}{\|\lambda_1 \psi_1 + \lambda_2 \psi_2\|} \Big(\lambda_1\, \psi_1(\vec{r}, t) + \lambda_2\, \psi_2(\vec{r}, t)\Big) \ . \tag{5.2}$$

5.2 Mesures aléatoires et valeurs moyennes

5.2.1 La loi de probabilité de présence

Nous allons nous intéresser pour commencer à la construction de la loi de probabilité de présence et, pour simplifier les calculs, nous restreindre à une dimension (la position $\vec{r}$ devenant simplement x). Par ailleurs, nous allons nous placer à un instant donné t, que l'on enlèvera par conséquent des notations (toutes les quantités étant mesurées en ce même instant).

Toujours en reprenant l'exemple des fentes d'Young et en appelant x la coordonnée le long de l'écran, la quantité $\psi(x)$ représente donc l'amplitude de probabilité, ou bien la fonction d'onde, d'une particule arrivant sur l'écran. À partir de cette quantité, un processus va s'opérer dans lequel l'interaction de la particule avec l'écran va se traduire, sur le plan macroscopique, par une « révélation » de la particule comme un objet ponctuel en un point précis de l'écran, selon la loi de probabilité $|\psi(x)|^2$. La densité de probabilité sous-jacente n'émerge sur l'écran qu'après un grand nombre d'impacts, comme le résultat de la loi des grands nombres *via* la statistique d'arrivée des particules.

Si $|\psi(x)|^2$ représente une densité de probabilité, alors cela signifie que pour toute expérience d'envoi d'une particule à travers les fentes d'Young, la probabilité d'observer la particule au final dans une région A quelconque de l'écran vaut :

$$P(A) = \int_A |\psi(x)|^2 \, \mathrm{d}x \ . \tag{5.3}$$

La même relation implique également que si l'on prend pour A l'espace tout entier des positions d'arrivée possibles, soit $\mathbb{R}$, alors la probabilité d'observer la particule est égale à 1 :

$$P(\mathbb{R}) = \int_{\mathbb{R}} |\psi(x)|^2 \, \mathrm{d}x = 1 \ . \tag{5.4}$$

C'est là une contrainte fondamentale que l'on pose à la fonction d'onde : l'intégrale de son module carré doit constamment être égale à 1 (on dit de norme L^2 égale à 1).

Si l'on poursuit le raisonnement, alors la moyenne des mesures de positions d'arrivée, effectuée sur un très grand nombre d'envois de particules, doit converger vers la moyenne de la loi de probabilité :

$$\langle x \rangle = \int_{\mathbb{R}} x \, |\psi(x)|^2 \, \mathrm{d}x \ . \tag{5.5}$$

Plus généralement, ceci est vrai pour tous les moments $\{M_n(X)\}_{n\in\mathbb{N}}$ de la loi de probabilité de présence (le « X » faisant référence à la position) :

$$\forall n \in \mathbb{N}\,, \quad M_n(X) = \langle x^n \rangle = \int_{\mathbb{R}} x^n \, |\psi(x)|^2 \, \mathrm{d}x \ . \tag{5.6}$$

On peut remarquer dès maintenant une propriété que l'on généralisera plus tard, à savoir que tous ces moments peuvent s'écrire comme des produits hermitiens, le produit hermitien entre deux fonctions complexes ψ_1 et ψ_2 définies sur $\mathbb{R}$ étant défini par :

$$\langle \psi_1, \psi_2 \rangle = \int_{\mathbb{R}} \psi_1^*(x) \, \psi_2(x) \, \mathrm{d}x \ . \tag{5.7}$$

Plus précisément, $M_n(X)$ peut s'écrire comme le produit hermitien entre la fonction ψ et la fonction $x^n\psi$:

$$M_n(X) = \int_{\mathbb{R}} x^n \, |\psi(x)|^2 \, \mathrm{d}x = \int_{\mathbb{R}} \psi^*(x) \, x^n \, \psi(x) \, \mathrm{d}x = \langle \psi, x^n \psi \rangle \ . \tag{5.8}$$

Par ailleurs, la fonction $x\psi$ peut elle-même être vue comme l'image de la fonction ψ par un opérateur linéaire sur l'espace des fonctions, opérateur que l'on nommera $\hat{x}$ et qui à ψ associe la fonction $x\psi$:

$$\hat{x} \ : \psi \longmapsto x\,\psi \ . \tag{5.9}$$

La fonction $x^n \psi$ est alors le résultat de n applications successives de l'opérateur $\hat{x}$ à ψ. On peut donc écrire $\hat{x}^n \psi = x^n \psi$. Il faut insister ici sur le fait que, dans cette équation, le membre de gauche est le résultat de l'action de n fois l'opérateur $\hat{x}$ sur ψ, tandis que le membre de droite est simplement une fonction, vue comme un vecteur dans l'espace vectoriel des fonctions complexes sur $\mathbb{R}$.

On peut remarquer en outre que l'opérateur $\hat{x}$ est un opérateur hermitien, à savoir qu'il vérifie :

$$\forall(\psi_1, \psi_2) \qquad \langle \psi_1, \hat{x}\,\psi_2\rangle = \langle \hat{x}\,\psi_1, \psi_2\rangle \quad , \tag{5.10}$$

car x est réel. En effet :

$$\begin{aligned} \langle \psi_1, \hat{x}\,\psi_2\rangle &= \int_{\mathbb{R}} \psi_1^*(x)\ (x\,\psi_2(x))\ \mathrm{d}x \\ &= \int_{\mathbb{R}} (x\,\psi_1(x))^*\ \psi_2(x)\,\mathrm{d}x = \langle \hat{x}\,\psi_1, \psi_2\rangle \quad . \end{aligned} \tag{5.11}$$

En résumé, tous les moments de la loi de probabilité de présence de la particule (sur l'écran) peuvent s'obtenir comme des produits hermitiens faisant intervenir ψ et l'opérateur $\hat{x}$, sous la forme :

$$\forall n \in \mathbb{N}\,, \quad M_n = \langle x^n\rangle = \langle \psi, \hat{x}^n \psi\rangle \quad . \tag{5.12}$$

5.2.2 La loi de probabilité en impulsion

La physique classique, telle que proposée par Newton, nous explique que pour décrire l'évolution à venir d'une particule, il faut la donnée initiale de sa position et de son impulsion, ces deux quantités étant deux variables distinctes et indépendantes. Cette contrainte, au cœur de la description lagrangienne et hamiltonienne de la physique classique, nous incite à poser la question suivante en physique quantique : est-il possible de décrire ou de calculer l'impulsion d'une particule à partir de ψ ? L'impulsion étant reliée traditionnellement à la vitesse de la particule, on serait tenté de regarder du côté de la dérivée temporelle de la fonction d'onde. Ce serait pourtant oublier que la particule est ici décrite par une onde et que, pour calculer l'impulsion portée par une onde, il n'est nul besoin de faire appel à une dérivée en temps.

En effet, une onde électromagnétique plane dans le vide dont l'amplitude est $e^{i(\vec{k}\cdot\vec{r}-\omega t)}$ porte une impulsion qui est directement proportionnelle à son vecteur d'onde $\vec{k}$, impulsion dont la norme est directement proportionnelle à l'énergie dans le cas de photons qui sont des particules relativistes de masse nulle (voir section 3.2.1). En physique quantique, on retrouve dans les relations de de Broglie ce lien entre l'impulsion $\vec{p}$ de la particule et le vecteur d'onde $\vec{k}$ de l'onde associée : $\vec{p} = \hbar\vec{k}$.

Pour évaluer l'impulsion d'une particule, il suffit alors de regarder la décomposition en ondes planes de la partie spatiale de la fonction d'onde. Une telle décomposition correspond mathématiquement à la transformée de Fourier $\widetilde{\psi}$ de la fonction d'onde ψ (voir annexe E) :

$$\psi\,(\vec{r}) = \frac{1}{(2\pi)^{3/2}} \iiint_{\mathbb{R}^3} e^{i\vec{k}\cdot\vec{r}}\, \widetilde{\psi}(\vec{k})\, \mathrm{d}^3k \tag{5.13}$$

$$\text{avec} \quad \widetilde{\psi}(\vec{k}) = \frac{1}{(2\pi)^{3/2}} \iiint_{\mathbb{R}^3} e^{-i\vec{k}\cdot\vec{r}}\, \psi(\vec{r})\, \mathrm{d}^3r \ . \tag{5.14}$$

En revenant à une seule dimension, on a donc :

$$\psi(x) = \frac{1}{\sqrt{2\pi}} \int_{\mathbb{R}} e^{ikx}\, \widetilde{\psi}(k)\, \mathrm{d}k \quad \text{et} \quad \widetilde{\psi}(k) = \frac{1}{\sqrt{2\pi}} \int_{\mathbb{R}} e^{-ikx}\, \psi(x)\, \mathrm{d}x \ . \tag{5.15}$$

La transformée de Fourier est une transformation unitaire (qui conserve donc le produit hermitien et la norme, voir annexe E). Par conséquent :

$$\int_{\mathbb{R}} \left|\widetilde{\psi}(k)\right|^2 \mathrm{d}k = \int_{\mathbb{R}} |\psi(x)|^2\, \mathrm{d}x = 1 \ . \tag{5.16}$$

Ainsi, les $\left\{\widetilde{\psi}(k)\right\}_k$ sont-ils les coefficients de la décomposition de ψ sur des ondes planes spatiales, tandis que $\left|\widetilde{\psi}(k)\right|^2$ peut être vue comme une distribution de probabilité dans l'espace des vecteurs d'onde k. On peut alors utiliser cette *densité de probabilité en vecteur d'onde* exactement de la même manière que la densité de probabilité de présence. La moyenne du vecteur d'onde de la particule (obtenue expérimentalement en faisant la moyenne d'un très grand nombre de résultats de mesures individuelles), et la moyenne de l'impulsion s'obtiennent donc par :

$$\langle k\rangle = \int_{\mathbb{R}} k \left|\widetilde{\psi}(k)\right|^2 \mathrm{d}k \qquad \text{et} \qquad \langle p\rangle = \hbar\,\langle k\rangle \ , \tag{5.17}$$

et plus généralement le n-ième moment de la loi de probabilité en vecteur d'onde, que l'on notera $M_n(K)$, s'obtient par :

$$M_n(K) = \langle k^n\rangle = \int_{\mathbb{R}} k^n \left|\widetilde{\psi}(k)\right|^2 \mathrm{d}k \ . \tag{5.18}$$

La quantité physique mesurée étant l'impulsion, on peut passer aisément des moments de k aux moments de p en multipliant les premiers par $\hbar^n$. On peut également directement définir une *amplitude de probabilité d'impulsion* $\varphi(p) = \widetilde{\psi}(k)/\sqrt{\hbar}$, la densité correspondante étant $|\varphi(p)|^2 = \left|\widetilde{\psi}(k)\right|^2/\hbar$. On a alors :

$$\int_{\mathbb{R}} |\varphi(p)|^2 \,\mathrm{d}p = \int_{\mathbb{R}} \frac{1}{\hbar} \left|\widetilde{\psi}(k)\right|^2 \hbar \,\mathrm{d}k = 1 \ , \tag{5.19}$$

$$\varphi(p) = \frac{1}{\sqrt{2\pi\hbar}} \int_{\mathbb{R}} e^{-i\frac{px}{\hbar}} \psi(x) \,\mathrm{d}x \quad , \quad \psi(x) = \frac{1}{\sqrt{2\pi\hbar}} \int_{\mathbb{R}} e^{i\frac{px}{\hbar}} \varphi(p) \,\mathrm{d}p \ . \tag{5.20}$$

En dimension 3, ces relations se généralisent en prenant $\varphi(\vec{p}) = \widetilde{\psi}(\vec{k})/\hbar^{3/2}$:

$$\varphi(\vec{p}) = \frac{1}{(2\pi\hbar)^{3/2}} \iiint_{\mathbb{R}^3} e^{-i\frac{\vec{p}\cdot\vec{x}}{\hbar}} \psi(\vec{x}) \,\mathrm{d}^3x \ , \tag{5.21}$$

$$\psi(\vec{x}) = \frac{1}{(2\pi\hbar)^{3/2}} \iiint_{\mathbb{R}^3} e^{i\frac{\vec{p}\cdot\vec{x}}{\hbar}} \varphi(\vec{p}) \,\mathrm{d}^3p \ . \tag{5.22}$$

On voit ainsi que tous les moments de la loi de probabilité de k peuvent se mettre sous la forme :

$$M_n(K) = \langle k^n \rangle = \int_{\mathbb{R}} k^n \left|\widetilde{\psi}(k)\right|^2 \mathrm{d}k = \left\langle \widetilde{\psi}, k^n \widetilde{\psi} \right\rangle \ . \tag{5.23}$$

La question que l'on va se poser maintenant est la suivante : **est-il possible de réexprimer tous les moments de la loi de probabilité en k (et donc en p) en faisant explicitement intervenir ψ et non plus sa transformée de Fourier $\widetilde{\psi}$?**

La réponse est positive et pour le mettre en évidence, il faut utiliser la propriété d'unitarité de la transformée de Fourier, à savoir la conservation du produit hermitien. Ainsi, si deux fonctions ψ_1 et ψ_2 ont pour transformées de Fourier respectives $\widetilde{\psi}_1$ et $\widetilde{\psi}_2$, alors $\langle \psi_1, \psi_2 \rangle = \left\langle \widetilde{\psi}_1, \widetilde{\psi}_2 \right\rangle$. En reprenant l'expression de $M_n(K)$ trouvée à l'équation (5.23), il faut alors se demander quelle fonction de x aurait pour transformée de Fourier $k^n \widetilde{\psi}(k)$. La réponse fait intervenir la dérivée n-ième de ψ. En effet, la transformée de Fourier de la dérivée de ψ s'écrit :

$$\widetilde{\psi'}(k) = \frac{1}{\sqrt{2\pi}} \int_{\mathbb{R}} e^{-ikx} \psi'(x) \,\mathrm{d}x \ . \tag{5.24}$$

Une intégration par parties ne fait apparaître aucun terme de bord car l'on suppose la fonction d'onde et toutes ses dérivées s'annulant à l'infini. Par conséquent, la transformée de Fourier de ψ' s'écrit :

$$\widetilde{\psi'}(k) = -\frac{1}{\sqrt{2\pi}} \int_{\mathbb{R}} (-ik)\, e^{-ikx} \psi(x) \,\mathrm{d}x = ik\, \widetilde{\psi}(k) \ . \tag{5.25}$$

Il en découle immédiatement que la transformée de Fourier de la dérivée n-ième de ψ est :

$$\widetilde{\psi^{(n)}}(k) = (ik)^n\,\widetilde{\psi}(k)\ . \tag{5.26}$$

Ainsi, la fonction $k^n\widetilde{\psi}$ est la transformée de Fourier de $\psi^{(n)}(x)/i^n$, qui peut aussi être vue comme le résultat de n applications successives de l'opérateur $1/i\,(\mathrm{d}/\mathrm{d}x)$ à la fonction ψ, opérateur que l'on va appeler de façon naturelle $\hat{k}$ car il permet de calculer les moments de la loi de probabilité de k. Ainsi :

$$\hat{k} : \psi \longmapsto \frac{1}{i}\frac{\mathrm{d}\psi}{\mathrm{d}x} \qquad \text{et} \qquad M_n(K) = \left\langle \widetilde{\psi}, k^n\widetilde{\psi}\right\rangle = \left\langle \psi, (\hat{k})^n\,\psi\right\rangle\ . \tag{5.27}$$

Il est facile de voir que cet opérateur $\hat{k}$ est hermitien par simple intégration par parties dans l'espace direct (les termes de bord disparaissant car la fonction d'onde et ses dérivées s'annulent à l'infini) :

$$\begin{aligned}\left\langle \psi_1, \hat{k}\psi_2\right\rangle &= \int_{\mathbb{R}} \psi_1^*(x)\frac{1}{i}\frac{\mathrm{d}\psi_2}{\mathrm{d}x}(x)\,\mathrm{d}x = -\frac{1}{i}\int_{\mathbb{R}} \frac{\mathrm{d}\psi_1^*}{\mathrm{d}x}(x)\psi_2(x)\,\mathrm{d}x \\ &= \int_{\mathbb{R}} \left(\frac{1}{i}\frac{\mathrm{d}\psi_1}{\mathrm{d}x}(x)\right)^*\psi_2(x)\,\mathrm{d}x = \left\langle \hat{k}\psi_1, \psi_2\right\rangle\ ,\end{aligned} \tag{5.28}$$

ou encore, plus simplement car il s'agit d'une multiplication par k dans l'espace des k :

$$\begin{aligned}\left\langle \psi_1, \hat{k}\psi_2\right\rangle &= \left\langle \widetilde{\psi_1}, k\widetilde{\psi_2}\right\rangle = \int_{\mathbb{R}} \widetilde{\psi_1}^*(k)\,k\,\widetilde{\psi_2}(k)\,\mathrm{d}k \\ &= \int_{\mathbb{R}} \left(k\,\widetilde{\psi_1}(k)\right)^*\widetilde{\psi_2}(k)\,\mathrm{d}k = \left\langle \hat{k}\psi_1, \psi_2\right\rangle\ .\end{aligned} \tag{5.29}$$

Il est immédiat de déduire de ce calcul l'opérateur $\hat{p}$ associé à l'impulsion en utilisant la relation de de Broglie $p = \hbar k$:

$$\hat{p} : \psi \longmapsto \frac{\hbar}{i}\frac{d\psi}{dx} \qquad \text{et} \qquad M_n(P) = \left\langle \widetilde{\psi}, \hbar^n k^n\widetilde{\psi}\right\rangle = \left\langle \psi, (\hbar\hat{k})^n\,\psi\right\rangle\ . \tag{5.30}$$

Revenant à l'opérateur $\hat{x}$, on peut remarquer qu'il peut s'écrire en représentation k sous la forme :

$$\hat{x} : \widetilde{\psi} \longmapsto i\frac{\mathrm{d}\widetilde{\psi}}{\mathrm{d}k}\ . \tag{5.31}$$

Il y a ici confusion volontaire de notation entre l'opérateur agissant sur la fonction d'onde ψ et celui agissant sur sa transformée de Fourier $\widetilde{\psi}$ car, en fait, ces deux opérateurs effectuent la même opération, l'un dans l'espace direct des « x » et l'autre dans l'espace dual des « k ». Cela revient à donner le même nom à un opérateur indépendamment de la base dans laquelle il est exprimé.

La généralisation à trois dimensions des relations précédentes est également immédiate. Dans l'espace direct, les opérateurs position et impulsion s'écrivent de la manière suivante :

$$\hat{x} : \psi \longmapsto x\,\psi \quad , \quad \hat{y} : \psi \longmapsto y\,\psi \quad , \quad \hat{z} : \psi \longmapsto z\,\psi \tag{5.32}$$

$$\hat{p_x} : \psi \longmapsto \frac{\hbar}{i}\frac{\partial\psi}{\partial x} \quad , \quad \hat{p_y} : \psi \longmapsto \frac{\hbar}{i}\frac{\partial\psi}{\partial y} \quad , \quad \hat{p_z} : \psi \longmapsto \frac{\hbar}{i}\frac{\partial\psi}{\partial z} \ . \tag{5.33}$$

Dans l'espace des vecteurs d'onde, ces mêmes opérateurs s'écrivent :

$$\hat{x} : \widetilde{\psi} \longmapsto i\frac{\partial\widetilde{\psi}}{\partial k_x} \quad , \quad \hat{y} : \widetilde{\psi} \longmapsto i\frac{\partial\widetilde{\psi}}{\partial k_y} \quad , \quad \hat{z} : \widetilde{\psi} \longmapsto i\frac{\partial\widetilde{\psi}}{\partial k_z} \tag{5.34}$$

$$\hat{p_x} : \widetilde{\psi} \longmapsto \hbar k_x\widetilde{\psi} \quad , \quad \hat{p_y} : \widetilde{\psi} \longmapsto \hbar k_y\widetilde{\psi} \quad , \quad \hat{p_z} : \widetilde{\psi} \longmapsto \hbar k_z\widetilde{\psi} \ . \tag{5.35}$$

On peut résumer tous ces opérateurs en quatre notations vectorielles, deux agissant sur la fonction d'onde et deux agissant sur sa transformée de Fourier :

$$\hat{\vec{r}} : \psi \longmapsto \vec{r}\,\psi \quad , \quad \hat{\vec{p}} : \psi \longmapsto \frac{\hbar}{i}\frac{\partial\psi}{\partial\vec{r}} \ , \tag{5.36}$$

$$\hat{\vec{r}} : \widetilde{\psi} \longmapsto i\frac{\partial\widetilde{\psi}}{\partial\vec{k}} \quad , \quad \hat{\vec{p}} : \widetilde{\psi} \longmapsto \hbar\vec{k}\,\widetilde{\psi} \ . \tag{5.37}$$

Au lieu d'opérer sur l'amplitude de probabilité en $\vec{k}$, on peut également définir les opérateurs opérant sur l'amplitude de probabilité en $\vec{p}$, $\varphi(\vec{p})$:

$$\hat{\vec{r}} : \varphi \longmapsto i\hbar\frac{\partial\varphi}{\partial\vec{p}} \quad , \quad \hat{\vec{p}} : \varphi \longmapsto \vec{p}\,\varphi \ . \tag{5.38}$$

5.2.3 Construire la loi de probabilité d'une quantité mesurable

Supposons maintenant que l'on veuille construire la loi de probabilité correspondant, non pas à la mesure de la position x, mais à celle d'une fonction de la position, $f(x)$. Si la densité de probabilité de présence est $|\psi(x)|^2$, alors il est clair que la moyenne d'une mesure de $f(x)$ correspondra à :

$$\langle f(x)\rangle = \int_{\mathbb{R}} f(x)\,|\psi(x)|^2\,\mathrm{d}x \ . \tag{5.39}$$

et de même pour tous les moments de la mesure de f :

$$M_n(f(X)) = \langle f^n(x)\rangle = \int_{\mathbb{R}} f^n(x)\,|\psi(x)|^2\,\mathrm{d}x \ . \tag{5.40}$$

Là encore, on peut réécrire ces moments sous la forme $\left\langle \psi, \hat{f^n}\psi \right\rangle$ en faisant intervenir l'opérateur $\hat{f}$ qui à ψ associe la fonction $(f\psi)$ définie par $(f\psi)(x) = f(x)\,\psi(x)$:

$$\hat{f} : \psi \longmapsto f\,\psi \ . \tag{5.41}$$

Il en va évidemment de même pour la mesure de toute fonction $g(k)$ dont on peut calculer les moments $M_n(g(K))$ dans l'espace des k :

$$M_n(g(K)) = \left\langle \widetilde{\psi}, g(k)^n \widetilde{\psi} \right\rangle = \int_{\mathbb{R}} g(k)^n \left| \widetilde{\psi}(k) \right|^2 \mathrm{d}k \ . \tag{5.42}$$

On repasse alors à l'espace direct (des « x ») par unitarité de la transformée de Fourier, la multiplication par la fonction $g(k)^n$ se transformant en l'application de l'opérateur $g(\hat{k})^n$ (on peut s'en convaincre en le vérifiant pour commencer lorsque g est un monôme, puis un polynôme, puis une série entière) :

$$M_n(g(K)) = \left\langle \psi, g(\hat{k})^n \psi \right\rangle \ . \tag{5.43}$$

On peut ainsi construire les lois de probabilités associées à la mesure de toute fonction de x ou de k, ou encore à toute somme de telles fonctions, par le biais de leurs moments.

Ce principe est de fait généralisable sous la forme suivante : à toute quantité mesurable O, appelée en physique quantique *observable*, on peut associer un opérateur hermitien $\hat{O}$ agissant sur l'espace des fonctions d'onde. Cet opérateur hermitien permet de construire la loi de probabilité correspondant à la mesure de O lorsque le système est dans l'état ψ. La mesure n'est donc plus un acte déterministe (sauf dans certains cas particuliers que nous allons déterminer), mais un processus aléatoire dont la loi de probabilité est entièrement déterminée par ses moments :

$$\forall n \in \mathbb{N}, \quad M_n(O) = \left\langle \psi, \hat{O}^n \, \psi \right\rangle \ . \tag{5.44}$$

En particulier :

- Le moment d'ordre 0 est toujours égal à 1 (ce qui revient à dire que la loi de probabilité est bien normalisée).

- Le moment d'ordre 1 (la moyenne d'une grande série de mesures, toutes effectuées avec la particule dans l'état ψ) est égal à :

$$M_1(O) = \left\langle \psi, \hat{O} \, \psi \right\rangle \ . \tag{5.45}$$

- Le moment d'ordre 2 permet de déterminer (avec la moyenne) l'écart-type ΔO associé à la mesure, c'est-à-dire les fluctuations typiques sur une grande série de mesures :

$$\begin{aligned} (\Delta O)^2 &= \langle O^2 \rangle - \langle O \rangle^2 = M_2(O) - M_1(O)^2 \\ &= \left\langle \psi, \hat{O}^2 \psi \right\rangle - \left\langle \psi, \hat{O} \psi \right\rangle^2 \ . \end{aligned} \tag{5.46}$$

5.2.4 L'exemple de l'opérateur « énergie cinétique »

Pour terminer cette partie, on peut construire à titre d'exemple (et parce qu'il nous sera utile dans la suite du cours) l'opérateur associé à l'observable « énergie cinétique » pour une particule de masse m. Par la physique hamiltonienne, on sait que $E_c = p^2/2m$. De par les relations de de Broglie, on a également $\vec{p} = \hbar\vec{k}$ ce qui associe naturellement l'énergie cinétique à l'opérateur $\hat{T}$ défini par :

$$E = \frac{p^2}{2m} = \frac{\hbar^2 k^2}{2m} = \frac{\hbar^2(k_x^2 + k_y^2 + k_z^2)}{2m} \quad \Rightarrow \hat{T} = \frac{\hbar^2(\hat{k}_x^2 + \hat{k}_y^2 + \hat{k}_z^2)}{2m} \ . \tag{5.47}$$

Si l'état quantique est représenté par sa fonction d'onde $\psi(\vec{r})$ alors, en utilisant (5.34), l'opérateur $\hat{T}$ s'écrit :

$$\begin{aligned} \hat{T}\psi &= \frac{\hbar^2}{2m}\left(\hat{k}_x^2 + \hat{k}_y^2 + \hat{k}_z^2\right)\psi = -\frac{\hbar^2}{2m}\left(\frac{\partial^2\psi}{\partial x^2} + \frac{\partial^2\psi}{\partial y^2} + \frac{\partial^2\psi}{\partial z^2}\right)\psi \\ &= -\frac{\hbar^2}{2m}\Delta\psi \qquad \text{d'où} \quad \hat{T} = -\frac{\hbar^2}{2m}\Delta \ , \end{aligned} \tag{5.48}$$

où Δ désigne le laplacien (à ne pas confondre avec le Δ de l'écart-type qui indique simplement la fluctuation d'une quantité). Cette expression est celle de l'opérateur « énergie cinétique » appliqué à une fonction d'onde. On peut donc maintenant l'utiliser pour calculer la moyenne de l'énergie cinétique pour une fonction d'onde $\psi(\vec{r})$:

$$\begin{aligned} \langle T \rangle = \left\langle \psi, \hat{T}\psi \right\rangle &= -\frac{\hbar^2}{2m}\iiint_{\mathbb{R}^3} \psi^*(\vec{r})\Delta\psi(\vec{r})\,\mathrm{d}^3r \\ &= \frac{\hbar^2}{2m}\iiint_{\mathbb{R}^3} \left|\vec{\nabla}\psi(\vec{r})\right|^2 \mathrm{d}^3r \ , \end{aligned} \tag{5.49}$$

cette dernière expression étant obtenue au moyen d'une intégration par parties. Le terme $\hbar^2\left|\vec{\nabla}\psi(\vec{r})\right|^2/2m$ apparaît ainsi comme une *densité spatiale d'énergie cinétique* de l'état ψ.

5.2.5 L'hamiltonien quantique

En physique lagrangienne et hamiltonienne, l'évolution dans le temps est naturellement associée à l'énergie qui est la quantité conservée correspondant à l'invariance des lois physiques par translation dans le temps. Par ailleurs, en physique classique, l'hamiltonien d'un système est une fonction des variables « position » et « impulsion » gouvernant l'évolution de n'importe quel état initial *via* les équations de Hamilton-Jacobi (1.49).

En mécanique quantique, on va donc s'intéresser à l'opérateur associé à l'observable « énergie », en prenant ici pour cas particulier la particule de masse m

dans un champ de potentiel $V(\vec{r})$ indépendant du temps. L'opérateur associé à son énergie est donc la somme des opérateurs « énergie cinétique » et « énergie potentielle ». C'est l'*hamiltonien quantique*, noté très souvent $\hat{H}$:

$$\hat{H} = \frac{\hat{p}^2}{2m} + \hat{V} \tag{5.50}$$

Appliqué à une fonction d'onde ψ, cet opérateur s'écrit

$$\hat{H}\psi = \left(\frac{\hat{p}^2}{2m} + \hat{V}\right)\psi = -\frac{\hbar^2}{2m}\Delta\psi + V\psi \ , \tag{5.51}$$

la dernière expression correspondant à l'opérateur en représentation « x ». Cette dernière permet, par exemple, de calculer l'énergie moyenne d'une particule dans un état représenté par une fonction d'onde $\psi(\vec{r})$:

$$\langle E\rangle = \langle\psi|\hat{H}|\psi\rangle = \frac{\hbar^2}{2m}\iiint_{\mathbb{R}^3}\left|\vec{\nabla}\psi(\vec{r})\right|^2 \mathrm{d}^3r + \iiint_{\mathbb{R}^3} V(\vec{r})\,|\psi(\vec{r})|^2\,\mathrm{d}^3r \ . \tag{5.52}$$

Cet hamiltonien va jouer un rôle majeur dans toute la physique quantique car, à l'instar des équations de Hamilton-Jacobi pour la physique classique, il va être au cœur de l'équation fondamentale de la physique quantique, l'équation d'évolution qui porte le nom d'équation de Schrödinger et que nous verrons au chapitre suivant. Pour autant, il est utilisé comme tout opérateur associé à une observable. Ainsi, l'écart-type ΔE des mesures de l'énergie d'une particule se trouvant dans l'état $|\psi\rangle$ s'obtient par :

$$(\Delta E)^2 = \langle\psi|\hat{H}^2|\psi\rangle - \langle\psi|\hat{H}|\psi\rangle^2 \ . \tag{5.53}$$

5.3 Mesures exactes et lois de probabilités

5.3.1 Mesure certaine

Considérons une observable A (la position, l'impulsion, l'énergie, ...) à laquelle est associé un opérateur hermitien $\hat{A}$. Nous venons de voir que cet opérateur permet de déterminer tous les moments de sa loi de probabilité et, en particulier, l'écart-type ΔA qui traduit la dispersion d'une grande série de mesures. Cette dispersion est caractéristique de la perte du déterminisme classique qui s'opère en physique quantique au moment de la mesure. On peut néanmoins se demander s'il existe un (ou plusieurs) état ψ pour lequel la mesure serait certaine, c'est-à-dire un état pour lequel $\Delta A = 0$ (sachant que cet écart-type dépend de ψ). Or l'annulation de ΔA implique, d'après (5.46) :

$$\left\langle\psi, \hat{A}^2\psi\right\rangle = \left\langle\psi, \hat{A}\psi\right\rangle^2 \ . \tag{5.54}$$

On utilise alors le caractère hermitien de l'opérateur $\hat{A}$ dans le membre de gauche pour faire apparaître la norme de $\hat{A}\psi$, ainsi que la normalisation de l'état quantique ψ qui satisfait donc $\|\psi\| = 1$:

$$\left\langle \psi, \hat{A}^2\psi \right\rangle = \left\langle \hat{A}\psi, \hat{A}\psi \right\rangle = \left\| \hat{A}\psi \right\|^2 = \|\psi\|^2 \left\| \hat{A}\psi \right\|^2 . \tag{5.55}$$

L'annulation de ΔA se traduit donc par $\|\psi\| \times \left\| \hat{A}\psi \right\| = \left| \left\langle \psi, \hat{A}\psi \right\rangle \right|$. On reconnaît ici la situation d'égalité dans l'inégalité de Cauchy-Schwarz. Celle-ci ne se produit que si les deux vecteurs sont colinéaires. Cela signifie donc qu'il doit exister un nombre λ (*a priori* complexe) tel que :

$$\hat{A}\psi = \lambda\psi . \tag{5.56}$$

L'état quantique ψ doit donc être un vecteur propre de $\hat{A}$ et λ une valeur propre du même opérateur. L'opérateur $\hat{A}$ étant hermitien, λ est en fait réelle. À l'inverse, si ψ est un vecteur propre de $\hat{A}$, il est immédiat de constater que $\Delta A = 0$. La valeur moyenne de A mesurée si la particule est dans l'état ψ est alors $\left\langle \psi, \hat{A}\psi \right\rangle = \lambda \langle \psi, \psi \rangle = \lambda$. Ceci signifie que toute mesure de A dans l'état ψ donne comme résultat λ de manière certaine.

5.3.2 La mesure quantique

Maintenant que l'on voit le rôle spécifique joué par les vecteurs propres de l'opérateur $\hat{A}$ dans la mesure de l'observable A, on peut comprendre quelle mesure de probabilité est construite, de manière générale, lorsque l'on mesure une observable A alors que la particule est dans un état quantique ψ qui **n'est pas** un vecteur propre de $\hat{A}$.

On sait déjà que l'opérateur $\hat{A}$ est hermitien. Par conséquent, il possède une base orthonormée de vecteurs propres associés à des valeurs propres $\{a_i\}$ (voir annexe D). À chaque valeur propre a_i correspond un sous-espace propre, et on appelle les vecteurs propres correspondants $\{e_{i,k}\}$, l'indice k parcourant l'espace propre. On peut donc décomposer l'état ψ sur ces vecteurs propres sous la forme :

$$\psi = \sum_{i,k} c_{i,k}\, e_{i,k} \qquad \text{avec} \qquad \sum_{i,k} |c_{i,k}|^2 = 1 , \tag{5.57}$$

les coefficients $c_{i,k}$ étant des nombres complexes et l'état ψ étant normalisé. Que donnent dans ce cas les moments $M_n(A)$ de la loi de probabilité correspondant à la mesure de A dans l'état ψ ? On peut les calculer exactement en utilisant la décomposition de ψ sur la base des vecteurs propres de $\hat{A}$, comme cela est fait explicitement ci-dessous :

$$\begin{aligned}\left\langle\psi,\hat{A}^n\psi\right\rangle &= \left\langle\sum_{i,k}c_{i,k}\,e_{i,k},\hat{A}^n\left(\sum_{j,\ell}c_{j,\ell}\,e_{j,\ell}\right)\right\rangle = \sum_{i,k}\sum_{j,\ell}c_{i,k}^*c_{j,\ell}\left\langle e_{i,k},\hat{A}^n e_{j,\ell}\right\rangle \\ &= \sum_{i,k}\sum_{j,\ell}c_{i,k}^*c_{j,\ell}a_j^n\left\langle e_{i,k},e_{j,\ell}\right\rangle = \sum_{i,k}\sum_{j,\ell}c_{i,k}^*c_{j,\ell}\,a_j^n\,\delta_{i,j}\delta_{k,\ell} \\ &= \sum_{i,k}\left|c_{i,k}\right|^2a_i^n\ . \end{aligned} \tag{5.58}$$

Nous avons déterminé tous les moments de la loi de probabilité, il ne reste plus qu'à en déduire la loi elle-même. Deux solutions sont possibles. Soit remonter à la loi de probabilité *via* sa fonction caractéristique (voir annexe C.1), soit deviner la loi directement en passant par une étape intermédiaire, à savoir déterminer quelle loi a pour moments les $\{a^n\}$, a étant un réel donné. Nous allons commencer par la deuxième méthode. Il est en effet immédiat d'observer que, si une loi de probabilité est concentrée en un seul point a, autrement dit si sa mesure correspondante est une distribution de Dirac δ_a, alors tous ses moments sont donnés par $\{a^n\}_{n\in\mathbb{N}}$ (voir annexe F) :

$$M_n = \int_{\mathbb{R}} x^n\,\delta_a(x) = a^n\ . \tag{5.59}$$

Les moments dépendant linéairement de la loi de probabilité, la loi qui a pour moments $\{\sum_{i,k}\left|c_{i,k}\right|^2a_i^n\}_{n\in\mathbb{N}}$ a donc pour mesure f_A la combinaison linéaire :

$$f_A(x) = \sum_{i,k}\left|c_{i,k}\right|^2\delta_{a_i}(x)\ . \tag{5.60}$$

On peut retrouver ce résultat en passant directement par la fonction caractéristique F_A de la loi de probabilité :

$$\begin{aligned}F_A(\omega) = \left\langle e^{i\omega x}\right\rangle &= \sum_{n=0}^{+\infty}\frac{i^nM_n}{n!}\,\omega^n = \sum_{n=0}^{+\infty}\frac{(i\omega)^n}{n!}\left(\sum_{i,k}\left|c_{i,k}\right|^2a_i^n\right) \\ &= \sum_{i,k}\left|c_{i,k}\right|^2\sum_{n=0}^{+\infty}\frac{(i\omega)^na_i^n}{n!} = \sum_{i,k}\left|c_{i,k}\right|^2e^{i\omega a_i}\ . \end{aligned} \tag{5.61}$$

Or cette fonction caractéristique est bien celle de la mesure trouvée en (5.60).

Ce calcul nous montre quel est le résultat de la mesure quantique : la loi de probabilité est portée **exclusivement** sur les valeurs propres de l'opérateur associée à l'observable mesurée. Autrement dit, **on ne peut obtenir comme**

résultat de mesure que l'une des valeurs propres de $\hat{A}$. C'est une propriété fondamentale, et elle est indépendante de l'état ψ de la particule mesurée. En revanche, les poids attribués aux diverses valeurs $\{a_i\}$ sont les $(\sum_k |c_{i,k}|^2)$, soit pour chaque valeur propre a_i la norme carrée de la projection de ψ sur le sous-espace propre de $\hat{A}$ (pas forcément de dimension 1) associé à a_i. La somme de ces poids est égale à 1 en raison de la normalisation de l'état ψ.

Que se passe-t-il une fois la mesure effectuée ? Encore une fois, nous pouvons reprendre l'exemple des fentes d'Young pour le comprendre. La particule arrive sur l'écran dans un état quantique décrit par une fonction d'onde qui peut prendre toutes les positions possibles (avec une plus ou moins grande probabilité), chaque position étant une valeur propre possible de l'opérateur « position ». Qu'observe-t-on une fois la mesure effectuée ? La particule se manifeste, non pas par une fonction étalée sur tout l'écran, mais par un seul impact ponctuel. En d'autres termes, une valeur unique de la position a été choisie lors de la mesure. Ce choix est probabiliste et s'effectue en utilisant la loi de probabilité $|\psi(x)|^2$, mais le résultat est classique, au sens où la particule n'occupe plus qu'une seule position.

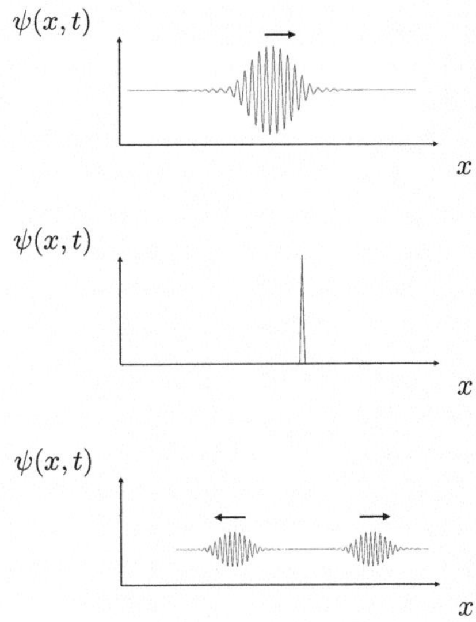

FIGURE 5.1 – Illustration de la réduction du paquet d'ondes pour l'observable position, de haut en bas : densité de probabilité de présence avant la mesure, lors de la mesure et après la mesure.

On va ainsi généraliser ce résultat : la mesure quantique est un processus discontinu, abrupt, au cours duquel un état quantique est décomposé sur les sous-espaces propres de l'opérateur associé à l'observable mesurée. Le résultat de la mesure est un tirage aléatoire de l'une des valeurs propres de l'opérateur, et donc de l'un de ses sous-espaces propres, chaque sous-espace étant affecté d'un poids égal à la norme carrée de la projection de l'état initial sur ce sous-espace. La mesure affiche comme résultat la valeur propre sélectionnée par le tirage aléatoire, et l'état de la particule après la mesure est la projection de l'état initial sur le sous-espace propre qui a été choisi, avec modification de la norme pour retrouver un état normalisé. Cette opération de projection, qui est un processus idéalement instantané et discontinu, est également appelée *réduction du paquet d'ondes* (illustrée figure 5.1). Ce terme traduit le fait que, si l'état initial est une superposition d'ondes, l'opération de mesure ne conserve parmi toutes ces ondes que celles correspondant au résultat de la mesure.

5.4 L'incertitude en physique quantique

5.4.1 La cohérence de la mesure

Le processus de mesure quantique, tel qu'il a été déduit de la construction de la loi de probabilité à partir de l'état quantique de la particule, est fondamentalement différent du processus de mesure classique. Dans ce dernier, on suppose toujours qu'il est possible de construire des dispositifs de mesure suffisamment efficaces et en interaction suffisamment faible avec l'objet à mesurer pour obtenir un résultat avec une précision arbitraire tout en perturbant l'objet aussi faiblement que l'on veut. Rien de tel dans la mesure quantique : le processus est brutal et force la projection de l'état initial sur l'un des sous-espaces propres de l'opérateur associé à l'observable mesurée. Nous allons voir maintenant quelles sont les conséquences de ce nouveau paradigme, puis comment réconcilier mesure quantique et mesure classique.

La conséquence la plus importante et la plus connue du processus de mesure quantique est l'incompatibilité potentielle entre mesures d'observables différentes. Commençons par imaginer ce qui se passe si l'on mesure une observable A pour une particule dans un état ψ et qu'immédiatement après, on effectue de nouveau la même mesure de l'observable A. L'état initial de la particule était ψ, la première mesure (quantique) a eu pour conséquence de sélectionner un des sous-espaces propres (appelons son indice i), et de projeter ψ sur ce sous-espace (puis de le normaliser). Le résultat affiché de la mesure est alors a_i. Le nouvel état ψ_1 dans lequel se trouve la particule après la mesure est donc :

$$\psi_1 = \frac{1}{\left(\sum_k |c_{i,k}|^2\right)^{\frac{1}{2}}} \sum_k c_{i,k}\, e_{i,k} \ . \tag{5.62}$$

Il faut bien remarquer que l'expression ci-dessus diffère de l'état ψ par le fait que i est maintenant fixé : une seule valeur propre a été retenue, ce qui correspond à la mesure quantique. Imaginons que l'on effectue maintenant à nouveau la mesure de l'observable A sur l'état ψ_1. Comme ce dernier est un état propre de A avec la valeur propre a_i, la mesure va être certaine, le résultat sera a_i et le résultat de la projection de ψ_1 sur le sous-espace propre sera ψ_1, car cet état appartient déjà au sous-espace propre. En clair, la mesure est confirmée. En l'absence d'évolution de l'état quantique, on peut refaire la mesure autant de fois que l'on veut, on obtiendra maintenant toujours a_i et on restera dans l'état ψ_1.

5.4.2 Commutation et compatibilité des mesures

Que se passe-t-il maintenant si l'on mesure une autre observable, B, alors que la particule est dans l'état ψ_1 consécutif à la mesure de A dans l'état ψ? Tout dépend alors de la décomposition des espaces propres de A sur les espaces propres de B. Mathématiquement, cela revient à demander si les opérateurs $\hat{A}$ et $\hat{B}$ correspondant aux deux observables A et B commutent. On définit d'ailleurs le commutateur $\left[\hat{A}, \hat{B}\right]$ entre deux opérateurs par

$$\left[\hat{A}, \hat{B}\right] = \hat{A}\hat{B} - \hat{B}\hat{A} \ . \tag{5.63}$$

Si ces deux opérateurs commutent, à savoir si $\hat{A}\hat{B} = \hat{B}\hat{A}$, alors il existe une base orthonormée de vecteurs propres commune aux deux opérateurs. Ceci signifie que les sous-espaces propres de $\hat{A}$ sont stables par $\hat{B}$, à savoir que si ψ est vecteur propre de $\hat{A}$ avec la valeur propre λ, alors $\hat{B}\psi$ est également vecteur propre de $\hat{A}$ avec la valeur propre λ :

$$\hat{B}\hat{A}\,\psi = \lambda\hat{B}\,\psi = \hat{A}\hat{B}\,\psi \ . \tag{5.64}$$

La projection de l'état ψ_1 sur les vecteurs propres de $\hat{B}$ va donc rester à l'intérieur du sous-espace propre de $\hat{A}$ déjà sélectionné par la première mesure. La mesure de B, avec la valeur mesurée correspondante μ, va donc déboucher sur un état ψ_2 qui sera toujours vecteur propre de $\hat{A}$ avec la valeur propre λ. Toute mesure ultérieure, soit de A soit de B, dans n'importe quel ordre, va alors conserver l'état ψ_2 et donner de manière cohérente toujours λ pour la mesure de A et toujours μ pour la mesure de B, avec des écarts-types nuls. Les mesures de A et de B sont dites *compatibles.*

Si les deux opérateurs ne commutent pas, alors de manière générale, une mesure de B effectuée sur un état ψ_1 vecteur propre de $\hat{A}$ (issu de la mesure de A avec comme résultat λ) débouchera sur une projection de ψ_1 en dehors du sous-espace propre de $\hat{A}$: l'état ψ_2 n'est alors plus un état propre de $\hat{A}$ avec la valeur propre λ et toute mesure ultérieure de A peut donner un autre résultat que λ : la mesure de B a possiblement modifié la mesure de A ! Les mesures de A et de B sont *incompatibles.*

5.4.3 Le principe d'incertitude d'Heisenberg

Il est en fait possible de montrer que lorsque deux observables sont incompatibles, c'est-à-dire lorsque les opérateurs correspondants ne commutent pas, alors il existe une borne inférieure au produit des écarts-types de leurs mesures, quel que soit l'état quantique sur lequel les mesures ont été effectuées. En termes mathématiques, si l'on considère deux observables A et B représentées par les opérateurs $\hat{A}$ et $\hat{B}$, ainsi qu'un état ψ, alors :

$$\Delta A \cdot \Delta B \geq \frac{1}{2}\left|\left\langle \psi, \left[\hat{A}, \hat{B}\right] \psi \right\rangle\right| \ . \tag{5.65}$$

Pour démontrer cette inégalité, on va tout d'abord supposer que les lois associées aux mesures de A et B dans l'état ψ sont centrées. Si ce n'est pas le cas, il suffit de considérer les variables $A' = A - \langle A \rangle$ et $B' = B - \langle B \rangle$. En effet, ces variables ont les mêmes écarts-types et le même commutateur que A et B. Avec des variables centrées, on a donc :

$$\Delta A^2 = \left\langle \psi, \hat{A}^2 \psi \right\rangle \qquad \text{et} \qquad \Delta B^2 = \left\langle \psi, \hat{B}^2 \psi \right\rangle \ . \tag{5.66}$$

On peut ainsi réécrire le produit de ces deux variances en utilisant le caractère hermitien des opérateurs, puis utiliser l'inégalité de Cauchy-Schwarz :

$$\begin{aligned} \Delta A^2 \cdot \Delta B^2 &= \left\langle \psi, \hat{A}^2 \psi \right\rangle \cdot \left\langle \psi, \hat{B}^2 \psi \right\rangle = \left\langle \hat{A}\psi, \hat{A}\psi \right\rangle \cdot \left\langle \hat{B}\psi, \hat{B}\psi \right\rangle \\ &= \left\|\hat{A}\psi\right\|^2 \left\|\hat{B}\psi\right\|^2 \geq \left|\left\langle \hat{A}\psi, \hat{B}\psi \right\rangle\right|^2 \ . \end{aligned} \tag{5.67}$$

L'idée suivante de la démonstration consiste à décomposer le produit $\hat{A}\hat{B}$ comme une somme de deux opérateurs $\hat{C}$ et $i\hat{D}$:

$$\hat{A}\hat{B} = \hat{C} + i\hat{D} \qquad \text{avec} \qquad \hat{C} = \frac{\hat{A}\hat{B} + \hat{B}\hat{A}}{2} \quad \text{et} \quad \hat{D} = \frac{\hat{A}\hat{B} - \hat{B}\hat{A}}{2i} \ . \tag{5.68}$$

Il est assez facile de démontrer que $\hat{C}$ et $\hat{D}$ sont deux opérateurs hermitiens ($i\hat{D}$ est également dit « anti-hermitien »). Par conséquent

$$\begin{aligned} \left\langle \hat{A}\psi, \hat{B}\psi \right\rangle &= \left\langle \psi, \hat{A}\hat{B}\psi \right\rangle = \left\langle \psi, \left(\hat{C} + i\hat{D}\right)\psi \right\rangle \\ &= \left\langle \psi, \hat{C}\psi \right\rangle + i\left\langle \psi, \hat{D}\psi \right\rangle \ . \end{aligned} \tag{5.69}$$

Les deux moyennes dans la dernière expression sont des réels car les opérateurs $\hat{C}$ et $\hat{D}$ sont hermitiens. Par conséquent, on peut minorer le module de la dernière expression par la valeur absolue de sa partie imaginaire (oubliant ainsi complètement la partie réelle) :

$$\left|\left\langle \hat{A}\psi, \hat{B}\psi \right\rangle\right| \geq \left|\left\langle \psi, \hat{D}\psi \right\rangle\right| = \frac{1}{2}\left|\left\langle \psi, \left[\hat{A}, \hat{B}\right] \psi \right\rangle\right| \ . \tag{5.70}$$

Regroupant ceci avec (5.67), on obtient l'inégalité initiale, appelée aussi *inégalité d'Heisenberg* ou encore *principe d'incertitude d'Heisenberg*, énoncé en 1927 par Werner Heisenberg (prix Nobel de physique 1932).

5.4.4 Le cas particulier position-impulsion

Un cas particulier très intéressant est le cas des observables « position » et « impulsion » x et p qui, en physique hamiltonienne classique, sont les deux variables pour décrire complètement l'état de la particule. Calculons le commutateur de ces deux observables à une dimension, ce que l'on fait en évaluant son action sur un état quelconque ψ :

$$\left[\hat{x},\hat{p}\right]\psi = x\frac{\hbar}{i}\frac{\mathrm{d}\psi}{\mathrm{d}x} - \frac{\hbar}{i}\frac{\mathrm{d}(x\psi)}{\mathrm{d}x} = i\hbar\psi \ . \tag{5.71}$$

On obtient ainsi la valeur du commutateur :

$$\left[\hat{x},\hat{p}\right] = i\hbar\mathbb{I} \ , \tag{5.72}$$

$\mathbb{I}$ étant l'opérateur identité. L'inégalité d'Heisenberg pour le couple (position, impulsion) s'écrit donc :

$$\Delta x \cdot \Delta p \geq \frac{\hbar}{2} \ . \tag{5.73}$$

Elle montre que, quel que soit l'état quantique ψ, on ne peut mesurer sa position et son impulsion avec une dispersion arbitrairement faible pour chacune d'elles, indépendamment de l'instrumentation utilisée. Ce n'est en rien lié à une supposée incapacité de l'observateur à atteindre une réalité préexistante, mais c'est là une caractéristique intrinsèque de l'entité « particule quantique » qui possède des propriétés simultanément de corpuscule et d'onde. Or la partie « onde » possède une dispersion incompressible du couple (position, impulsion).

La relation d'incertitude que nous venons d'obtenir a été calculée à une dimension d'espace. Dans un espace à trois dimensions, le commutateur de l'opérateur « position » sur un axe avec l'opérateur « impulsion » sur un autre axe est nul (ils commutent). Par exemple :

$$\left[\hat{x},\hat{p}_y\right]\psi = x\frac{\hbar}{i}\frac{\partial\psi}{\partial y} - \frac{\hbar}{i}\frac{\partial(x\psi)}{\partial y} = 0 \ , \tag{5.74}$$

ce que l'on peut généraliser par la notation

$$\left[\hat{x}_\alpha,\hat{p}_\beta\right]\psi = i\hbar\,\delta_{\alpha,\beta}\,\mathbb{I} \qquad \text{avec} \qquad \alpha,\beta \in \{1,2,3\} \ , \tag{5.75}$$

α et β étant des indices sur les trois possibles directions de l'espace. On voit donc que les mesures incompatibles sont la position et l'impulsion sur un même axe. Il y a donc trois relations d'incertitude entre positions et impulsions à trois dimensions :

$$\Delta x \cdot \Delta p_x \geq \frac{\hbar}{2} \quad , \quad \Delta y \cdot \Delta p_y \geq \frac{\hbar}{2} \quad , \quad \Delta z \cdot \Delta p_z \geq \frac{\hbar}{2} \; . \tag{5.76}$$

Du point de vue d'un observateur classique, tout se passe comme si les positions de la particule (et donc sa trajectoire) dans l'espace devenaient « floues ». On ne peut plus la situer par un point : elle occupe une zone de volume minimal et incompressible dans l'espace des phases.

Comment réconcilier cette incompressibilité intrinsèque entre les mesures de deux observables (ici position et impulsion) avec la mesure classique qui n'impose aucune limitation sur la précision ? En se penchant sur les nombres. En effet, la constante de Planck réduite $\hbar$ vaut environ 10^{-34} J $\cdot$ s :

- Pour un objet de masse macroscopique $m = 1$ g, cela imposerait une valeur minimale au produit des écarts-types de la position et sa vitesse égale à 10^{-31} m$^2 \cdot$ s^{-1}, ce qui signifie que l'on pourrait par exemple mesurer sa position avec une précision inférieure à 10^{-15} m et sa vitesse avec une précision inférieure à 10^{-15} m $\cdot$ s^{-1}, sans se heurter au principe d'incertitude d'Heisenberg. On ne ressent donc pas ce dernier dans notre expérience quotidienne.
- En revanche, pour un électron de masse de l'ordre de 10^{-30} kg, le produit des écarts-types de la position et de l'impulsion doit être supérieur à 10^{-4} m$^2 \cdot$ s^{-1}. Ceci signifie que si l'on mesure la vitesse de l'électron avec une précision de 1 m $\cdot$ s^{-1}, alors on ne peut mesurer sa position avec une précision inférieure à 100 µm, une valeur bien plus grande que la plupart des dispositifs microélectroniques !

On voit donc que les conséquences de la physique quantique peuvent demeurer largement invisibles à notre échelle macroscopique et ne se manifester qu'aux échelles microscopiques. Ce principe s'applique également à d'autres couples (variable, variable conjuguée par le lagrangien), par exemple l'angle et le moment cinétique dans les systèmes en rotation.

Il ressort de tout cela que, ne pouvant définir avec précision la position et l'impulsion en chaque instant, la notion de trajectoire au sens classique du terme est perdue en mécanique quantique. Elle devient « floue » à l'échelle de la constante de Planck. Enfin, nous rencontrerons au prochain chapitre une forme très particulière de principe d'incertitude dit « temps – énergie » qui ne ressort pas du cadre mathématique que nous venons de voir, car le temps n'est pas une observable au sens de la mécanique quantique.

5.4.5 Lien avec la transformation de Fourier

Concernant la possibilité de mesurer précisément la position et l'impulsion simultanément, c'est en fait la relation de de Broglie qui scelle le sort des particules quantiques. Dès lors qu'une longueur d'onde est associée à un corpuscule, le principe d'incertitude émerge des propriétés de la transformation de Fourier. En effet, posons-nous la question pour une fonction simple comme un sinus : peut-on « localiser » le sinus ? La réponse est *non*, il y a « autant » de sinus dans toutes les régions de l'axe réel. En revanche, le sinus est une fonction qui ne contient qu'une seule fréquence spatiale (à un signe près), donc un seul nombre d'onde k. En d'autres termes, la transformée de Fourier du sinus se réduit sur $\mathbb{R}_+$ à un pic de Dirac. Inversement, une fonction parfaitement localisée dans l'espace correspond à une fonction sinusoïdale dans l'espace de Fourier. Cela est illustré dans la figure 5.2. Pour localiser une fonction dans l'espace sur une largeur Δx, il est nécessaire de construire un paquet d'ondes, et donc de sommer des fonctions comportant différentes fréquences spatiales, c'est-à-dire plusieurs nombres d'ondes. Plus on souhaite localiser la fonction, plus il est nécessaire de sommer différents nombres d'ondes, afin d'annuler efficacement la densité de probabilité en dehors de la région où la fonction se trouve. Ces relations sont inhérentes aux transformations de Fourier et sont à l'origine de la relation d'incertitude. On montre en effet [1] que plus une fonction est localisée en x, moins elle l'est en k et inversement, de sorte que

$$\Delta x \, \Delta k \geq \frac{1}{2} \ . \tag{5.77}$$

En utilisant la relation de de Broglie, le principe d'incertitude émerge naturellement comme conséquence immédiate de la dualité onde-corpuscule.

5.4.6 Lien avec l'expérience des fentes d'Young

Les expériences de diffraction vues au chapitre 4 s'interprètent simplement à la lumière du principe d'incertitude. Considérons le cas simple de la diffraction par une fente de largeur d. Pour un rayon lumineux de longueur d'onde λ, l'angle correspondant à la première extinction est de l'ordre λ/d. Lorsqu'une particule est forcée de passer à travers une fente, cela revient en fait à effectuer une mesure de sa position dans la direction orthogonale à la propagation, avec une incertitude de l'ordre de la largeur de la fente, $\Delta x \sim d$. En écrivant la relation de de Broglie $p = \hbar k$, on associe une longueur d'onde à la particule, de valeur h/p. La déviation transverse du rayon lumineux est de l'ordre de $\theta \sim \Delta p/p$. La relation d'incertitude d'Heisenberg conduit donc à un angle de déviation de l'ordre de $\theta \sim \lambda/4\pi d$.

1. Cela est démontré dans l'annexe E.

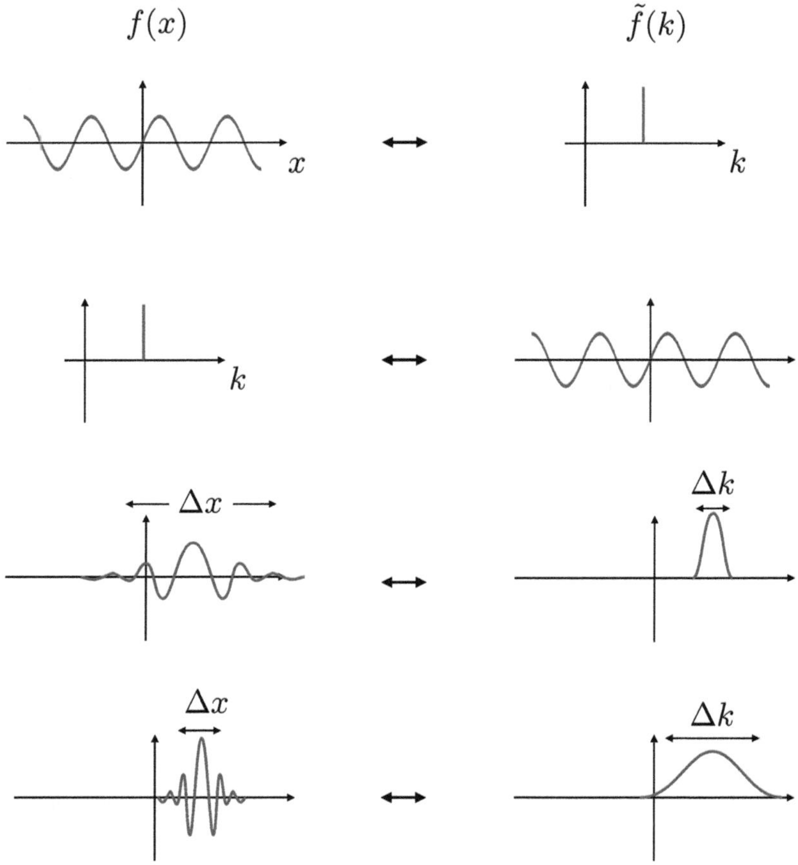

FIGURE 5.2 – De haut en bas : restriction sur $\mathbb{R}_+$ de la transformée de Fourier d'une fonction sinus, d'un pic de Dirac, d'un paquet d'ondes étendu et d'un paquet d'ondes étroit.

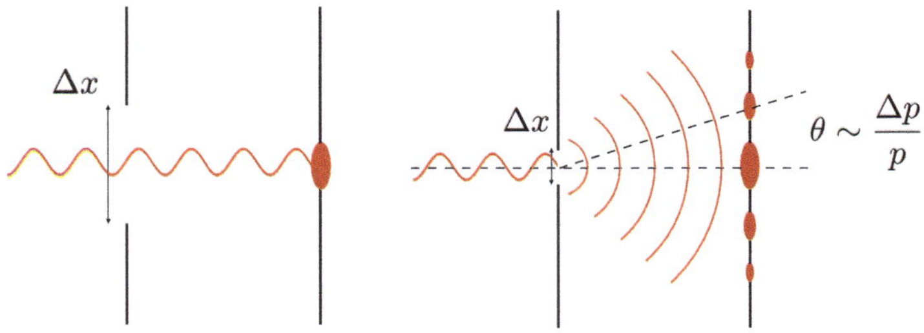

FIGURE 5.3 – À gauche, la fente est plus grande que la longueur d'onde associée à la particule, qui se propage alors en ligne droite. À droite, la fente est du même ordre de grandeur que la longueur d'onde associée à la particule : une figure de diffraction apparaît alors dans la densité de probabilité de présence, compatible avec la relation d'incertitude.

La contrainte imposée sur la position de la particule à d près engendre donc la diffraction de l'onde de probabilité. Cet effet est illustré dans la figure 5.3. Le comportement diffractif est inévitable dès lors qu'une onde est associée à la particule, comme conséquence directe de la relation 5.77.

5.5 Ensembles complets d'observables compatibles (ECOC)

La mesure d'une observable projette donc l'état quantique sur l'un des sous-espaces propres de l'opérateur correspondant à l'observable mesurée. Une fois cette mesure effectuée, toute mesure ultérieure compatible – c'est-à-dire d'une autre observable dont l'opérateur commute avec le premier – conservera l'état quantique à l'intérieur de ce sous-espace propre. Il se peut que cette seconde mesure projette l'état sur un sous-espace propre plus petit du second opérateur. Si l'on poursuit cette séquence avec d'autres mesures compatibles, on obtient ainsi une suite d'intersection de sous-espaces propres, les nouvelles mesures n'altérant pas la validité des mesures précédentes. On peut alors se demander s'il est possible de construire une série finie de mesures compatibles de telle sorte qu'à la fin, le sous-espace restant soit de dimension 1, en d'autres termes, de telle sorte que l'état quantique soit complètement défini. La réponse est positive, et un tel ensemble d'observables est appelé *ensemble complet d'observables compatibles*, ou ECOC.

Un exemple simple d'ECOC est constitué par les trois observables de position selon les trois axes, x, y et z. Elles sont compatibles car les trois opérateurs correspondant, $\hat{x}$, $\hat{y}$ et $\hat{z}$, commutent deux à deux. Par ailleurs, si l'on effectue les trois mesures, la réduction du paquet d'ondes débouche sur un état parfaitement défini en position, autrement dit une distribution de Dirac au point (x_0, y_0, z_0), les diverses coordonnées étant les résultats des trois mesures.

Il en est de même pour les trois composantes de l'impulsion, p_x, p_y et p_z, dont les trois opérateurs commutent deux à deux. Après mesure de ces trois observables, la particule se trouve dans un état d'onde plane de vecteur d'onde, ou d'impulsion *via* la relation $\vec{p} = \hbar\vec{k}$, parfaitement défini.

5.6 Le caractère algébrique de la physique quantique

5.6.1 Les représentations

Nous avons vu dans les sections précédentes que l'on pouvait exprimer les opérateurs de plusieurs façons, selon que l'on regardait leur action sur la fonction d'onde $\psi(\vec{r})$ ou bien sur sa transformée de Fourier $\widetilde{\psi}(\vec{k})$, ou encore sa version sur l'espace des impulsions, $\varphi(\vec{p})$. On peut d'ailleurs voir les valeurs de la transformée de Fourier de ψ comme les coefficients de la décomposition de cet état quantique sur les ondes planes spatiales. Les opérateurs peuvent également s'exprimer dans d'autres bases sans que cela ne modifie le processus de mesure ou bien la structure de la physique. Autrement dit, l'état ψ est un élément d'un espace vectoriel (dit espace « de Hilbert », voir annexe D) que l'on peut représenter soit par sa fonction d'onde $\psi(\vec{r})$, soit par la transformée de Fourier de sa fonction d'onde $\widetilde{\psi}(\vec{k})$, soit par un ensemble de coefficients $\{c_n\}_{n\in\mathbb{N}}$ dans une base donnée. On parle alors de *représentation*.

La fonction d'onde est donc vue dorénavant comme la décomposition (continue) sur la base des états propres associés à l'opérateur « position » (on parle de « représentation x »), tandis que sa transformée de Fourier est la décomposition (toujours continue) sur la base des états propres associés à l'opérateur « impulsion », soit les ondes planes (on parle de « représentation p »).

5.6.2 La notation de Dirac

On va donc dorénavant s'affranchir du choix de la base pour exprimer, autant que possible, la physique sous une forme symbolique qui va faire ressortir le caractère algébrique des calculs. L'état quantique sera ainsi noté $|\psi\rangle$, et appelé « ket » tandis que sa forme linéaire associée de manière canonique sera notée $\langle\psi|$ et appelée « bra ». Cette forme linéaire associe à tout état $|\varphi\rangle$ un nombre complexe qui est son produit hermitien avec l'état $|\psi\rangle$:

$$\langle\psi| : |\varphi\rangle \longmapsto \langle\psi|\varphi\rangle \quad . \tag{5.78}$$

Le résultat de l'application d'un « bra » sur un « ket » donne ainsi un « bra-ket » (« crochet » en anglais). Cette notation conserve évidemment les propriétés de l'espace de Hilbert et du produit hermitien, à savoir la *sesquilinéarité* (l'équivalent de la bilinéarité, mais pour un produit scalaire sur le corps des complexes) :

$$\forall(\lambda_1,\lambda_2)\in\mathbb{C}^2,\qquad \begin{aligned} &|\lambda_1\psi_1+\lambda_2\psi_2\rangle=\lambda_1\,|\psi_1\rangle+\lambda_2\,|\psi_2\rangle\\ &\langle\lambda_1\psi_1+\lambda_2\psi_2|=\lambda_1^*\,\langle\psi_1|+\lambda_2^*\,\langle\psi_2|\ . \end{aligned} \tag{5.79}$$

La notation de Dirac est conçue pour écrire de façon très simple des produits hermitiens, des opérateurs ou des combinaisons. Ainsi la notation $|\psi_1\rangle\langle\psi_2|$ représente un opérateur dont l'action sur tout état $|\varphi\rangle$ peut s'écrire :

$$|\psi_1\rangle\langle\psi_2| : |\varphi\rangle\longmapsto|\psi_1\rangle\langle\psi_2|\varphi\rangle=\langle\psi_2|\varphi\rangle\,|\psi_1\rangle\ . \tag{5.80}$$

Le résultat étant colinéaire à $|\psi_1\rangle$, l'opérateur est donc un projecteur sur $|\psi_1\rangle$. Par ailleurs, le noyau de cet opérateur est constitué des états $|\varphi\rangle$ orthogonaux à $|\psi_2\rangle$. L'opérateur est donc le projecteur sur $|\psi_1\rangle$ orthogonalement à $|\psi_2\rangle$ (ou encore parallèlement à l'hyperplan orthogonal à $|\psi_2\rangle$). En particulier, la notation $|\psi\rangle\langle\psi|$ représente le projecteur orthogonal sur ψ. Si l'on considère une base orthonormée $\{|e_i\rangle\}$, la somme des projecteurs orthogonaux sur les éléments de la base est simplement l'identité, ce qui se note maintenant de la façon suivante :

$$\sum_i|e_i\rangle\langle e_i|=\mathbb{I}\ . \tag{5.81}$$

En effet, l'application de l'opérateur de gauche sur un état quelconque $|\psi\rangle$ est :

$$\left(\sum_i|e_i\rangle\langle e_i|\right)|\psi\rangle=\sum_i\langle e_i|\psi\rangle\,|e_i\rangle\ . \tag{5.82}$$

Or chacun des termes $\langle e_i|\psi\rangle$ n'est rien d'autre que le coefficient de la décomposition de $|\psi\rangle$ sur le vecteur $|e_i\rangle$ de la base. La somme de droite écrit donc la décomposition de $|\psi\rangle$ sur la base $\{|e_i\rangle\}$, et est donc égale à $|\psi\rangle$.

5.6.3 États propres de la position et de l'impulsion

Deux cas particuliers de bases d'états propres jouent un rôle prépondérant en physique quantique : celles des opérateurs « position » et « impulsion ». Malheureusement, elles posent un léger problème de définition dans un espace infini et continu (voir annexe D.2).

Commençons par l'opérateur « position » à une dimension. Un état propre de fonction d'onde $\psi(x)$ et de valeur propre x_0 vérifie donc :

$$\hat{x}\,\psi=x_0\,\psi\qquad\text{ou encore,}\quad\forall x\in\mathbb{R},\quad x\,\psi(x)=x_0\,\psi(x)\ . \tag{5.83}$$

On voit donc que la fonction ψ doit s'annuler en tout point sauf en $x = x_0$. La probabilité de présence a donc un support singulier sur le sous-ensemble $\{x_0\}$, ce que l'on peut retranscrire sous la forme d'une distribution de Dirac :

$$|\psi(x)|^2 = \delta_{x_0}(x) = \delta(x - x_0) \ . \tag{5.84}$$

Or il n'existe pas de fonction ψ satisfaisant cela. Si l'on veut trouver une fonction d'onde correspondante, il faut alors recourir à des régularisations où ψ est représentée soit comme une fonction indicatrice sur un intervalle de longueur ε autour de x_0, soit comme une gaussienne d'écart-type proportionnel à ε, avec dans chaque cas un facteur multiplicatif tel que le carré de la fonction soit bien d'intégrale 1 :

$$\psi(x) = \frac{1}{\sqrt{\varepsilon}} \mathbb{1}_{[x_0-\frac{\varepsilon}{2}, x_0+\frac{\varepsilon}{2}]}(x) \qquad \text{ou} \qquad \psi(x) = \left(\frac{1}{2\pi\varepsilon}\right)^{\frac{1}{4}} e^{-\frac{(x-x_0)^2}{4\varepsilon^2}} \ . \tag{5.85}$$

Sur le plan mathématique, on a affaire en fait à une base continue d'états qui satisfont des relations dans le langage des distributions. Si l'on appelle $|x\rangle$ l'état propre localisé en x, alors l'orthonormalité de la base s'écrit :

$$\langle x_1 | x_2 \rangle = \delta(x_1 - x_2) \ . \tag{5.86}$$

On peut d'ailleurs remarquer que l'identité

$$\psi(x) = \int_{\mathbb{R}} \psi(y)\, \delta(x - y) \tag{5.87}$$

peut être vue comme la décomposition continue de la fonction ψ sur la base des « Dirac », avec comme coefficients de la décomposition les valeurs $\{\psi(y)\}_{y \in \mathbb{R}}$. À plusieurs dimensions, les états propres ont des fonctions propres singulières, proportionnelles à un « Dirac » en un point de l'espace.

Pour ce qui est de la base propre de l'opérateur « impulsion », un état quantique propre de cette base dont la fonction d'onde est $\psi(x)$ doit vérifier :

$$\hat{p}\,\psi = p_0\,\psi \qquad \text{ou encore,} \quad \forall x \in \mathbb{R}\,, \quad \frac{\hbar}{i}\,\psi'(x) = p_0\,\psi(x) \ . \tag{5.88}$$

Les solutions sont donc des ondes planes du type :

$$\psi(x) = A\,e^{\frac{ip_0 x}{\hbar}} = A\,e^{ik_0 x} \qquad \text{avec} \quad p_0 = \hbar\,k_0 \ . \tag{5.89}$$

Là encore, la normalisation pose problème car la densité de probabilité est constante et égale à $|A|^2$: l'intégrale de cette densité sur tout l'espace diverge. Il faut alors se placer dans un espace fini de taille L (ou de volume V à trois dimensions) de sorte que

$$\psi(x) = \frac{1}{\sqrt{L}}\, e^{ik_0 x} \ . \tag{5.90}$$

Dans l'espace infini, on a de nouveau affaire à une base continue $\{|p\rangle\}_{p\in\mathbb{R}}$ qui vérifie la condition de normalisation :

$$\langle p_1|p_2\rangle = \frac{1}{2\pi\hbar}\int_{\mathbb{R}} e^{-i\frac{p_1 x}{\hbar}}\, e^{i\frac{p_2 x}{\hbar}}\, \mathrm{d}x = \delta(p_1 - p_2)\ . \tag{5.91}$$

La décomposition d'une fonction d'onde dans cette base s'écrit

$$\psi(x) = \frac{1}{\sqrt{2\pi}}\int_{\mathbb{R}} \widetilde{\psi}(k)\, e^{iky}\, \mathrm{d}y = \frac{1}{\sqrt{2\pi\hbar}}\int_{\mathbb{R}} \varphi(p)\, e^{i\frac{py}{\hbar}}\, \mathrm{d}y\ . \tag{5.92}$$

On voit donc que la transformée de Fourier peut être vue comme la donnée (non dénombrable) des coefficients de la décomposition de ψ sur les fonctions propres de l'opérateur « impulsion » (au facteur $\hbar$ près). Sachant que les $\{\psi(x)\}$ sont les coefficients de la décomposition de ψ dans la base propre de l'opérateur « position », la formule de la transformée de Fourier est en fait la formule de changement de base entre les deux bases propres (et la transformée de Fourier inverse la formule du changement réciproque).

5.7 Les postulats de la physique quantique

La physique quantique, tout comme les objets qui la constituent, a donc une nature duale dans le langage de la physique classique macroscopique :

- Elle possède un aspect ondulatoire, continu, linéaire. Les objets quantiques se comportent comme des ondes, obéissent au principe de superposition et évoluent selon une équation déterministe que nous allons obtenir au chapitre suivant.
- Elle possède un aspect corpusculaire, discontinu, non linéaire qui se manifeste lors de la mesure quantique. La mesure quantique est un processus probabiliste abrupt au cours duquel l'état quantique est projeté sur l'un des sous-espaces propres de l'opérateur correspondant à l'observable mesurée. Les objets quantiques se comportent alors comme des corpuscules, n'offrant qu'un seul résultat à chaque mesure (et non plus un ensemble de résultats). Le caractère probabiliste et la dispersion des résultats de mesure n'apparaît que statistiquement après un grand nombre de mesures indépendantes sur des objets différents originellement dans le même état quantique.

Cette nature duale est résumée dans les *postulats de la physique quantique* :

- **Principe de superposition**. L'état d'un système quantique isolé est représenté à un temps t donné par un vecteur d'état $|\psi\rangle$ qui est un élément d'un espace de Hilbert. Cet état est une combinaison linéaire, avec des coefficients complexes, d'états de base.

- **Principe de correspondance.** Toute quantité mesurable, appelée observable, est représentée par un opérateur mathématique $\hat{A}$ agissant sur l'espace de Hilbert des états. Cet opérateur est hermitien, il existe donc une base orthonormée formée par ses vecteurs propres.
- La donnée de l'état $|\psi\rangle$ permet de construire la loi de probabilité d'observer tel ou tel résultat de mesure.
- **Principe de quantification**, **Règle de Born** et **Principe de décomposition spectrale.** La mesure d'une observable A sur un système dans un état $|\psi\rangle$ ne peut donner d'autre résultat que l'une des valeurs propres de l'opérateur $\hat{A}$. La probabilité de mesurer la valeur propre λ est $P(\lambda) = |\langle e_\lambda|\psi\rangle|^2$ si la valeur propre est non-dégénérée [2] et $|e_\lambda\rangle$ est le vecteur propre normalisé correspondant. Si le spectre est discret et possiblement dégénéré, $P(\lambda) = \sum_i |\langle e_i|\psi\rangle|^2$, la somme parcourant tous les vecteurs propres de la base du sous-espace propre associé à λ. Si le spectre est continu, on a une densité de probabilité $\mathrm{d}P(\lambda) = |\langle e_\lambda|\psi\rangle|^2 \,\mathrm{d}\lambda$.
- **Principe de réduction du paquet d'ondes.** La mesure modifie de manière irréversible l'état du système quantique mesuré. Si la mesure de l'observable A pour un système $|\psi\rangle$ dans l'état donne le résultat λ, alors l'état du système après la mesure est la projection normalisée de $|\psi\rangle$ sur le sous-espace propre associé à λ. En termes mathématiques, la transformation s'écrit :

$$|\psi\rangle \quad \longrightarrow \quad \frac{1}{\sqrt{\sum_i |\langle e_i|\psi\rangle|^2}} \sum_i \langle e_i|\psi\rangle \, |e_i\rangle \ , \qquad (5.93)$$

  où la somme parcourt l'ensemble des vecteurs propres de la base du sous-espace propre associé à λ.
- L'évolution dans le temps du système quantique en dehors de toute mesure est déterministe et gouvernée par l'équation de Schrödinger (voir chapitre suivant).

5.8 Systèmes à plusieurs particules

Nous nous sommes intéressés jusque-là à l'évolution d'une particule unique, décrite par une fonction d'onde (ou par la donnée des coefficients de sa décomposition dans une base quelconque). La généralisation à plusieurs particules signale une nouvelle particularité de la physique quantique qui révélera toute

2. Une valeur propre est dite *non-dégénérée* si le sous-espace propre correspondant est de dimension 1. Dans le cas contraire, plusieurs vecteurs propres indépendants partagent la même valeur propre, et la valeur propre est dite *dégénérée*.

son importance dans le chapitre 11 sur l'intrication. On aurait en effet pu penser naïvement que la description de N particules quantiques en interaction passerait par la donnée de N fonctions d'onde. Comment alors décrire l'interaction entre deux particules d'indices respectifs i et j, classiquement représentée en physique classique par un potentiel d'interaction du type $U(\vec{r}_i - \vec{r}_j)$? On voit immédiatement que l'opérateur correspondant doit pouvoir agir sur les deux fonctions d'onde simultanément, ce qui déboucherait sur une non linéarité de type $\psi_i \psi_j$, incompatible avec la linéarité indispensable au principe de superposition.

En fait, la solution pour conserver les propriétés de superposition et de linéarité consiste à unifier toutes les positions $(\vec{r}_1, \ldots, \vec{r}_N)$ des N particules en une position dans un espace à $3N$ dimensions, et à définir une fonction d'onde $\Psi(\vec{r}_1, \ldots, \vec{r}_N)$ sur cet espace. Le formalisme s'écrit alors de la même façon que pour la particule unique. En particulier, $|\Psi|^2$ est toujours une densité de probabilité de présence. La probabilité $\mathrm{d}P$ de trouver le système de particules dans un volume $\mathrm{d}^3 r_1 \ldots \mathrm{d}^3 r_N$ autour de la position $(\vec{r}_1, \ldots, \vec{r}_N)$ est donc :

$$\mathrm{d}P = |\Psi(\vec{r}_1, \ldots, \vec{r}_N)|^2 \, \mathrm{d}^3 r_1 \ldots \mathrm{d}^3 r_N \ . \tag{5.94}$$

Ainsi, l'opérateur « position y » pour la particule i s'écrit-il :

$$\hat{y}_i : \Psi \longmapsto y_i \Psi \ , \tag{5.95}$$

tandis que l'opérateur « impulsion suivant Oz » de la particule j s'écrit :

$$\hat{p}_{z_j} : \Psi \longmapsto \frac{\hbar}{i} \frac{\partial \Psi}{\partial z_j} \ . \tag{5.96}$$

On peut évidemment résumer pour chaque particule ces opérateurs sous forme vectorielle :

$$\hat{\vec{r}}_i : \Psi \longmapsto \vec{r}_i \Psi \qquad \text{et} \qquad \hat{\vec{p}}_j : \Psi \longmapsto \frac{\hbar}{i} \frac{\partial \Psi}{\partial \vec{r}_j} \ . \tag{5.97}$$

Muni de ces règles, on peut par exemple écrire l'hamiltonien d'un système de deux particules de masses m_1 et m_2 en interaction *via* un potentiel $U(\vec{r}_1 - \vec{r}_2)$:

$$\hat{H} = \frac{\hat{p}_1^2}{2m_1} + \frac{\hat{p}_2^2}{2m_2} + \hat{U}(\vec{r}_1 - \vec{r}_2) \ , \tag{5.98}$$

dont l'application à la fonction $\Psi(x_1, y_1, z_1, x_2, y_2, z_2)$ donne

$$\hat{H}\Psi = -\frac{\hbar^2}{2m_1} \Delta_1 \Psi - \frac{\hbar^2}{2m_2} \Delta_2 \Psi + U(\vec{r}_1 - \vec{r}_2)\Psi \ , \tag{5.99}$$

avec $\Delta_1 \Psi = \frac{\partial^2 \Psi}{\partial x_1^2} + \frac{\partial^2 \Psi}{\partial y_1^2} + \frac{\partial^2 \Psi}{\partial z_1^2}$ (et de même pour $\Delta_2 \Psi$).

Enfin, la mesure quantique opère de la même manière que pour une seule particule, l'état quantique avant la mesure étant projeté de manière probabiliste sur l'un des sous-espaces propres de l'opérateur correspondant à l'observable que l'on mesure.

5.9 Invariance et conservation en physique quantique

Le formalisme de la physique quantique est entièrement bâti autour du cadre lagrangien et hamiltonien, et c'est également uniquement en écrivant la physique classique dans ce cadre que l'on perçoit la continuité entre les deux physiques. Ce cadre va nous permettre de généraliser les mécanismes d'invariance et de conservation dus aux symétries du système étudié.

Si l'on considère un ensemble de transformations $T(\theta)$ de l'espace (typiquement $\mathbb{R}^d$) qui forme un groupe de symétrie continue (c'est-à-dire dont les éléments dépendent d'un paramètre réel variant continûment, à l'instar du groupe des rotations dans le plan dépendant du paramètre « angle ») [3], tels que

$$T(0) = \mathbb{I} \quad \text{(l'identité)} \quad \text{et} \qquad \forall (x,y) \in \mathbb{R}, \quad T(x+y) = T(x)\,T(y) \ , \tag{5.100}$$

alors on appelle générateur infinitésimal du groupe de symétrie l'opérateur G tel que

$$G = \lim_{\theta \to 0} \frac{T(\theta) - \mathbb{I}}{i\theta} \ . \tag{5.101}$$

En d'autres termes, si ε est un infinitésimal, alors $T(\varepsilon) \approx \mathbb{I} + i\,\varepsilon G$.

Si le groupe de transformations de l'espace dépend de plusieurs paramètres continus $(\theta_1, \ldots, \theta_\ell)$ (comme le groupe des rotations en 3 dimensions), alors il y a autant de générateurs que de paramètres, $(G_1, \ldots, G_\ell)$. Notons que ces générateurs ne commutent en général pas entre eux. Cette notion de générateur va nous permettre de justifier une autre notation de tout élément du groupe (on va supposer un seul paramètre continu). En effet, une transformation peut être vue comme une suite de transformations élémentaires en utilisant la loi de composition des transformations vue en (5.100) :

$$T(\theta) = T\left(\underbrace{\frac{\theta}{n} + \cdots + \frac{\theta}{n}}_{n \text{ termes}}\right) = T\left(\frac{\theta}{n}\right)^n \ , \tag{5.102}$$

ce qui aboutit à

$$T(\theta) = \lim_{n \to +\infty} T\left(\frac{\theta}{n}\right)^n = \lim_{n \to +\infty} \left(\mathbb{I} + \frac{i\theta G}{n}\right)^n = e^{i\theta G} \ . \tag{5.103}$$

3. On parle alors de *groupe de Lie*.

Cette notation exponentielle (pour un opérateur !) peut se généraliser à un groupe dépendant de plusieurs paramètres, auquel cas on a :

$$T(\theta_1, \ldots, \theta_\ell) = e^{i\,(\theta_1 G_1 + \ldots + \theta_\ell G_\ell)} = e^{i \sum_j \theta_j G_j} = e^{i\vec{\theta} \cdot \vec{G}} \quad . \tag{5.104}$$

en notant $\vec{\theta} = (\theta_1, \ldots, \theta_\ell)$ et $\vec{G} = (G_1, \ldots, G_\ell)$. Attention, la propriété $e^{A+B} = e^A e^B$ n'est valable qui si A et B commutent, ce qui interdit d'écrire en général

$$T(\theta_1, \ldots, \theta_\ell) = e^{i\,\theta_1 G_1} \ldots e^{i\,\theta_\ell G_\ell} \quad , \tag{5.105}$$

sauf si les générateurs infinitésimaux commutent deux à deux.[4]

Une fois définie la notion de groupe de symétrie continu et de générateurs infinitésimaux pour des transformations de l'espace $\mathbb{R}^d$, on peut étendre ce cadre à des transformations qui s'appliquent non plus directement à l'espace, mais aux fonctions définies sur ce même espace. Il suffit en effet d'associer à toute transformation $T(\theta)$ l'opérateur $\hat{T}(\theta)$ défini par :

$$\hat{T}(\theta) : \psi \longmapsto \psi\Big(T(\theta)(\vec{r})\Big) \quad . \tag{5.106}$$

Le générateur infinitésimal de ce nouveau groupe de transformations, $\hat{G}$, qui est cette fois un opérateur sur l'espace de Hilbert des fonctions, est défini de manière similaire à précédemment :

$$\hat{G} = \lim_{\theta \to 0} \frac{\hat{T}(\theta) - \mathbb{I}}{i\theta} \quad . \tag{5.107}$$

La présence du « i » au dénominateur va permettre de donner à $\hat{G}$ un caractère hermitien, comme nous allons le voir dans la suite. Nous allons maintenant appliquer ce cadre théorique à l'étude de l'invariance par translation du système étudié.

5.9.1 Le théorème de Noether quantique

Le théorème de Noether en physique lagrangienne et hamiltonienne classique énonçait qu'à toute symétrie continue du lagrangien correspond une quantité conservée dans le temps. En physique quantique, ce théorème ne peut plus s'appliquer directement aux quantités scalaires ou vectorielles, comme la position ou l'impulsion, car ces dernières sont maintenant des observables dont on ne peut définir que la loi de probabilité en chaque instant, leur valeur dépendant de façon probabiliste de la mesure. Ce qui va être conservé ne sera donc plus

4. L'espace vectoriel engendré par les générateurs infinitésimaux possède une structure d'algèbre appelée *algèbre de Lie*.

la valeur elle-même, mais la loi de probabilité (ou bien, de façon équivalente, la donnée de ses moments).

Nous verrons au chapitre suivant que la stationnarité de la loi de probabilité d'une observable A – c'est-à-dire son indépendance par rapport au temps – quel que soit l'état initial, implique son opérateur associé $\hat{A}$ commute avec l'opérateur hamiltonien $\hat{H}$ (associé à l'observable énergie). Par conséquent, la version quantique du théorème de Noether est la suivante :

Si l'hamiltonien d'un système commute avec les générateurs infinitésimaux d'un groupe de symétrie continu (par exemple le groupe des rotations ou celui des translations), alors les lois de probabilité des observables associées à ces générateurs infinitésimaux sont invariantes dans le temps.

Par conséquent, comme nous le verrons également par la suite, la présence d'une symétrie dans un problème va nous conduire à nous intéresser aux états propres des générateurs infinitésimaux du groupe de symétrie correspondant.

5.9.2 La symétrie de translation

Supposons que nous soyons en présence d'un système invariant par toute translation uniforme de vecteur quelconque dans l'espace. En physique classique, cette invariance a pour conséquence la conservation de l'impulsion. En physique quantique, nous allons nous placer dans le cas d'une translation de vecteur $\vec{\varepsilon}$ supposé infinitésimal. La symétrie de translation signifie que, si la fonction d'onde $\psi(\vec{r},t)$ décrit l'évolution possible d'une particule quantique, alors $\psi(\vec{r}+\vec{\varepsilon},t)$ décrit également une évolution possible. Un développement au premier ordre de la fonction d'onde donne alors :

$$\psi(\vec{r}+\vec{\varepsilon},t) = \psi(\vec{r},t) + \vec{\varepsilon}\cdot\frac{\partial\psi}{\partial\vec{r}}(\vec{r},t) = \left(\mathbb{I} + i\,\vec{\varepsilon}\cdot\hat{\vec{k}}\right)\psi = \left(\mathbb{I} + i\,\vec{\varepsilon}\cdot\frac{\hat{\vec{p}}}{\hbar}\right)\psi \ . \quad (5.108)$$

Le générateur infinitésimal du groupe des translations sur les fonctions d'onde est donc l'opérateur $\hat{\vec{k}}$ (qui est bien hermitien). Plus précisément, ceci signifie que le groupe dépend de trois paramètres continus, ε_x, ε_y, ε_z et qu'il y a donc trois générateurs, $\hat{k}_x$, $\hat{k}_y$ et $\hat{k}_z$ qui, de plus, commutent deux à deux.

Ainsi, on va pouvoir chercher les vecteurs propres de l'hamiltonien parmi les vecteurs propres communs à ces trois générateurs, c'est-à-dire les fonctions satisfaisant :

$$\hat{k}_x\psi = k_1\psi \quad , \quad \hat{k}_y\psi = k_2\psi \quad , \quad \hat{k}_z\psi = k_3\psi \ , \quad (5.109)$$

soit encore

$$\frac{\partial\psi}{\partial x} = ik_1\psi \quad , \quad \frac{\partial\psi}{\partial y} = ik_2\psi \quad , \quad \frac{\partial\psi}{\partial z} = ik_3\psi \ , \quad (5.110)$$

dont la solution générale est :

$$\psi(x,y,z) = A\, e^{i(k_1x+k_2y+k_3z)} = A\, e^{i\vec{k}\cdot\vec{r}} \qquad \text{avec} \quad \vec{k} = (k_1,k_2,k_3)\ . \qquad (5.111)$$

La symétrie par translation de l'hamiltonien permet ainsi d'en conclure que ses états propres sont à chercher parmi les ondes planes, vecteurs propres de l'opérateur impulsion, pour leur dépendance spatiale. Nous verrons le cas de la symétrie de rotation en détail au chapitre 8, ce dernier étant consacré au moment cinétique quantique.

À retenir de ce chapitre

- L'état de la particule quantique est décrit par une fonction complexe $\psi(\vec{r},t)$ appelée fonction d'onde ou amplitude de probabilité.
- La physique quantique obéit au principe de superposition : la combinaison linéaire de deux états quantiques, une fois normalisée, est aussi un état quantique possible.
- La mesure quantique est probabiliste. La fonction d'onde permet de déterminer la loi de probabilité de présence de la particule : son module carré $|\psi(\vec{r},t)|^2$ définit une densité de probabilité. La fonction ψ doit donc être de norme L^2 égale à 1.

  La probabilité de trouver la particule dans une région A de l'espace s'écrit

  $$P_A = \int_A |\psi(\vec{r},t)|^2 \, \mathrm{d}^3 r \ .$$

  Par ailleurs, la moyenne et l'écart-type associés à la mesure de la position de la particule le long de l'axe x sont donnés respectivement par

  $$\langle x \rangle = \int_{\mathbb{R}^3} x \, |\psi(\vec{r},t)|^2 \, \mathrm{d}^3 r \ , \ (\Delta x)^2 = \int_{\mathbb{R}^3} x^2 \, |\psi(\vec{r},t)|^2 \, \mathrm{d}^3 r - \langle x \rangle^2 \ .$$

- La loi de probabilité associée au vecteur d'onde $\vec{k}$ (ou à l'impulsion $\vec{p} = \hbar \vec{k}$) s'obtient à partir de la transformée de Fourier de ψ :

  $$\left\langle \vec{k} \right\rangle = \int_{\mathbb{R}^3} \vec{k} \left| \widetilde{\psi}(\vec{k},t) \right|^2 \mathrm{d}^3 k \ .$$

- La démarche probabiliste se généralise à toute quantité mesurable A (appelée observable) : à toute observable A est associé à un opérateur hermitien $\hat{A}$ agissant sur l'espace des fonctions, qui permet de calculer tous les moments de la loi de probabilité de A :

  $$\langle A^n \rangle = \langle \psi | \hat{A}^n | \psi \rangle = \int_{\mathbb{R}^3} \psi^*(\vec{r},t) \left(\hat{A}^n \psi \right) (\vec{r},t) \, \mathrm{d}^3 r \ .$$

- Les opérateurs associés aux observables x et p_x sont respectivement :

  $$\hat{x} : \psi \longmapsto x \, \psi \quad , \quad \hat{p}_x : \psi \longmapsto \frac{\hbar}{i} \frac{\partial \psi}{\partial x} \ .$$

À retenir de ce chapitre (suite)

- On peut associer un opérateur à toute fonction de x et p. En particulier, l'énergie correspond à un opérateur appelé hamiltonien quantique noté $\hat{H}$. Pour une particule de masse m dans un potentiel constant V, l'hamiltonien (non-relativiste) s'écrit

$$\hat{H} = -\frac{\hbar^2}{2m}\Delta + \hat{V} \ .$$

- Le produit des écarts-types associés à deux observables A et B dont les opérateurs correspondant ($\hat{A}$ et $\hat{B}$) ne commutent pas, obéit à une inégalité dite d'Heisenberg :

$$\Delta A \cdot \Delta B \ \geq \ \frac{1}{2}\left|\left\langle \psi, \left[\hat{A}, \hat{B}\right] \psi \right\rangle\right| \ .$$

  Cette inégalité porte aussi le nom de principe d'incertitude d'Heisenberg.

- Les états quantiques pour lesquelles l'écart-type associé à la mesure d'une observable A s'annule, sont les vecteurs propres de l'opérateur hermitien $\hat{A}$ associé à A. La valeur propre a est le résultat de mesure de A dans cet état.

- La mesure quantique d'une observable A est un processus abrupt et discontinu au cours duquel l'état mesuré ψ est projeté de manière aléatoire sur l'un des sous-espaces propres de $\hat{A}$. On ne peut obtenir comme résultat de mesure que l'une des valeurs propres a de $\hat{A}$. La probabilité de mesurer la valeur propre a est le carré de la norme de la projection de ψ sur le sous-espace propre associé à a.

  Après la mesure, la particule se trouve dans l'état projeté sur le sous-espace propre correspondant à la valeur a mesurée : cette projection porte le nom de « réduction du paquet d'ondes ».

- Deux observables A et B dont les opérateurs associés $\hat{A}$ et $\hat{B}$ commutent sont dites compatibles. Il existe alors une base de vecteurs propres commune aux deux opérateurs. On peut mesurer successivement les deux quantités A et B sans que la réduction du paquet d'ondes ne vienne modifier le résultat de la première mesure.

- Un ensemble d'observables compatibles dont les mesures permettent de déterminer de manière unique l'état quantique final de la particule est dit complet : on parle alors d'ensemble complet d'observables compatibles, ou ECOC.

Chapitre 6

L'évolution quantique

6.1 L'équation de Schrödinger

L'objectif de cette section est de déterminer l'équation d'évolution d'un état quantique. Il faut donc maintenant réintroduire le temps dans la description des états quantiques en considérant des fonctions d'onde dans l'espace et le temps sous la forme $\psi(\vec{r}, t)$ (la fonction d'onde est ici l'une des façons de représenter l'état quantique $|\psi(t)\rangle$). L'équation d'évolution va devoir préserver le principe de superposition, à savoir que l'évolution d'une combinaison linéaire d'états doit être la combinaison linéaire des évolutions individuelles de ces états : en d'autres termes, l'équation d'évolution doit être linéaire. Ayant été proposée en 1925 par Erwin Schrödinger, prix Nobel de physique 1933, cette équation porte aujourd'hui le nom d'*équation de Schrödinger.*

6.1.1 Évolution de la particule libre

Nous allons commencer par étudier le cas particulier d'une onde plane en milieu libre (en l'absence de potentiel) pour ensuite recomposer l'évolution de n'importe quel état par combinaison linéaire d'ondes planes.

Considérons donc une fonction d'onde $\psi(\vec{r}, t) = e^{i(\vec{k} \cdot \vec{r} - \omega t)}$ représentant l'état d'une particule de masse m. On ne cherche pas pour l'instant à normaliser cet état, car le coefficient de normalisation vient comme facteur multiplicatif qui ne modifie pas la forme de l'équation d'évolution qui est linéaire (pour normaliser cet état, il faudrait d'ailleurs se placer dans une grande boîte de volume fini). Il est immédiat de voir que l'évolution de cette onde obéit à :

$$\frac{\partial \psi}{\partial t}(\vec{r}, t) = -i\omega\, \psi(\vec{r}, t) \quad . \tag{6.1}$$

On voit ainsi apparaître la pulsation de l'onde. Or, pour une particule quantique et d'après les relations de de Broglie, cette pulsation est liée à l'énergie de la particule par $E = \hbar\omega$. Pour une particule libre de masse m, cette énergie est également liée à l'impulsion p de la particule par $E = p^2/2m$. Or, toujours par les relations de de Broglie, $\vec{p} = \hbar\vec{k}$, ce qui entraîne $E = \frac{\hbar^2 k^2}{2m}$. On aboutit ainsi à :

$$\frac{\partial\psi}{\partial t}(\vec{r},t) = -i\frac{E}{\hbar}\,\psi(\vec{r},t) = -i\frac{p^2}{2m\hbar}\,\psi(\vec{r},t) = -i\frac{\hbar}{2m}\,k^2\,\psi(\vec{r},t) \ . \tag{6.2}$$

En fait, ce que nous venons de faire, c'est d'utiliser les relations de de Broglie et le principe de correspondance pour relier la pulsation ω et le vecteur d'onde $\vec{k}$ au travers de la relation entre E et $\vec{p}$ issue de la mécanique hamiltonienne classique. La relation $E = p^2/2m$ devient ainsi la *relation de dispersion* de l'onde quantique associée à la particule.

On peut maintenant construire l'évolution de n'importe quel état en le décomposant sur des ondes planes à travers sa transformée de Fourier. À l'instant $t = 0$:

$$\psi(\vec{r},0) = \frac{1}{(2\pi)^{3/2}}\iiint_{\mathbb{R}^3}\widetilde{\psi}(\vec{k},0)\,e^{i(\vec{k}\cdot\vec{r})}\,\mathrm{d}^3k \ . \tag{6.3}$$

À tout instant t, la décomposition linéaire est conservée, mais la valeur de l'onde plane est remplacée par $e^{i(\vec{k}\cdot\vec{r}-\omega(k)t)}$, en n'oubliant pas que la valeur de ω dépend du module de $\vec{k}$:

$$\psi(\vec{r},t) = \frac{1}{(2\pi)^{3/2}}\iiint_{\mathbb{R}^3}\widetilde{\psi}(\vec{k},0)\,e^{i(\vec{k}\cdot\vec{r}-\omega(k)t)}\,\mathrm{d}^3k \ , \tag{6.4}$$

d'où l'on déduit que $\widetilde{\psi}(\vec{k},t) = \widetilde{\psi}(\vec{k},0)\,e^{-i\omega(k)t}$. Par linéarité de l'équation d'évolution, on utilise l'équation (6.2) pour déterminer la dérivée temporelle de $\psi(\vec{r},t)$:

$$\frac{\partial\psi}{\partial t}(\vec{r},t) = -i\frac{\hbar}{2m}\,\frac{1}{(2\pi)^{3/2}}\iiint_{\mathbb{R}^3}\widetilde{\psi}(\vec{k},0)\,k^2\,e^{i(\vec{k}\cdot\vec{r}-\omega t)}\,\mathrm{d}^3k \ . \tag{6.5}$$

Comme nous l'avons vu à la section pour le calcul de l'opérateur « énergie cinétique », le terme k^2 dans la transformée de Fourier correspond à un laplacien (avec un signe négatif) dans l'espace direct. On peut alors utiliser cette propriété et la décomposition (6.4) pour réécrire cette équation sous la forme :

$$\begin{aligned}\frac{\partial\psi}{\partial t}(\vec{r},t) &= i\frac{\hbar}{2m}\,\Delta\left(\frac{1}{(2\pi)^{3/2}}\iiint_{\mathbb{R}^3}\widetilde{\psi}(\vec{k},0)\,e^{i(\vec{k}\cdot\vec{r}-\omega t)}\,\mathrm{d}^3k\right)\\ &= i\frac{\hbar}{2m}\,\Delta\psi(\vec{r},t) = -\frac{i}{\hbar}(\hat{T}\psi)(\vec{r},t) \ ,\end{aligned} \tag{6.6}$$

où $\hat{T}$ est l'opérateur « énergie cinétique » rencontré à l'équation (5.48). Nous sommes dans le cas de la particule libre : par conséquent l'énergie totale se réduit à l'énergie cinétique, et on peut également écrire cet opérateur comme l'opérateur « énergie » de la particule, $\hat{H}$, correspondant au hamiltonien quantique introduit à la section 5.2.5. Réinjectant cet opérateur dans l'équation précédente, on obtient finalement l'équation d'évolution de la particule :

$$i\hbar\frac{\partial\psi}{\partial t} = \hat{H}\psi \ . \tag{6.7}$$

C'est l'*équation de Schrödinger* de la particule libre.

6.1.2 Particule dans un champ de potentiel

Si l'on considère maintenant une particule de masse m dans un champ de forces dérivant d'un potentiel $V(\vec{r})$ indépendant du temps, on peut reproduire exactement le même raisonnement que pour la particule libre. La seule différence est que la relation de dispersion de l'onde quantique va être fournie par la relation entre l'énergie E, le vecteur d'onde $\vec{k}$ et le potentiel V, et donc va maintenant dépendre également du point de l'espace :

$$E(\vec{r},\vec{k}) = \hbar\omega(\vec{r},\vec{k}) = \frac{\hbar^2k^2}{2m} + V(\vec{r}) \ . \tag{6.8}$$

Le passage de la décomposition (6.4) à la relation (6.5) donne maintenant :

$$\begin{aligned}\frac{\partial\psi}{\partial t}(\vec{r},t) &= -\frac{i}{\hbar}\frac{1}{(2\pi)^{3/2}}\iiint_{\mathbb{R}^3}\widetilde{\psi}(\vec{k},0)\left(\frac{\hbar^2k^2}{2m} + V(\vec{r})\right)e^{i(\vec{k}\cdot\vec{r}-\omega t)}\,\mathrm{d}^3k \\ &= -\frac{i}{\hbar}\left(-\frac{\hbar^2}{2m}\Delta + V(\vec{r})\right)\psi(\vec{r},t) \ . \end{aligned}\tag{6.9}$$

Là encore, la forme de la relation de dispersion se traduit par l'application d'un opérateur qui n'est rien d'autre que l'hamiltonien du système et on retrouve l'équation de Schrödinger :

$$i\hbar\frac{\partial\psi}{\partial t} = \hat{H}\psi \ . \tag{6.10}$$

On voit là une différence de taille entre formalismes classique et quantique. En physique hamiltonienne classique, l'énergie est la quantité conservée associée à l'invariance par translation dans le temps du lagrangien. L'hamiltonien est une fonction qui exprime cette énergie en fonction des variables (position, impulsion), et qui gouverne l'évolution temporelle du système à travers les équations de Hamilton-Jacobi. En physique quantique en revanche, l'hamiltonien n'est plus une fonction, mais un opérateur qui gouverne l'évolution du système à travers l'équation de Schrödinger.

FIGURE 6.1 – Évolution dispersive d'une fonction d'onde en l'absence de mesure.

Cette équation est valable quel que soit l'état initial de la particule. Elle est linéaire et traduit une évolution *unitaire*, c'est-à-dire qui conserve la norme de l'état. On peut vérifier cette unitarité de l'évolution en calculant la dérivée temporelle de la norme de $|\psi(t)\rangle$:

$$\begin{aligned}\frac{\partial \langle\psi(t)|\psi(t)\rangle}{\partial t} &= \left\langle \frac{\partial\psi(t)}{\partial t}\middle|\psi(t)\right\rangle + \left\langle \psi(t)\middle|\frac{\partial\psi(t)}{\partial t}\right\rangle = \left\langle \frac{\hat{H}\psi}{i\hbar}\middle|\psi\right\rangle + \left\langle \psi\middle|\frac{\hat{H}\psi}{i\hbar}\right\rangle \\ &= -\frac{1}{i\hbar}\left\langle \hat{H}\psi\middle|\psi\right\rangle + \frac{1}{i\hbar}\left\langle \psi\middle|\hat{H}\psi\right\rangle = 0 \ . \qquad (6.11)\end{aligned}$$

Un état normalisé évolue ainsi en conservant sa normalisation, assurant ainsi que la somme des probabilités associées à la mesure d'une observable quelconque demeure égale à 1.

En outre, on peut remarquer que la relation liant E à $\vec{p}$ étant non linéaire pour une particule massive (et donc ω à $\vec{k}$), l'onde quantique de matière est en général *dispersive* : ainsi, une particule massive partant d'un état relativement localisé dans l'espace va voir sa fonction d'onde s'étaler constamment au cours du temps si elle se propage dans le vide en l'absence de toute interaction (voir figure 6.1). Il n'y a aucune limite théorique à l'étalement spatial que peut atteindre cette particule au cours du temps !

6.2 Les états stationnaires

6.2.1 L'équilibre quantique

Maintenant que nous disposons d'une équation d'évolution, on peut se poser la question de l'équilibre quantique : y a-t-il des fonctions d'onde qui vont déboucher sur une situation stationnaire ? Naïvement, on voudrait annuler la dérivée temporelle de la fonction d'onde. Cependant, on s'aperçoit rapidement que ceci revient à chercher les éléments du noyau de $\hat{H}$ qui est en général vide. En fait, la définition d'un équilibre doit utiliser celle de la mesure quantique. On reformule donc la question sous la forme : existe-t-il des états quantiques pour lesquels la probabilité de présence n'évolue pas en fonction du temps? La densité de probabilité étant $|\psi(\vec{r},t)|^2$, le module de la fonction d'onde doit donc être indépendant du temps tandis que la dépendance en temps n'apparaît que dans la phase :

$$\psi(\vec{r},t) = \phi(\vec{r})\, e^{i\theta(t)} \quad , \tag{6.12}$$

où $\theta(t)$ est une fonction réelle. Injecter une telle solution dans l'équation de Schrödinger donne :

$$i\hbar\frac{\partial\psi}{\partial t} = -\hbar\,\phi\,\dot{\theta}\,e^{i\theta} = \hat{H}\psi = e^{i\theta}\hat{H}\phi \ . \tag{6.13}$$

En effet, l'opérateur $\hat{H}$ étant hermitien et ne dépendant pas du temps, le facteur de phase dû à θ se traite comme une constante multiplicative. Ceci implique immédiatement que :

$$\dot{\theta} = -\frac{\hat{H}\phi}{\hbar\phi} \ . \tag{6.14}$$

Le membre de droite ne dépendant pas du temps, il faut donc que la dérivée temporelle de θ soit constante. Par conséquent, ϕ est une fonction propre de $\hat{H}$ avec une valeur propre (homogène à une énergie) que l'on va appeler E. Lafonction ϕ satisfait donc :

$$\hat{H}\phi = E\phi \ . \tag{6.15}$$

C'est l'*équation de Schrödinger indépendante du temps.* Sachant que l'énergie de la particule est liée à la pulsation de l'onde par la relation de de Broglie $E = \hbar\omega$, on recompose la fonction d'onde totale dépendante du temps :

$$\dot{\theta} = -\omega \qquad \text{d'où} \qquad \psi(\vec{r},t) = \phi(\vec{r})\,e^{-i\omega t} = \phi(\vec{r})\,e^{-i\frac{E}{\hbar}t} \ . \tag{6.16}$$

De tels états sont appelés *états stationnaires.* Par construction, on vérifie bien que la densité de probabilité de présence d'un état stationnaire est constante :

$$|\psi(\vec{r},t)|^2 = \left|\phi(\vec{r})\,e^{-i\omega t}\right|^2 = |\phi(\vec{r})|^2 \ . \tag{6.17}$$

La conséquence de cette stationnarité de la probabilité de présence est que tous les moments de l'observable position vont être constants dans le temps. En effet, pour la coordonnée x (resp. y et z) :

$$M_n(X(t)) = \iiint_{\mathbb{R}^3} \psi^*(\vec{r},t)\,x^n\,\psi(\vec{r},t)\,\mathrm{d}^3r = \iiint_{\mathbb{R}^3} x^n\,|\phi(\vec{r})|^2\,\mathrm{d}^3r \ . \tag{6.18}$$

La loi de probabilité de la position pour un tel état est donc invariante dans le temps. Ces états correspondent donc à la notion d'*équilibre quantique.*

Remarque : il est très courant que, pour des états stationnaires, on appelle « fonction d'onde » uniquement la partie spatiale de la fonction, effectuant ainsi la confusion entre les fonctions ψ et ϕ, la dépendance temporelle étant implicite et donnée par une simple rotation de phase linéaire en temps.

Par ailleurs, les parties spatiales des états stationnaires sont les vecteurs propres de $\hat{H}$ qui est hermitien : elles forment donc une base orthonormée des fonctions de l'espace. L'ensemble des valeurs propres de $\hat{H}$ constitue le *spectre de l'hamiltonien.* La théorie spectrale des opérateurs hermitiens nous enseigne que, de manière générale, le spectre d'un tel opérateur se divise en deux parties, une partie *discrète*, correspondant à des vecteurs propres normalisables, donc à des états quantiques réalisables, et une partie *continue*, correspondant à des vecteurs propres non normalisables qui ne peuvent correspondre à des états quantiques stationnaires, mais qui sont néanmoins très utiles pour construire des paquets d'ondes ou décrire des flux continus (nous le verrons en particulier dans l'exercice sur l'effet tunnel).

6.2.2 L'évolution d'un état quelconque

Nous allons maintenant exploiter le fait que les états stationnaires que nous venons de déterminer forment une base de l'espace de Hilbert des fonctions d'onde pour prédire l'évolution d'un état quelconque. Considérons un état initial représenté par sa fonction d'onde $\psi(\vec{r},0)$ à l'instant $t = 0$. Il se décompose sur les états stationnaires $\{e_n\}$ d'énergies $\{E_n\}$ (certaines de ces énergies pouvant être égales entre elles) :

$$\psi(\vec{r},0) = \sum_{n=1}^{+\infty} c_n \, e_n(\vec{r}) \quad . \tag{6.19}$$

Pour connaître l'évolution de ψ, il suffit maintenant d'utiliser la linéarité de l'équation de Schrödinger et notre connaissance acquise de l'évolution d'un état stationnaire : chaque état stationnaire est simplement multiplié par un facteur de phase qui augmente linéairement avec le temps. On a ainsi :

$$\psi(\vec{r},t) = \sum_{n=1}^{+\infty} c_n \, e^{-i\omega_n t} \, e_n(\vec{r}) = \sum_{n=1}^{+\infty} c_n \, e^{-\frac{iE_n t}{\hbar}} \, e_n(\vec{r}) \quad . \tag{6.20}$$

Dans l'écriture indépendante de la représentation, l'état quantique $|\psi(t)\rangle$ vérifie donc :

$$|\psi(t)\rangle = \sum_{n=1}^{+\infty} c_n \, e^{-\frac{iE_n t}{\hbar}} \, |e_n\rangle \quad . \tag{6.21}$$

Dans cette expression, chaque coefficient évolue avec un facteur de phase différent déterminé par l'énergie de l'état propre, sans perte d'information de la phase initiale. Une telle évolution est appelée *évolution cohérente.*

Formellement, cette évolution peut se réécrire en introduisant l'*opérateur d'évolution* unitaire obtenu en prenant l'exponentielle de l'hamiltonien :

$$|\psi(t)\rangle = e^{-\frac{it}{\hbar}\hat{H}} \ |\psi(t=0)\rangle \ . \tag{6.22}$$

6.3 L'évolution d'une observable

6.3.1 Dans un état stationnaire

Nous avons vu que la densité de probabilité de présence est indépendante du temps pour un état stationnaire, et que donc la loi de probabilité de l'observable « position » l'est également. Qu'en est-il pour une observable quelconque $\hat{O}$ dans un tel état stationnaire ? Commençons par calculer l'évolution temporelle de la valeur moyenne de l'observable, en exploitant le fait que l'état est un état propre de l'hamiltonien : :

$$\begin{aligned}\frac{\mathrm{d}\langle O\rangle}{\mathrm{d}t} &= \frac{\mathrm{d}\langle\psi|\hat{O}|\psi\rangle}{\mathrm{d}t} = \left\langle\frac{\partial\psi}{\partial t}\middle|\hat{O}\middle|\psi\right\rangle + \left\langle\psi\middle|\hat{O}\middle|\frac{\partial\psi}{\partial t}\right\rangle \\ &= \left\langle\frac{E}{i\hbar}\psi\middle|\hat{O}\middle|\psi\right\rangle + \left\langle\psi\middle|\hat{O}\middle|\frac{E}{i\hbar}\psi\right\rangle = -\frac{E}{i\hbar}\langle\psi|\hat{O}|\psi\rangle + \frac{E}{i\hbar}\langle\psi|\hat{O}|\psi\rangle = 0 \ .\end{aligned} \tag{6.23}$$

La valeur moyenne de l'observable est donc constante dans le temps. Cette propriété s'étend immédiatement à toutes les puissances de l'opérateur, ce qui veut dire que tous les moments de la loi de probabilité associée à l'état $|\psi(t)\rangle$ sont constants. En bref, la loi de probabilité n'évolue pas au cours du temps. Ce que l'on avait observé pour la position se généralise ainsi à toutes les observables : *dans un état stationnaire, les lois de probabilité de toutes les observables sont constantes.*

6.3.2 Dans un état quelconque

On peut reprendre le calcul précédent pour un état quelconque, sans forcément qu'il soit un état stationnaire, et donc un état propre de l'hamiltonien $\hat{H}$. Cet état obéit également à l'équation de Schrödinger, ce qui entraîne :

$$\begin{aligned}\frac{\mathrm{d}\langle O\rangle}{\mathrm{d}t} &= \frac{\mathrm{d}\langle\psi|\hat{O}|\psi\rangle}{\mathrm{d}t} = \left\langle\frac{\partial\psi}{\partial t}\middle|\hat{O}\middle|\psi\right\rangle + \left\langle\psi\middle|\hat{O}\middle|\frac{\partial\psi}{\partial t}\right\rangle \\ &= \left\langle\frac{\hat{H}}{i\hbar}\psi\middle|\hat{O}\middle|\psi\right\rangle + \left\langle\psi\middle|\hat{O}\middle|\frac{\hat{H}}{i\hbar}\psi\right\rangle = -\frac{1}{i\hbar}\langle\psi|\hat{H}\hat{O}|\psi\rangle + \frac{1}{i\hbar}\langle\psi|\hat{O}\hat{H}|\psi\rangle \\ &= \frac{i}{\hbar}\langle\psi|\left[\hat{H},\hat{O}\right]|\psi\rangle \ .\end{aligned} \tag{6.24}$$

On voit ainsi apparaître le commutateur de l'hamiltonien et de l'opérateur représentant l'observable. La valeur moyenne de l'observable est constante si ce commutateur est nul, donc si l'opérateur $\hat{O}$ commute avec l'hamiltonien. Si cette condition est remplie, toutes les puissances de $\hat{O}$ commutent également avec l'hamiltonien, ce qui signifie que tous les moments de l'observable O seront constants dans le temps, et donc la loi de probabilité de O tout entière. On dispose ainsi d'une caractérisation simple des observables dont les lois de probabilité sont invariantes dans le temps, quel que soit l'état quantique initial :

Pour que la loi de probabilité d'une observable soit constante dans le temps, il faut que l'opérateur associé à l'observable commute avec l'hamiltonien, et donc qu'il existe une base d'états stationnaires qui soit également base propre de l'opérateur $\hat{O}$.

Remarque : on retrouve ici l'équivalent quantique de l'équation d'évolution d'une observable d'un système hamiltonien classique rencontrée dans la partie 1.4.3, le crochet de Poisson étant maintenant remplacé par le commutateur entre l'hamiltonien et l'opérateur correspondant à l'observable.

6.4 Les équations d'Ehrenfest

Deux observables sont particulièrement intéressantes à étudier dans ce cadre : la position et l'impulsion. D'après ce que l'on vient de voir, nous devons calculer les commutateurs de l'hamiltonien avec les opérateurs « position » et « impulsion ». Pour cela, nous allons supposer que notre système est une particule de masse m dans un potentiel externe $V(\vec{r})$, et nous allons calculer le commutateur de l'hamiltonien $\hat{H}$ et de l'opérateur $\hat{x}$. L'opérateur $\hat{V}$ consiste en une multiplication de la fonction d'onde $\psi(\vec{r})$ par la fonction $V(\vec{r})$. L'opérateur « position » est également une multiplication par une fonction de l'espace. Ces deux opérateurs commutent. Par conséquent, il ne reste que la partie laplacienne de l'hamiltonien, et même plus précisément que les dérivées le long de x car les autres commutent avec $\hat{x}$:

$$\begin{aligned}\left[\hat{H},\hat{x}\right]\psi &= -\frac{\hbar^2}{2m}\left[\Delta,\hat{x}\right]\psi = -\frac{\hbar^2}{2m}\left[\frac{\partial^2}{\partial x^2},\hat{x}\right]\psi \\ &= -\frac{\hbar^2}{2m}\left(\frac{\partial^2(x\psi)}{\partial x^2} - x\frac{\partial^2\psi}{\partial x^2}\right) = -\frac{\hbar^2}{m}\frac{\partial\psi}{\partial x} \quad . \end{aligned} \tag{6.25}$$

En utilisant les définitions des opérateurs $\hat{k}_x = \frac{1}{i}\frac{\partial}{\partial x}$ et $\hat{p}_x = \hbar\hat{k}_x$, on peut réécrire ce commutateur sous la forme :

$$\left[\hat{H},\hat{x}\right] = -\frac{i\hbar^2}{m}\hat{k}_x = -\frac{i\hbar}{m}\hat{p}_x \quad . \tag{6.26}$$

Le calcul est évidemment similaire pour les autres directions, et l'on peut regrouper les trois commutateurs sous une écriture vectorielle :

$$\left[\hat{H},\hat{\vec{r}}\right] = -\frac{i\hbar}{m}\hat{\vec{p}} \ . \tag{6.27}$$

Le calcul pour le commutateur de l'hamiltonien et de l'impulsion se fait dans le même esprit, à la différence que cette fois, la partie cinétique de l'hamiltonien, proportionnelle à $\hat{p}^2$, commute avec l'opérateur impulsion tandis que la partie potentielle contribue au commutateur. On s'intéresse par exemple à l'impulsion dans la direction x :

$$\left[\hat{H},\hat{p}_x\right]\psi = \left[\hat{V},\frac{\hbar}{i}\frac{\partial}{\partial x}\right]\psi = V\,\frac{\hbar}{i}\frac{\partial\psi}{\partial x} - \frac{\hbar}{i}\frac{\partial(V\psi)}{\partial x} = i\hbar\frac{\partial V}{\partial x}\,\psi \ . \tag{6.28}$$

La dernière expression est simplement la multiplication de ψ par une fonction proportionnelle à la dérivée du potentiel dans la direction x. Encore une fois, on peut écrire cette égalité comme une égalité entre opérateurs, puis regrouper les trois directions de l'espace en une égalité vectorielle, ce qui donne :

$$\left[\hat{H},\hat{\vec{p}}\right] = i\hbar\,\widehat{\frac{\partial V}{\partial\vec{r}}} \ . \tag{6.29}$$

On utilise maintenant les résultats (6.27) et (6.29) pour écrire les équations d'évolution de la position moyenne et de l'impulsion moyenne :

$$\frac{\mathrm{d}\langle\vec{r}\rangle}{\mathrm{d}t} = \frac{i}{\hbar}\langle\psi|\left[\hat{H},\hat{\vec{r}}\right]|\psi\rangle = \frac{1}{m}\langle\psi|\hat{\vec{p}}|\psi\rangle = \frac{\langle\vec{p}\rangle}{m} \ , \tag{6.30}$$

$$\frac{\mathrm{d}\langle\vec{p}\rangle}{\mathrm{d}t} = \frac{i}{\hbar}\langle\psi|\left[\hat{H},\hat{\vec{p}}\right]|\psi\rangle = -\langle\psi|\widehat{\frac{\partial V}{\partial\vec{r}}}|\psi\rangle = -\left\langle\frac{\partial V}{\partial\vec{r}}\right\rangle \ . \tag{6.31}$$

On reconnaît dans la première équation le « $\vec{p} = m\vec{v}$ » reliant l'impulsion à la vitesse en physique classique, et dans la seconde équation le « $\vec{F} = m\vec{a}$ » de la deuxième loi de Newton. On retrouve ainsi la mécanique classique, mais pour les valeurs moyennes !

Remarque : il est intéressant de noter que les « $\hbar$ » présents dans les commutateurs compensent exactement le « $\hbar$ » présent au dénominateur de l'équation d'évolution de la valeur moyenne. Ceci ne serait plus vrai si on regardait des moments d'ordre supérieur, car alors un facteur $\hbar^{n-1}$ apparaîtrait dans le second membre, qui s'annulerait ainsi dans la limite classique $\hbar \to 0$.

Le calcul que nous venons de voir peut se mener en fait de façon très générale, quelle que soit la forme de l'hamiltonien $\hat{H}$, en écrivant l'opérateur $\hat{\vec{r}}$ en représentation « p » et l'opérateur $\hat{\vec{p}}$ en représentation « x » :

$$\hat{\vec{r}} = i\hbar\frac{\partial}{\partial\vec{p}} \qquad \text{et} \qquad \hat{\vec{p}} = \frac{\hbar}{i}\frac{\partial}{\partial\vec{r}} \ , \tag{6.32}$$

la notation $\partial/\partial\vec{r}$ désignant le gradient par rapport aux variables de position et $\partial/\partial\vec{p}$ le gradient par rapport aux variables d'impulsion. Dans ce cadre, il est immédiat d'établir les relations suivantes pour les commutateurs :

$$\left[\hat{H},\hat{\vec{r}}\right] = -i\hbar\,\frac{\partial\hat{H}}{\partial\vec{p}} \qquad \text{et} \qquad \left[\hat{H},\hat{\vec{p}}\right] = -\frac{\hbar}{i}\,\frac{\partial\hat{H}}{\partial\vec{r}}\;. \tag{6.33}$$

Si l'on reporte ces expressions dans les équations d'évolution de $\langle\vec{r}\rangle$ et de $\langle\vec{p}\rangle$ tirées de (6.24), on aboutit à :

$$\frac{d\,\langle\vec{r}\rangle}{dt} = \left\langle\frac{\partial H}{\partial\vec{p}}\right\rangle \qquad \text{et} \qquad \frac{d\,\langle\vec{p}\rangle}{dt} = -\left\langle\frac{\partial H}{\partial\vec{r}}\right\rangle\;. \tag{6.34}$$

Ce système porte le nom d'*équations d'Ehrenfest*. Ce sont les analogues des équations de Hamilton-Jacobi qui décrivent l'évolution d'un système hamiltonien classique dans l'espace des phases, mais cette fois appliquées aux valeurs moyennes des observables « position » et « impulsion » en mécanique quantique.

6.5 Principe d'incertitude temps-énergie

Le temps n'est pas une observable quantique, au sens où il n'existe pas d'opérateur « temps » correspondant à sa mesure. Il apparaît comme un paramètre qui fait évoluer la fonction d'onde spatiale de l'état quantique ou encore les coefficients de la décomposition de cet état dans une autre base. En ce sens, la physique quantique que nous développons demeure « classique » (non relativiste) car elle conserve cette différence de nature entre l'espace et le temps. Pour autant, il existe un principe d'incertitude entre le temps et sa variable conjuguée par le lagrangien, à savoir l'énergie.

Pour le faire apparaître, il faut considérer par exemple une particule quantique pouvant occuper deux états stationnaires possibles, $|\psi_1\rangle$ et $|\psi_2\rangle$, d'énergies respectives E_1 et E_2. L'état quantique de la particule obéit à l'équation de Schrödinger, et évolue donc conformément à (6.21) :

$$\begin{aligned} |\psi(t)\rangle &= \sum_{n=1}^{2} c_n\, e^{-\frac{iE_n t}{\hbar}}\,|\psi_n\rangle \\ &= c_1\, e^{-\frac{iE_1 t}{\hbar}}\,|\psi_1\rangle + c_2\, e^{-\frac{iE_2 t}{\hbar}}\,|\psi_2\rangle\;, \end{aligned} \tag{6.35}$$

c_1 et c_2 étant les coefficients de la décomposition de l'état $|\psi\rangle$ sur les états stationnaires à $t = 0$. La valeur de la probabilité de présence de l'état $|\psi\rangle$ à l'instant t en un point quelconque est donc :

$$
\begin{aligned}
|\psi(\vec{r},t)|^2 &= \left|c_1\, e^{-\frac{iE_1 t}{\hbar}}\, \psi_1(\vec{r}) + c_2\, e^{-\frac{iE_2 t}{\hbar}}\, \psi_2(\vec{r})\right|^2 \\
&= |c_1|^2|\psi_1(\vec{r})|^2 + |c_2|^2|\psi_2(\vec{r})|^2 + 2\,\mathrm{Re}\Big\{c_1^* c_2\, e^{-\frac{i(E_2-E_1)t}{\hbar}}\, \psi_1(\vec{r})^*\psi_2(\vec{r})\Big\} \\
&= A(\vec{r}) + B(\vec{r})\, \cos(\omega t + \varphi) \qquad \text{avec } \omega = \frac{E_2 - E_1}{\hbar} = \frac{\Delta E}{\hbar}\ . \qquad (6.36)
\end{aligned}
$$

La probabilité de présence oscille donc avec une période $T = 2\pi/\omega = h/\Delta E$.

Une autre façon possible d'interpréter ce principe est de constater que, pour mesurer l'énergie d'un système avec une précision ΔE, il faut pouvoir au moins l'observer sur un temps de l'ordre de $\Delta t = h/\Delta E$. Ceci tient aux propriétés de la transformée de Fourier temps–fréquence pour laquelle un signal limité à une durée Δt possède un étalement en fréquence au moins de l'ordre de $1/\Delta t$.

6.6 L'intégrale de chemin de Feynman

Une approche complémentaire de l'évolution des systèmes quantiques a été proposée par Richard Feynman dans les années 1950. Bien qu'elle déborde du cadre de cet ouvrage, il est intéressant d'en mentionner les grandes lignes, dans la mesure en particulier où elle permet de faire le lien avec l'approche variationnelle de la physique vue au premier chapitre.

Pour l'illustrer, considérons une expérience d'interférences entre deux chemins, comme dans la partie de gauche de la figure 6.2. Nous avons vu au chapitre 4 que la position de l'impact d'une particule unique traversant les doubles fentes n'est pas déterministe. Il est cependant possible d'en donner la densité de probabilité. L'amplitude de probabilité d'observer la particule à la position x est donnée par la somme des amplitudes correspondant au passage par chacune des fentes, comme cela est noté dans la figure 6.2. Si une seconde plaque percée de deux fentes est interposée entre la première plaque et l'écran, l'amplitude de probabilité doit tenir compte du passage par les premières fentes et par les secondes (schéma du milieu). La nouvelle expression de l'amplitude de probabilité est écrite en-dessous. On peut répéter cette opération en ajoutant une troisième rangée de fentes (schéma de droite). Dans ce cas, l'amplitude de probabilité doit également prendre en compte une somme sur tous les chemins possibles. Considérons à présent une expérience de pensée : faisons tendre vers l'infini le nombre de plans, ainsi que le nombre de fentes par plan. Dans ce cas, la somme devient continue : ceci définit l'*intégrale de chemin* de Feynman. On voit parfois écrit que la particule « passe par tous les chemins possibles à la fois ».

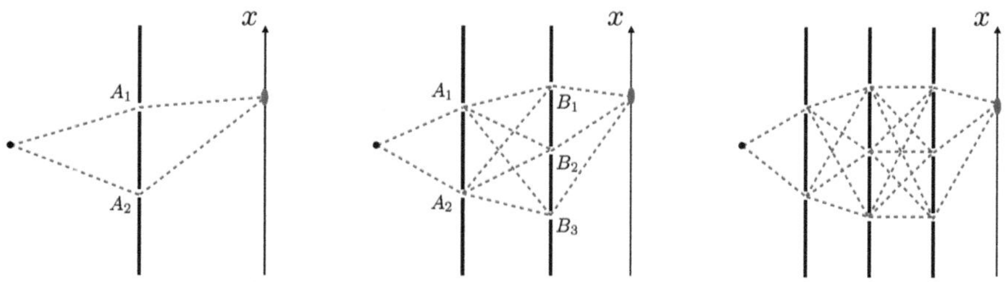

$$\psi(x) = \psi_{A_1}(x) + \psi_{A_2}(x) \qquad \psi(x) = \psi_{A_1,B_1}(x) + \psi_{A_1,B_2}(x) + \psi_{A_2,B_1}(x) + \psi_{A_2,B_2}(x) \qquad \psi(x) = \sum_{\text{chemins}} \psi_{\text{chemin } i}(x)$$

FIGURE 6.2 – Illustration de la construction de l'intégrale de chemins, en considérant un nombre croissant de fentes dans une expérience d'interférence de particule unique.

La discussion précédente se généralise à toute évolution d'un état initial $|\psi_i\rangle$ vers un état final $|\psi_j\rangle$. Nous avons vu dans la partie 6.2.2 que l'amplitude de transition sur une durée τ d'un état vers l'autre est donnée par l'opérateur d'évolution unitaire $\langle\psi_f|\, e^{-i\tau\hat{H}/\hbar}\, |\psi_i\rangle$, où H est l'hamiltonien. On peut montrer que cette amplitude s'exprime formellement comme

$$\langle\psi_f|\, e^{-i\tau\hat{H}/\hbar}\, |\psi_i\rangle = \int_{\text{chemins}} e^{i/\hbar \int_0^\tau L(q,\dot{q})\,\mathrm{d}t}\, \mathrm{D}q(t) \ , \tag{6.37}$$

où L est le lagrangien du système. L'élément d'intégration $\mathrm{D}q(t)$ représente un volume élémentaire autour d'un chemin particulier dans l'espace des phases, l'intégrale courant sur tous les chemins possibles. Dans le monde quantique, tout se passe comme si tous les chemins étaient explorés, et seuls ceux pour lesquels les phases de l'exponentielle de l'équation précédente s'additionnent de manière constructive contribuent de manière significative à l'amplitude de probabilité.

Cette formulation de la physique quantique permet de faire le lien avec la physique classique exprimée dans sa version hamiltonienne. En effet, en faisant tendre $\hbar$ vers 0, le terme dans l'intégrale tend vers $e^{i/\hbar \int_0^\tau L(q_c,\dot{q}_c)\,\mathrm{d}t}$ où q_c est le chemin classique donné par les solutions des équations d'Euler-Lagrange. Dans cette limite, tous les chemins non classiques interfèrent de façon destructive, faisant émerger la physique classique, déterministe en apparence.

6.7 L'équation de Schrödinger, une limite non-relativiste

La physique quantique qui est décrite dans cet ouvrage est une physique classique au sens où elle se place dans le cadre de l'espace et du temps absolu de la physique newtonienne. Le développement de la physique quantique au début du XXe siècle s'est fait en parallèle de celui de la relativité. Il est amusant de noter que la première équation de propagation proposée pour la physique quantique ne fut pas l'équation de Schrödinger, mais sa version relativiste, l'équation de Klein-Gordon. Cette dernière présentait des pathologies, comme l'existence de probabilités négatives. L'équation de Klein-Gordon a été ensuite ré-interprétée dans le cadre de la théorie quantique des champs qui allie relativité et physique quantique. Dans cette partie, nous montrons comment l'équation de propagation relativiste peut être obtenue à partir du principe de correspondance, puis qu'elle implique l'équation de Schrödinger dans la limite des énergies faibles devant l'énergie de masse.

6.7.1 L'équation de Klein-Gordon

La relation donnant l'hamiltonien de la particule libre en relativité restreinte est :

$$H(\vec{r},\vec{p}) = \sqrt{\vec{p}^{\,2}c^2 + m^2c^4} \ . \tag{6.38}$$

Le principe de correspondance de la mécanique quantique nous permet d'interpréter la variable p comme un opérateur, mais la présence d'une racine carrée nous empêche de déterminer directement l'hamiltonien quantique correspondant. Pour obtenir une relation exploitable, on élève cette équation au carré :

$$H^2(\vec{r},\vec{p}) = \vec{p}^{\,2}c^2 + m^2c^4, \quad \text{d'où} \quad \hat{H}^2 = \hat{\vec{p}}^{\,2}c^2 + m^2c^4 = -\hbar^2c^2\Delta + m^2c^4 \ . \tag{6.39}$$

Il est à présent possible d'utiliser la correspondance entre énergie classique et évolution temporelle vue précédemment,

$$E \to i\hbar\frac{\partial}{\partial t} \ , \tag{6.40}$$

pour en tirer une équation d'évolution du deuxième ordre :

$$-\hbar^2\frac{\partial^2\Psi}{\partial t^2} = \left(-\hbar^2c^2\Delta + m^2c^4\right)\Psi \ . \tag{6.41}$$

Cette équation porte le nom d'*équation de Klein-Gordon*. Les solutions de cette équation d'onde sont des ondes planes de la forme :

$$\Psi = A\exp\left(-\frac{i}{\hbar}\left(Et - \vec{p}\cdot\vec{r}\right)\right) \ , \tag{6.42}$$

où $E^2 = p^2c^2 + m^2c^4$. Il est également possible d'écrire une équation d'évolution du premier ordre, mais la fonction d'onde ne peut plus être scalaire et il faut introduire une fonction quadrivectorielle. On aboutit alors à l'*équation de Dirac*. Bien que son étude sorte du cadre de cet enseignement, elle sera brièvement évoquée au chapitre 9.

6.7.2 L'équation de Schrödinger comme limite classique

La limite classique de l'équation de Klein-Gordon est obtenue dans le cas où $E = mc^2 + \varepsilon$, ε étant supposé petit devant l'énergie de masse au repos. En oubliant le facteur multiplicatif A, on sépare la partie rapidement oscillante du reste de l'onde plane :

$$\Psi(t,\vec{r}) = \exp\left(-i\frac{mc^2}{\hbar}t\right) \times \exp\left(-\frac{i}{\hbar}(\varepsilon t - \vec{p}\cdot\vec{r})\right) = e^{-i\frac{mc^2}{\hbar}t}\,\psi(t,\vec{r}) \quad . \qquad (6.43)$$

On peut alors développer la dérivée temporelle sous la forme

$$\frac{\partial}{\partial t}\left(e^{-i\frac{mc^2}{\hbar}t}\psi\right) = e^{-i\frac{mc^2}{\hbar}t}\left(-i\frac{mc^2}{\hbar} + \frac{\partial}{\partial t}\right)\psi \ , \qquad (6.44)$$

ainsi que la dérivée seconde par rapport au temps :

$$\begin{aligned} \frac{\partial^2}{\partial t^2}\left(e^{-i\frac{mc^2}{\hbar}t}\psi\right) &= e^{-i\frac{mc^2}{\hbar}t}\left(-i\frac{mc^2}{\hbar} + \frac{\partial}{\partial t}\right)^2\psi \\ &= e^{-i\frac{mc^2}{\hbar}t}\left(-\frac{m^2c^4}{\hbar^2} + \frac{\partial^2}{\partial t^2} - 2i\frac{mc^2}{\hbar}\frac{\partial}{\partial t}\right)\psi \ . \end{aligned} \qquad (6.45)$$

Ces deux expressions peuvent être injectées dans l'équation de propagation donnée par la relation (6.41), ce qui donne

$$\frac{\hbar^2}{c^2}\left(-\frac{m^2c^4}{\hbar^2} + \frac{\partial^2}{\partial t^2} - 2i\frac{mc^2}{\hbar}\frac{\partial}{\partial t}\right)\psi - \hbar^2\Delta\psi + m^2c^2\psi = 0 \ , \qquad (6.46)$$

soit, après simplification,

$$\frac{\hbar^2}{c^2}\frac{\partial^2\psi}{\partial t^2} - 2im\hbar\frac{\partial\psi}{\partial t} - \hbar^2\Delta\psi = 0 \ . \qquad (6.47)$$

Or, la dérivée première en temps donne un terme d'ordre $m\varepsilon$ tandis que la dérivée seconde donne un terme d'ordre ε^2. On peut donc négliger cette dernière pour aboutir à

$$-2im\hbar\frac{\partial\psi}{\partial t} - \hbar^2\Delta\psi = 0 \ , \qquad (6.48)$$

soit encore

$$i\hbar\frac{\partial\psi}{\partial t} = -\frac{\hbar^2}{2m}\Delta\psi \ , \tag{6.49}$$

ce qui est bien la forme habituelle de l'équation de Schrödinger pour la particule libre de masse m. Cette dernière est donc bien la limite classique de l'équation relativiste de Klein-Gordon.

6.8 Transformations de jauge et phase de la fonction d'onde

Nous avons vu au chapitre 3 que le champ électromagnétique dérive d'un quadrivecteur potentiel. Ce dernier présente une certaine dégénérescence, c'est-à-dire qu'à un champ donné correspondent différents potentiels. Ces derniers sont reliés par les transformations de jauges décrites de façon générale par la relation (3.65). La description du champ électromagnétique présente donc une invariance par une transformation de jauge de cette forme. En physique classique, cette invariance est associée à la conservation de la charge comme nous l'avons vu dans la partie 1.7.2. À présent que nous connaissons l'équation de propagation pour la fonction d'onde, il est possible de déterminer l'effet d'une transformation de jauge sur la fonction d'onde : nous allons montrer qu'il s'agit d'une rotation de sa phase. Pour cela, repartons de l'hamiltonien (1.43) d'une particule chargée dans un champ :

$$\hat{H} = \frac{1}{2m}\left(\hat{\vec{p}} - q\hat{\vec{A}}\right)^2 + q\hat{V} \ . \tag{6.50}$$

On effectue ensuite la transformation de jauge (1.81) sur les champs,

$$V' = V + \frac{\partial\chi}{\partial t} \quad \text{et} \quad \vec{A}' = \vec{A} - \frac{\partial\chi}{\partial\vec{r}} \ , \tag{6.51}$$

où χ est une fonction quelconque. On sait que cette transformation ne doit pas changer les prédictions physiques, dans la mesure où les champs mesurables sont les mêmes. Ainsi, si l'on part de l'équation de Schrödinger dans la jauge originale

$$i\hbar\frac{\partial\psi}{\partial t} = \frac{1}{2m}\left(\hat{\vec{p}} - q\hat{\vec{A}}\right)^2\psi + q\hat{V}\psi \ , \tag{6.52}$$

et que l'on appelle ψ' la fonction d'onde dans la nouvelle jauge, la question revient à déterminer la relation entre ψ et ψ'. On paramétrise cette relation *via* un facteur multiplicatif u tel que

$$\psi'(t,\vec{r}) = u(t,\vec{r}) \times \psi(t,\vec{r}) \ . \tag{6.53}$$

L'équation de Schrödinger dans la jauge transformée s'écrit donc

$$i\hbar\frac{\partial\psi'}{\partial t} = \frac{1}{2m}\left(\hat{\vec{p}} - q\hat{\vec{A}} + q\,\widehat{\frac{\partial\chi}{\partial\vec{r}}}\right)^2\psi' + q\,\hat{V}\,\psi' + q\,\widehat{\frac{\partial\chi}{\partial t}}\,\psi' \ , \tag{6.54}$$

soit, en développant,

$$i\hbar u\frac{\partial\psi}{\partial t}+i\hbar\psi\frac{\partial u}{\partial t}=\frac{1}{2m}\left(\hat{\vec{p}}-q\,\hat{\vec{A}}+q\,\widehat{\frac{\partial\chi}{\partial\vec{r}}}\right)^2 u\psi+q\,\hat{V}\,u\,\psi+q\,\widehat{\frac{\partial\chi}{\partial t}}u\,\psi\ . \qquad (6.55)$$

Imposer l'invariance de jauge revient à dire que cette dernière équation est identique à celle écrite dans la jauge originale. Cherchons donc à présent les conditions sur la fonction u pour que cela soit le cas. Or, cette dernière relation peut se ramener à l'équation de Schrödinger initiale pour peu que l'on factorise et simplifie u de chaque côté de l'égalité. Regroupons tout d'abord les dérivées temporelles : on ne conserve que la dérivée en temps de ψ à condition que

$$i\hbar\frac{\partial u}{\partial t}=qu\frac{\partial\chi}{\partial t}\ . \qquad (6.56)$$

Quant aux parties dépendantes de l'espace, le point délicat est que $\hat{\vec{p}}$ agit sur le produit $(u\psi)$. Il faut donc commuter $\hat{\vec{p}}$ et u pour factoriser ce dernier à gauche. On calcule donc le commutateur $[\hat{\vec{p}},u]$ qui est proportionnel au gradient de u. En effet, s'il est appliqué à une fonction f, on voit que

$$\left[\hat{\vec{p}},u\right]f=-i\hbar\frac{\partial(uf)}{\partial\vec{r}}+i\hbar u\frac{\partial f}{\partial\vec{r}}=\left(-i\hbar\frac{\partial u}{\partial\vec{r}}\right)f\ . \qquad (6.57)$$

On peut donc exploiter cette expression pour commuter u avec l'opérateur différentiel en espace dans (6.55). Ceci s'effectue en deux temps. Tout d'abord

$$\begin{aligned}&\left(\hat{\vec{p}}-q\hat{\vec{A}}+q\widehat{\frac{\partial\chi}{\partial\vec{r}}}\right)\left(\hat{\vec{p}}-q\hat{\vec{A}}+q\widehat{\frac{\partial\chi}{\partial\vec{r}}}\right)u\psi\\&\qquad=\left(\hat{\vec{p}}-q\hat{\vec{A}}+q\widehat{\frac{\partial\chi}{\partial\vec{r}}}\right)u\left(\hat{\vec{p}}-\frac{i}{u}\frac{\partial u}{\partial\vec{r}}-q\hat{\vec{A}}+q\widehat{\frac{\partial\chi}{\partial\vec{r}}}\right)\psi,\end{aligned} \qquad (6.58)$$

où la fonction u a été commutée avec $\hat{\vec{p}}$ à l'aide du commutateur précédent. Les autres termes commutent avec u. En renouvelant la procédure, on obtient

$$\left(\hat{\vec{p}}-q\hat{\vec{A}}+q\,\widehat{\frac{\partial\chi}{\partial\vec{r}}}\right)^2u\psi=u\left(\hat{\vec{p}}-\frac{i}{u}\frac{\partial u}{\partial\vec{r}}-q\hat{\vec{A}}+q\widehat{\frac{\partial\chi}{\partial\vec{r}}}\right)^2\psi\ . \qquad (6.59)$$

L'équation de Schrödinger est donc invariante à condition que

$$qu\frac{\partial\chi}{\partial\vec{r}}=i\hbar\frac{\partial u}{\partial\vec{r}}\ . \qquad (6.60)$$

Nous obtenons donc que si les conditions (6.56) et (6.60) sont vérifiées, alors l'équation de Schrödinger est invariante de jauge. Ces conditions définissent donc la transformation subie par la fonction d'onde lors du changement de jauge. La première relation peut s'écrire

$$\frac{i\hbar}{q}\frac{\mathrm{d}u}{u} = \mathrm{d}\chi \ , \tag{6.61}$$

ce qui donne la forme de la fonction u

$$u = e^{-i\frac{q}{\hbar}\chi} \ . \tag{6.62}$$

On vérifie immédiatement que cette solution satisfait également la condition (6.60). La transformation de jauge agit donc sur la fonction d'onde par multiplication par un facteur de phase :

$$\psi \longmapsto \psi' = e^{-i\frac{q}{\hbar}\chi}\,\psi \ . \tag{6.63}$$

En conclusion, une transformation de jauge se traduit sur la fonction d'onde par une rotation de la phase. Au premier chapitre, nous avons vu dans la partie 1.7.2 que l'invariance de jauge est liée à la conservation de la charge. Il est donc maintenant possible d'interpréter cette invariance à la lumière du théorème de Noether : la conservation de la charge est associée à l'invariance des équations du mouvement par modification de la phase de la fonction d'onde. C'est là le premier exemple d'une loi de conservation qui concerne une symétrie interne (ici fondée sur le groupe $U(1)$), en contraste avec les exemples du premier chapitre qui découlent de symétries d'espace-temps.

À retenir de ce chapitre

- En dehors du processus de mesure, l'évolution temporelle de la fonction d'onde est déterministe et linéaire : elle conserve le principe de superposition. L'équation d'évolution est l'équation de Schrödinger, l'opérateur gouvernant cette évolution étant l'hamiltonien :
$$i\hbar\frac{\partial\psi}{\partial t} = \hat{H}\psi \ .$$
- Les solutions séparables en temps et en espace de l'équation de Schrödinger, pour lesquelles $\psi(\vec{r},t) = \phi(\vec{r})\, f(t)$, correspondent à des états stationnaires dont la probabilité de présence reste inchangée au cours du temps. La partie spatiale est vecteur propre de l'hamiltonien. Elle vérifie l'équation de Schrödinger indépendante du temps :
$$\hat{H}\phi = E\,\phi \ .$$
La partie temporelle est alors une fonction exponentielle complexe du temps, correspondant à une rotation de phase à pulsation ω constante telle que $E = \hbar\omega$:
$$f(t) = e^{-i\frac{E}{\hbar}t} = e^{-i\omega t} \ .$$
- L'équation de Schrödinger étant linéaire, et les vecteurs propres de l'hamiltonien constituant une base de l'espace des états, l'évolution à partir d'un état quelconque ψ_0 à l'instant $t = 0$ s'obtient en décomposant cet état sur les vecteurs propres $\{e_n(\vec{r}), E_n\}$ de $\hat{H}$:
$$\psi(\vec{r},t) = \sum_n c_n\, e^{-i\frac{E_n}{\hbar}t}\, e_n(\vec{r}) \quad , \quad \text{avec} \quad c_n = \langle e_n|\psi_0\rangle \ .$$
- La valeur moyenne de toute observable O vérifie l'équation d'évolution suivante :
$$\frac{\mathrm{d}\langle O\rangle}{\mathrm{d}t} = \frac{i}{\hbar}\langle\psi|\left[\hat{H},\hat{O}\right]|\psi\rangle \ .$$
- Cette équation d'évolution appliquée respectivement aux observables position et impulsion débouche sur les équations d'Ehrenfest :
$$\frac{\mathrm{d}\langle\vec{r}\rangle}{\mathrm{d}t} = \frac{\langle\vec{p}\rangle}{m} \quad , \quad \frac{\mathrm{d}\langle\vec{p}\rangle}{\mathrm{d}t} = -\left\langle\frac{\partial V}{\partial\vec{r}}\right\rangle \ .$$

Chapitre 7

L'oscillateur harmonique

7.1 Importance de l'oscillateur harmonique

L'un des systèmes physiques les plus simples conceptuellement, et l'un des plus étudiés, est sans doute l'oscillateur harmonique. Il est décrit par un degré de liberté représentant le déplacement autour d'une position d'équilibre, et une force de rappel linéaire proportionnelle à ce déplacement. En physique classique, ce système décrit par exemple un ressort dans son régime de fonctionnement élastique, ou encore un pendule dans la limite des petites oscillations. L'importance de ce modèle va cependant bien au-delà de ces deux exemples. L'oscillateur harmonique, à une ou plusieurs dimensions, décrit de manière très générale la dynamique à faible amplitude d'un système autour d'un point d'équilibre stable. En effet, si l'on se place par exemple dans le cas d'une particule de masse m dans un potentiel $V(\vec{r})$ en dimension d indépendant du temps, et que l'on suppose que la position $\vec{r}_0$ correspond à un équilibre stable, alors on peut alors effectuer un développement de Taylor du potentiel autour de $\vec{r}_0$ sous la forme :

$$V\left(\vec{r}_0 + \vec{\varepsilon}\right) = V(\vec{r}_0) + \left.\frac{\partial V}{\partial \vec{r}}\right|_{\vec{r}_0} \cdot \vec{\varepsilon} + \frac{1}{2}\left(\vec{\varepsilon}^{\mathrm{T}} K(\vec{r}_0)\, \vec{\varepsilon}\right) + \cdots \quad , \tag{7.1}$$

où $K(\vec{r}_0)$ est la matrice des dérivées secondes (le *hessien*) du potentiel au point $\vec{r}_0$: $K(\vec{r}_0)_{ij} = \left.\frac{\partial^2 V}{\partial x_i \partial x_j}\right|_{\vec{r}_0}$. Le premier terme est une référence d'énergie que l'on peut prendre nulle sans changer la physique du système, tandis que le deuxième terme disparaît car le gradient du potentiel s'annule sur une position d'équilibre. Ne reste donc au deuxième ordre que le dernier terme que l'on peut réécrire en diagonalisant $K(\vec{r}_0)$. En effet, sur une position d'équilibre stable, la matrice $K(\vec{r}_0)$ est symétrique et définie positive. Si l'on appelle $\{\lambda_\ell\}$ ses valeurs propres et $\{\varepsilon_\ell\}$ les composantes de $\vec{\varepsilon}$ dans la base propre, le potentiel peut alors s'écrire au deuxième ordre :

$$V\left(\vec{r}_0 + \vec{\varepsilon}\right) = \sum_{\ell=1}^{d} \frac{1}{2} \lambda_\ell \, \varepsilon_\ell^2 \ . \tag{7.2}$$

On retrouve l'expression de l'énergie élastique de d oscillateurs harmoniques indépendants, la dérivée seconde du potentiel dans chaque direction propre apparaissant comme la « raideur » du ressort unidimensionnel équivalent.

L'étude de l'oscillateur harmonique quantique a joué un rôle crucial en physique au cours de la révolution quantique et dans les développements qui ont suivi, que ce soit en physique du solide où les atomes sont décrits comme fluctuant chacun autour de leur position d'équilibre dans le cristal, ou en électromagnétisme où nous avons appris dans la partie 1.7.3 que l'énergie totale du champ électromagnétique dans une cavité peut être vue comme une collection d'oscillateurs harmoniques. La description quantique de l'oscillateur harmonique permettra ainsi à Einstein d'expliquer la capacité calorifique des solides et à Planck de résoudre le paradoxe de la catastrophe ultraviolette du rayonnement du corps noir.

Enfin, l'oscillateur harmonique quantique établit un pont vers les modèles les plus modernes de la physique fondamentale. En effet, la physique des particules repose sur la *théorie quantique des champs* pour décrire les particules élémentaires. Ces champs sont quantifiés et décrits comme une collection d'oscillateurs harmoniques : on parle alors de *seconde quantification.* On peut le comprendre qualitativement de la manière suivante : si une grandeur $A(\vec{r}, t)$, quelle qu'elle soit, obéit à une équation de propagation de type équation de d'Alembert, alors

$$\frac{1}{v^2} \frac{\partial^2 A}{\partial t^2} - \Delta A = 0 \ , \tag{7.3}$$

où v est la célérité de l'onde. Un mode spatial $A_{\vec{k}}$ de la grandeur A (dont la dépendance spatiale est donc une onde plane de vecteur d'onde $\vec{k}$) satisfait alors :

$$\frac{\partial^2 A_{\vec{k}}}{\partial t^2} + v^2 \vec{k}^{\,2} A_{\vec{k}} = 0 \ . \tag{7.4}$$

Le mode en question obéit à l'équation d'un oscillateur harmonique. Il est donc naturel, pour une grandeur décrite dans un espace-temps à trois dimensions spatiales et pour une propagation réversible dans le temps, de considérer les grandeurs physiques comme des collections d'oscillateurs harmoniques.

La physique moderne est à ce point ancrée dans la description quantique des oscillateurs harmoniques que l'on parle parfois de *paradigme harmonique* pour désigner l'approche actuelle des particules élémentaires et de leurs interactions.

Au cours de ce chapitre, nous allons démontrer la quantification de l'énergie des oscillateurs harmoniques, validant l'hypothèse de Planck formulée dans la partie 4.2. Nous ferons émerger cette quantification de la structure algébrique de la physique quantique, en exploitation les relations de commutations entre position et impulsion.

7.2 Rappels de la situation classique

En physique classique, un oscillateur harmonique est un système soumis à une force de rappel proportionnelle au déplacement. À une dimension, cette force s'écrit

$$F_x = -\lambda x \ , \tag{7.5}$$

où λ est la « raideur » du ressort équivalent. Cette force dérive du potentiel quadratique

$$V(x) = \frac{1}{2}\lambda x^2 \ . \tag{7.6}$$

L'évolution du système est gouvernée par la deuxième loi de Newton qui se traduit en une équation différentielle du second ordre sur la position. Cette dernière a pour solution des fonctions harmoniques, c'est-à-dire des « cosinus » et des « sinus ». La pulsation de ces fonctions est la pulsation propre du système donnée par la relation

$$\omega = \sqrt{\frac{\lambda}{m}} \ , \tag{7.7}$$

de sorte que le potentiel peut s'écrire en faisant explicitement apparaître ω :

$$V(x) = \frac{1}{2}m\omega^2 x^2 \ . \tag{7.8}$$

Le lagrangien de l'oscillateur harmonique est donné par la différence entre l'énergie cinétique et l'énergie potentielle,

$$L = \frac{1}{2}m\dot{x}^2 - \frac{1}{2}m\omega^2 x^2 \ . \tag{7.9}$$

On vérifie aisément avec les résultats du premier chapitre que l'hamiltonien du système est donné par

$$H = \frac{p^2}{2m} + \frac{1}{2}m\omega^2 x^2 \ , \tag{7.10}$$

soit la somme de l'énergie cinétique et de l'énergie potentielle. Remarquons dès à présent que l'hamiltonien classique peut se factoriser sous la forme

$$H = \left(\sqrt{\frac{m\omega^2}{2}}x + i\frac{p}{\sqrt{2m}}\right)\left(\sqrt{\frac{m\omega^2}{2}}x - i\frac{p}{\sqrt{2m}}\right) \ . \tag{7.11}$$

Cette factorisation, qui fait apparaître une symétrie entre x et p, jouera un rôle très important dans la description quantique de l'oscillateur harmonique.

7.3 Adimensionnement des opérateurs

L'hamiltonien quantique se déduit de l'expression classique (7.10) en utilisant le principe de correspondance. Ceci consiste ici simplement à élever les variables x et p au rang d'opérateurs

$$\hat{H} = \frac{\hat{p}^2}{2m} + \frac{1}{2}m\omega^2\hat{x}^2 \ . \tag{7.12}$$

Dans la suite, il sera plus commode de travailler avec les opérateurs sans dimension $\hat{X}$ et $\hat{P}$, définis par

$$\hat{X} = \sqrt{\frac{m\omega}{\hbar}}\,\hat{x} \qquad \text{et} \qquad \hat{P} = \frac{1}{\sqrt{m\omega\hbar}}\,\hat{p} \ . \tag{7.13}$$

Notons que parler de dimension d'un opérateur est un abus de langage : il s'agit de la dimension de ses valeurs propres, ou encore de ses coefficients dans le cas d'une représentation matricielle. L'adimensionnement des opérateurs se fait à une constante près. Ces constantes sont choisies ici de sorte que la variance des distributions de probabilité dans l'état fondamental en représentation « x » ou « p » soient l'unité.

L'hamiltonien peut se réécrire alors en fonction de ces opérateurs sans dimensions :

$$\hat{H} = \frac{\hbar\omega}{2}\left(\hat{X}^2 + \hat{P}^2\right) \ . \tag{7.14}$$

Sous cette forme, il apparaît clairement que les opérateurs $\hat{X}$ et $\hat{P}$ jouent des rôles symétriques. On s'attend donc à ce que les propriétés déduites de l'étude de cet hamiltonien soient identiques en représentation « x » ou « p » (la structure des fonctions d'onde par exemple).

7.4 Opérateurs de saut et relations de commutation

Pour étudier l'oscillateur harmonique quantique, il est commode de s'inspirer de (7.11) et d'introduire les opérateurs dits *de saut*, $\hat{a}$ et $\hat{a}^\dagger$, définis par

$$\hat{a} = \frac{1}{\sqrt{2}}\left(\hat{X} + i\hat{P}\right) \qquad \text{et} \qquad \hat{a}^\dagger = \frac{1}{\sqrt{2}}\left(\hat{X} - i\hat{P}\right) \ . \tag{7.15}$$

Les opérateurs $\hat{X}$ et $\hat{P}$ étant hermitiens, il est immédiat de vérifier que $\hat{a}^\dagger$ est bien le conjugué hermitien de $\hat{a}$. Ces opérateurs ne sont donc pas auto-adjoints, ils ne correspondent donc à aucune observable physique, mais nous verrons qu'ils jouent cependant un rôle clé dans la description de l'oscillateur harmonique quantique. La relation de commutation canonique entre $\hat{x}$ et $\hat{p}$

nous permet de calculer le commutateur des opérateurs adimensionnés correspondants, puis celui des opérateurs $\hat{a}$ et $\hat{a}^\dagger$:

$$[\hat{X}, \hat{P}] = i\,\mathbb{I} \qquad \text{d'où} \qquad [\hat{a}, \hat{a}^\dagger] = \mathbb{I} \ . \tag{7.16}$$

Considérons maintenant l'opérateur $\hat{N}$ défini par

$$\hat{N} = \hat{a}^\dagger \hat{a} \ . \tag{7.17}$$

Il est immédiat de voir que cet opérateur est hermitien. Par ailleurs, on a

$$\hat{a}^\dagger \hat{a} = \frac{1}{2}\left(\hat{X} - i\hat{P}\right)\left(\hat{X} + i\hat{P}\right) = \frac{1}{2}\left(\hat{X}^2 + i[\hat{X}, \hat{P}] + \hat{P}^2\right) \ . \tag{7.18}$$

En regroupant les relations (7.14), (7.15) et (7.16), on peut alors exprimer l'hamiltonien $\hat{H}$ en fonction de $\hat{N}$:

$$\hat{H} = \hbar\omega\left(\hat{N} + \frac{1}{2}\right) \ . \tag{7.19}$$

D'un point de vue dimensionnel, il est clair d'après cette relation que les valeurs propres de $\hat{N}$ sont sans dimension. Cette équation est particulièrement intéressante car elle assure que, pour trouver les valeurs propres de l'hamiltonien, et donc les énergies accessibles à l'oscillateur harmonique, il suffit de déterminer le spectre de $\hat{N}$. En effet, si le vecteur d'état $|\lambda\rangle$ est état propre de $\hat{N}$ pour la valeur propre λ, alors ce même vecteur d'état sera état propre de l'hamiltonien pour la valeur propre $\hbar\omega\,(\lambda + 1/2)$. La section suivante est donc dédiée à la détermination des états propres et des valeurs propres de $\hat{N}$.

7.5 États propres de l'opérateur $\hat{N}$

Soit $|\lambda\rangle$ un état propre normé de l'opérateur $\hat{N}$ pour la valeur propre λ. Compte tenu de la définition de $\hat{N}$, on a donc

$$\hat{a}^\dagger a\,|\lambda\rangle = \lambda\,|\lambda\rangle \ , \tag{7.20}$$

en utilisant les notations de Dirac introduites au chapitre 5. On exprime la valeur moyenne de $\hat{N}$ dans l'état $|\lambda\rangle$, qui n'est rien d'autre que λ :

$$\langle\lambda|\hat{N}|\lambda\rangle = \lambda \ . \tag{7.21}$$

Il est alors possible d'utiliser l'expression de $\hat{N}$ et de faire passer $a^\dagger$ dans la partie gauche pour faire apparaître la norme du vecteur $\hat{a}\,|\lambda\rangle$:

$$\langle\lambda|\hat{a}^\dagger\hat{a}|\lambda\rangle = \langle\hat{a}\lambda|\hat{a}\lambda\rangle = \|\hat{a}\,|\lambda\rangle\|^2 \ . \tag{7.22}$$

On en déduit que nécessairement $\lambda \geq 0$. **Les valeurs propres de l'opérateur $\hat{N}$ sont donc nécessairement positives ou nulles.** De plus, si $\lambda = 0$ est valeur propre, alors $\hat{a}\,|\lambda\rangle$ est le vecteur nul car sa norme carrée est donnée par λ. Ce résultat sera utilisé dans la suite pour déterminer le spectre de $\hat{N}$.

Voyons à présent l'effet des opérateurs $\hat{a}$ et $\hat{a}^\dagger$ sur les états propres de $\hat{N}$. Pour ce faire, appliquons l'opérateur $\hat{N}$ au vecteur $\hat{a}\,|\lambda\rangle$ et utilisons la relation de commutation des opérateurs de saut (7.16) :

$$\begin{aligned} \hat{N}\hat{a}\,|\lambda\rangle &= \hat{a}^\dagger\hat{a}\hat{a}\,|\lambda\rangle = \left(\hat{a}\hat{a}^\dagger - \mathbb{I}\right)\hat{a}\,|\lambda\rangle = \hat{a}\hat{a}^\dagger\hat{a}\,|\lambda\rangle - \hat{a}\,|\lambda\rangle \\ &= \hat{a}\hat{N}\,|\lambda\rangle - \hat{a}\,|\lambda\rangle = (\lambda - 1)\,\hat{a}\,|\lambda\rangle \ . \end{aligned} \tag{7.23}$$

Donc, **si $|\lambda\rangle$ est vecteur propre de $\hat{N}$ pour la valeur propre λ, alors $\hat{a}\,|\lambda\rangle$ est aussi vecteur propre de $\hat{N}$ pour la valeur propre $\lambda-1$.** On peut relier formellement le vecteur propre $|\lambda\rangle$ à un vecteur propre normé $|\lambda - 1\rangle$ [1] en calculant la norme de $\hat{a}\,|\lambda\rangle$:

$$\|\hat{a}\,|\lambda\rangle\|^2 = \langle\hat{a}\lambda|\hat{a}\lambda\rangle = \langle\lambda|\hat{a}^\dagger\hat{a}|\lambda\rangle = \lambda\,\langle\lambda|\lambda\rangle = \lambda \ , \tag{7.24}$$

d'où l'on déduit :

$$\hat{a}\,|\lambda\rangle = \sqrt{\lambda}\,|\lambda - 1\rangle \ . \tag{7.25}$$

De façon similaire, on calcule l'effet de l'application de l'opérateur $\hat{a}^\dagger$ sur le vecteur $|\lambda\rangle$ en utilisant $\hat{N}$:

$$\begin{aligned} \hat{N}\hat{a}^\dagger\,|\lambda\rangle &= \hat{a}^\dagger\hat{a}\hat{a}^\dagger\,|\lambda\rangle = \hat{a}^\dagger\left(\mathbb{I} + \hat{a}^\dagger\hat{a}\right)|\lambda\rangle = \hat{a}^\dagger(1+\lambda)\,|\lambda\rangle \\ &= (1+\lambda)\,\hat{a}^\dagger\,|\lambda\rangle \ . \end{aligned} \tag{7.26}$$

Donc, **si $|\lambda\rangle$ est vecteur propre de $\hat{N}$ pour la valeur propre λ, alors $\hat{a}^\dagger\,|\lambda\rangle$ est aussi vecteur propre de $\hat{N}$ pour la valeur propre $\lambda + 1$.** La norme de $\hat{a}^\dagger\,|\lambda\rangle$ vaut alors :

$$\left\|\hat{a}^\dagger\,|\lambda\rangle\right\|^2 = \left\langle\hat{a}^\dagger\lambda\middle|\hat{a}^\dagger\lambda\right\rangle = \langle\lambda|\hat{a}\hat{a}^\dagger\,|\lambda\rangle = (1+\lambda)\,\langle\lambda|\lambda\rangle = 1 + \lambda \ , \tag{7.27}$$

donc

$$\hat{a}^\dagger\,|\lambda\rangle = \sqrt{\lambda + 1}\,|\lambda + 1\rangle \ . \tag{7.28}$$

Nous venons de justifier ici le nom d'*opérateurs de saut* pour les opérateurs $\hat{a}$ et $\hat{a}^\dagger$. Ce ne sont pas des opérateurs associés à une observable, mais ils permettent d'explorer les sous-espaces propres de l'opérateur $\hat{N}$ en passant de l'un à l'autre, par saut de 1 de la valeur propre vers le haut ou vers le bas.

1. On ne suppose pas pour l'instant que ces vecteurs sont uniques, autrement dit que les valeurs propres sont non dégénérées.

7.6 Spectre de l'opérateur $\hat{N}$ et énergies propres du système

Les remarques de la section précédente permettent de conclure sur les valeurs possibles de λ. En effet, la relation (7.21) indique que les valeurs propres sont positives ou nulles. Or, nous savons à présent que l'action de l'opérateur $\hat{a}$ permet de sauter d'un sous espace propre à un autre, en diminuant d'une unité la valeur propre. Ceci implique que **toutes les valeurs propres de $\hat{N}$ sont des entiers positifs ou nul.**

On peut le démontrer par un raisonnement par l'absurde. Supposons qu'une valeur propre de $\hat{N}$ soit positive et non entière : $\lambda \in \mathbb{R}^+ \setminus \mathbb{N}$. Alors il existe un entier $k \in \mathbb{N}$ tel que la valeur propre de $(\hat{a})^k |\lambda\rangle$, soit $(\lambda - k)$, soit strictement négative, ce qui contredit directement la positivité des valeurs propres de $\hat{N}$. Par ailleurs, cette itération ne rencontre jamais le vecteur nul, car la norme de $\hat{a}\,|\mu\rangle$ pour $\mu \notin \mathbb{N}$ n'est jamais nulle en raison de (7.24). Ce raisonnement est illustré par le schéma de la figure 7.1 dans le cas particulier $3 < \lambda < 4$ et $k = 4$.

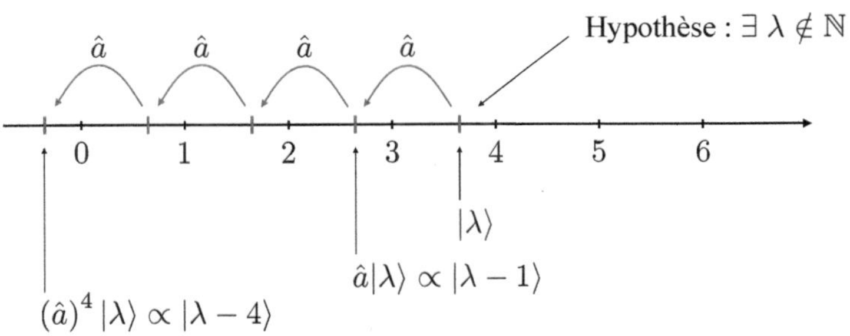

FIGURE 7.1 – Illustration de l'existence de valeurs propres négatives dans l'hypothèse d'une valeur propre λ non entière. Cette situation est impossible car alors, on peut obtenir une valeur propre strictement négative par applications successives de l'opérateur $\hat{a}$.

Le raisonnement précédent indique également qu'il existe nécessairement une valeur propre nulle pour l'opérateur $\hat{N}$. Il suffit pour cela de partir d'un vecteur propre de valeur propre entière quelconque, $|\lambda = n\rangle$, et d'appliquer de manière itérative l'opérateur de saut $\hat{a}$ en partant de ce vecteur. Au bout d'un nombre n d'itérations, on obtient le vecteur $|\lambda = 0\rangle$ sans avoir jamais rencontré le vecteur nul, toujours en raison de (7.24). Par définition, ce dernier vecteur appartient au noyau de $\hat{a}$ car sa valeur propre est nulle. On ne peut donc poursuivre l'itération, toute application supplémentaire de l'opérateur $\hat{a}$ étant alors sans effet.

Les valeurs propres de $\hat{N}$ sont donc les entiers positifs ou nuls : l'opérateur $\hat{N}$ correspond à l'observable « *nombre d'excitations* » de l'oscillateur harmonique. La relation (7.19) nous donne donc immédiatement le spectre de l'hamiltonien de l'oscillateur harmonique quantique. Ses énergies E_n sont données par :

$$E_n = \hbar\omega \left(n + \frac{1}{2} \right) , \text{ avec } n \in \mathbb{N} \ . \tag{7.29}$$

Pour clore la description de la physique des oscillateurs harmoniques quantiques, il s'agit à présent d'étudier la dégénérescence des états, c'est-à-dire de savoir s'il existe un ou plusieurs états indépendants correspondant à la même valeur propre de l'hamiltonien. Nous allons montrer que les états propres de l'oscillateur harmonique ne sont pas dégénérés. La procédure va consister à expliciter l'état $n = 0$, montrer qu'il n'est pas dégénéré, puis à montrer par récurrence que c'est également le cas pour tous les états à $n > 0$. Dans la partie suivante, les fonctions propres des états $n = 0$ et $n = 1$ sont explicitées, la démonstration de la non-dégénérescence de tous les états est faite dans la partie 7.7.2.

7.7 Les états propres de l'oscillateur quantique

7.7.1 Description de l'état fondamental

Il est remarquable que jusqu'ici, la démonstration de la quantification de l'énergie des oscillateurs harmoniques se soit effectuée sans mention de conditions aux limites spatiales. Le traitement de l'oscillateur harmonique à partir de l'équation (7.14) est, de fait, totalement symétrique dans les opérateurs adimensionnés $\hat{X}$ et $\hat{P}$. La discussion physique est entièrement contenue dans les relations algébriques entre opérateurs, en particulier dans la relation de commutation entre les opérateurs $\hat{X}$ et $\hat{P}$. Les résultats obtenus l'ont été de façon indépendante de la représentation. Dans cette partie, et en vue d'expliciter les fonctions d'ondes des états propres de l'oscillateur harmonique, nous nous plaçons provisoirement en représentation « x ».

Pour trouver l'état fondamental de l'hamiltonien correspondant à la valeur propre nulle de l'opérateur $\hat{N}$, on pourrait se contenter de résoudre l'équation de Schrödinger pour l'énergie correspondante, $E_0 = \hbar\omega/2$. Mais il y a plus simple. En effet, l'état fondamental appartient également au noyau de l'opérateur $\hat{a}$. L'équation définissant l'état fondamental est donc donnée par l'application de l'opérateur $\hat{a}$ au vecteur d'état $|n = 0\rangle$:

$$a|n = 0\rangle = 0 \ . \tag{7.30}$$

Explicitement, et avant de passer dans une représentation donnée, l'équation dont l'état fondamental est solution est

$$\left(\hat{X} + i\hat{P}\right)|n = 0\rangle = 0 \ . \tag{7.31}$$

Le problème sera résolu ici à une dimension, la généralisation à trois dimensions étant triviale. En représentation « x », l'opérateur « position » est simplement la multiplication par la variable x, tandis que l'opérateur « impulsion » est

$$\hat{p} = \frac{\hbar}{i}\frac{\mathrm{d}}{\mathrm{d}x} \ . \tag{7.32}$$

Afin de déterminer les formes explicites des fonctions d'onde, et donc les amplitudes de probabilité de présence dans l'espace, il convient d'introduire les grandeurs caractéristiques liées à chaque opérateur. En posant

$$\sigma = \sqrt{\frac{\hbar}{m\omega}} \ , \tag{7.33}$$

l'équation de l'état fondamental devient pour la partie spatiale de la fonction d'onde $\psi_0(x)$

$$\sqrt{\frac{m\omega}{\hbar}}\ x\ \psi_0(x) + \sqrt{\frac{\hbar}{m\omega}}\ \frac{\mathrm{d}}{\mathrm{d}x}\ \psi_0(x) = 0 \ , \tag{7.34}$$

qui peut s'écrire de façon plus concise

$$\psi_0' + \frac{x}{\sigma^2}\ \psi_0 = 0 \ . \tag{7.35}$$

Cette équation différentielle linéaire du premier ordre s'intègre immédiatement en

$$\psi_0(x) = A \exp\left(-\frac{x^2}{2\sigma^2}\right) \ . \tag{7.36}$$

Le facteur de normalisation est obtenu en imposant que la probabilité de trouver la particule sur l'axe réel vaut un, donc

$$\int_{\mathbb{R}} |A|^2 \exp\left(-\frac{x^2}{\sigma^2}\right) \mathrm{d}x = 1 \ . \tag{7.37}$$

En utilisant l'intégrale de Gauss $\int \exp(-u^2)\mathrm{d}u = \sqrt{\pi}$ et en faisant le choix d'une fonction d'onde réelle (la condition de normalisation est valable à une phase arbitraire près), on obtient la forme de la fonction d'onde spatiale de l'état fondamental

$$\psi_0(x) = \left(\frac{m\omega}{\pi\hbar}\right)^{1/4} \exp\left(-\frac{x^2}{2\,\sigma^2}\right) \ . \tag{7.38}$$

Il s'agit d'une courbe gaussienne centrée en zéro et d'écart-type σ. La fonction d'onde spatiale étant entièrement déterminée, on observe donc que l'état fondamental n'est pas dégénéré. Par récurrence, cette non-dégénérescence s'applique à une dimension à tous les états propres de l'hamiltonien. La transformée de Fourier d'une fonction gaussienne étant une fonction gaussienne, le résultat serait identique en représentation « p ».

7.7.2 Absence de dégénérescence des états propres

Nous démontrons ici que la non-dégénérescence de l'état fondamental pour l'oscillateur harmonique unidimensionnel entraîne la même propriété pour tous les états $\{|n\rangle\}$. On procède pour cela par récurrence. L'état $|n=0\rangle$ est non-dégénéré comme nous l'avons déjà vu. Supposons maintenant que l'état $|n\rangle$ le soit et considérons deux états propres, $|\psi_1\rangle$ et $|\psi_2\rangle$ associés à la valeur propre d'indice $n+1$. En se fondant sur (7.25), on sait que si l'on applique l'opérateur $\hat{a}$ à chacun de ces deux états, on va obtenir $\sqrt{n+1}$ fois l'état (unique) associé à la valeur propre n, à un facteur de phase globale près :

$$\hat{a}\,|\psi_1\rangle = e^{i\theta}\hat{a}\,|\psi_2\rangle \qquad \text{soit} \qquad \hat{a}\left(|\psi_1\rangle - e^{i\theta}\,|\psi_2\rangle\right) = 0 \ . \tag{7.39}$$

Or, le noyau de $\hat{a}$ est par définition la droite vectorielle portée par $|0\rangle$, ce qui implique que le vecteur dans l'égalité de droite est proportionnel à $|0\rangle$:

$$|\psi_1\rangle - e^{i\theta}\,|\psi_2\rangle = \alpha\,|0\rangle \ . \tag{7.40}$$

Comme, de plus, on sait que les sous-espaces propres d'un opérateur hermitien (ici l'hamiltonien) associés à des valeurs propres différentes sont orthogonaux, la seule solution est que les deux membres de cette égalité soient nuls, et donc que $|\psi_1\rangle$ et $|\psi_2\rangle$ soient égaux à un facteur de phase globale près. Ceci signifie qu'ils représentent le même état quantique : l'espace propre associé à la valeur propre d'indice $n+1$ est également non-dégénéré. Il est à présent prouvé que **les états propres de l'hamiltonien de l'oscillateur harmonique sont non-dégénérés.** On notera dorénavant $|n\rangle$ l'état propre associé à la valeur propre n de $\hat{N}$.

7.7.3 Résolution générale en représentation « x », polynômes d'Hermite

La fonction propre correspondant à l'état $n=1$ se déduit de ψ_0 par l'application de l'opérateur $\hat{a}^\dagger$. En effet, la relation (7.28) nous donne :

$$\hat{a}^\dagger\,|0\rangle = |1\rangle \ . \tag{7.41}$$

L'application directe des opérateurs $\hat{x}$ et $\hat{p}$ conduit à la relation

$$\psi_1(x) = \frac{1}{\sqrt{2}}\left(\frac{m\omega}{\pi\hbar}\right)^{1/4}\left(\sqrt{\frac{m\omega}{\hbar}}\,x e^{-\frac{m\omega^2 x^2}{2\hbar}} - \sqrt{\frac{\hbar}{m\omega}}\frac{\mathrm{d}}{\mathrm{d}x}e^{-\frac{m\omega^2 x^2}{2\hbar}}\right) \ , \tag{7.42}$$

qui se simplifie en

$$\psi_1(x) = \sqrt{2}\pi^{-\frac{1}{4}} \left(\frac{m\omega}{\hbar}\right)^{\frac{3}{4}} x \exp\left(-\frac{m\omega^2 x^2}{2\hbar}\right) . \tag{7.43}$$

De façon strictement similaire, il est possible de construire tous les états propres de l'hamiltonien par application successive de l'opérateur $\hat{a}^\dagger$:

$$|n\rangle = \frac{1}{\sqrt{n}} \hat{a}^\dagger |n-1\rangle . \tag{7.44}$$

À partir de l'examen des fonctions d'ondes pour $n = 0$ et $n = 1$, il est immédiat de déduire que la fonction d'onde de chaque état $|n\rangle$ en représentation « x » correspond à la multiplication d'une gaussienne par un polynôme de degré n. En utilisant les polynômes d'Hermite définis par la relation

$$H_n(u) = (-1)^n e^{u^2} \frac{\mathrm{d}^n}{\mathrm{d}u^n} e^{-u^2} , \tag{7.45}$$

on montre que la partie spatiale de la fonction d'onde pour l'état propre d'énergie E_n s'écrit

$$\phi_n(x) = \left(\sqrt{\pi}\, 2^n\, n!\, \sigma\right)^{-1/2} e^{-x^2/2\sigma^2} H_n\left(\frac{x}{\sigma}\right) . \tag{7.46}$$

Les polynômes d'Hermite ont la propriété d'avoir la même parité que l'entier n ; étant orthogonaux entre eux, on vérifie immédiatement que des fonctions d'ondes correspondant à des états propres différents sont orthogonales, soit

$$\int_{\mathbb{R}} \phi_n(x)\, \phi_m(x)\, \mathrm{d}x = \delta_{n,m} . \tag{7.47}$$

La figure 7.2 montre les solutions pour les fonctions d'onde spatiales des états propres de l'hamiltonien, à gauche la partie réelle de la fonction d'onde et à droite la densité de probabilité de présence.

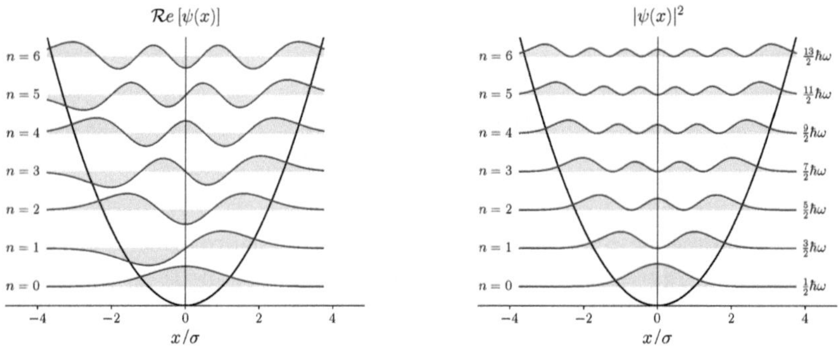

FIGURE 7.2 – Partie réelle des fonctions d'ondes spatiales pour l'oscillateur harmonique à une dimension, pour différentes valeurs propres de l'hamiltonien (à gauche), et densité de probabilité de présence correspondantes (à droite).

7.8 Relations d'Heisenberg

Les résultats obtenus dans ce chapitre peuvent être utilisés pour illustrer la relation d'incertitude entre les observables x et p. Pour cela, nous pouvons commencer par remarquer que, par symétrie du problème selon la direction x, les valeurs moyennes des opérateurs de position et d'impulsion sont nulles :

$$\langle X \rangle = 0 \qquad \text{et} \qquad \langle P \rangle = 0 \ . \tag{7.48}$$

Ainsi, les variances des observables en questions sont données dans l'état $|n\rangle$ par

$$(\Delta X)_n^2 = \langle X^2 \rangle_n - \langle X \rangle_n^2 = \langle X^2 \rangle_n = \langle n|\hat{X}^2|n\rangle \ , \tag{7.49}$$

$$(\Delta P)_n^2 = \langle P^2 \rangle_n - \langle P \rangle_n^2 = \langle P^2 \rangle_n = \langle n|\hat{P}^2|n\rangle \ . \tag{7.50}$$

Les valeurs des variances peuvent être exprimées en fonction des opérateurs de saut, en inversant les relations (7.15) qui les définissent :

$$\hat{X} = \frac{1}{\sqrt{2}}\left(\hat{a} + \hat{a}^\dagger\right) \qquad \text{et} \qquad \hat{P} = -\frac{i}{\sqrt{2}}\left(\hat{a} - \hat{a}^\dagger\right) \ . \tag{7.51}$$

Ceci permet d'expliciter les valeurs des carrés des opérateurs que l'on reliera aux variances et donc aux largeurs des distributions observables associées,

$$\hat{X}^2 = \frac{1}{2}\left(\hat{a}^2 + \hat{a}^{\dagger 2} + \hat{a}\hat{a}^\dagger + \hat{a}^\dagger\hat{a}\right) \tag{7.52}$$

$$\hat{P}^2 = -\frac{1}{2}\left(\hat{a}^2 + \hat{a}^{\dagger 2} - \hat{a}\hat{a}^\dagger - \hat{a}^\dagger\hat{a}\right) \ . \tag{7.53}$$

Lors de l'évaluation des valeurs moyennes des opérateurs carrés, les facteurs impliquant $\hat{a}^2$ et $\hat{a}^{\dagger 2}$ sont respectivement proportionnels à $|n-2\rangle$ et $|n+2\rangle$. Or, les sous-espaces propres correspondant sont orthogonaux d'où

$$\langle n|n-2\rangle = 0 \quad \text{et} \quad \langle n|n+2\rangle = 0 \ . \tag{7.54}$$

Seuls restent donc les termes impliquant $\hat{a}^\dagger a$ et $\hat{a}\hat{a}^\dagger$ dans l'évaluation des variances. Les égalités $\langle n|\hat{a}^\dagger\hat{a}|n\rangle = n$ et $\langle n|\hat{a}\hat{a}^\dagger|n\rangle = n+1$ donnent alors

$$(\Delta X)_n^2 = \frac{1}{2}\langle n|\hat{a}\hat{a}^\dagger + \hat{a}^\dagger\hat{a}|n\rangle = \frac{1}{2}(2n+1) \ , \tag{7.55}$$

$$(\Delta P)_n^2 = \frac{1}{2}\langle n|\hat{a}\hat{a}^\dagger + \hat{a}^\dagger\hat{a}|n\rangle = \frac{1}{2}(2n+1) \ . \tag{7.56}$$

En effectuant le produit de ces deux relations et en en prenant la racine carrée, on obtient une relation entre les écart-types des opérateurs estimés dans l'état $|n\rangle$:

$$(\Delta X)_n (\Delta P)_n = n + \frac{1}{2} \ . \tag{7.57}$$

En revenant aux variables dimensionnées grâce à (7.13), on retrouve une relation du type de la relation d'incertitude d'Heisenberg (5.76) portant sur les largeurs des distributions statistiques des observables x et p dans l'état propre $|n\rangle$:

$$(\Delta x)_n (\Delta p)_n = \hbar\left(n + \frac{1}{2}\right) \ . \tag{7.58}$$

En particulier, l'égalité est atteinte pour la valeur propre $n = 0$, c'est-à-dire pour l'état fondamental. Plus la valeur de n est grande, plus l'on s'éloigne de la borne inférieure de la relation d'incertitude position-impulsion. Cela indique que la limite classique se situe dans les grands nombres d'excitation de l'oscillateur harmonique.

7.9 Le rayonnement thermique et l'hypothèse de Planck

La mécanique quantique aboutit finalement à la validation de l'hypothèse de Planck : l'énergie des oscillateurs harmoniques est quantifiée. Dans la description du rayonnement du corps noir, les échanges d'énergie se font par paquets discrets, d'une valeur entière multipliée par $\hbar\omega$, ou de façon équivalente $h\nu$. Ici la quantification de l'énergie est uniquement justifiée par la structure algébrique des opérateurs décrivant la position et l'impulsion des particules quantiques.

Pour son calcul, Max Planck a supposé la relation $E_n = n \times h\nu$. Or le calcul précédent fait apparaître une nouveauté, à savoir le facteur 1/2 inclus dans la formule (7.29). Ce dernier implique que l'énergie de l'état fondamental[2] $n = 0$

2. C'est-à-dire dont l'énergie est minimale.

n'est pas nulle et vaut en fait $E_0 = \hbar\omega/2$. Cette énergie est dite *l'énergie de point zéro*. Elle est liée à une **impossibilité d'atteindre le repos absolu en physique quantique**. Cette impossibilité est formalisée par la relation d'incertitude d'Heisenberg entre les observables de position et d'impulsion. L'application de la relation d'incertitude au cas de l'oscillateur harmonique permet de retrouver la valeur exacte de l'énergie de point zéro. Les conséquences de la présence de ce terme sont très importantes en physique, certaines d'entre elles sont évoquées dans la section 7.10.

Pour valider totalement l'hypothèse de Planck, il restait à montrer que les niveaux d'énergie de l'oscillateur harmonique quantique ne sont pas dégénérés. En effet, pour faire aboutir le calcul présenté en détail dans l'annexe A, il est nécessaire de supposer qu'à une énergie est associé un et un seul état quantique. Cela a été démontré dans ce chapitre.

7.10 Divergences quantiques et renormalisation

Nous avons vu dans la partie 7.6 comment la quantification de l'énergie des oscillateurs harmoniques proposée par Max Planck est validée par les calculs de ce chapitre, effectués dans le cadre de la physique quantique. Pourtant, une différence de taille apparaît entre la formule de l'hypothèse de Planck, $\varepsilon = n \times \hbar\omega$, et le résultat quantique $E = (n + 1/2)\,\hbar\omega$: il s'agit de l'énergie de point zéro : même si tous les modes ont bien une énergie quantifiée, il faut ajouter un terme constant (correspondant à $n = 0$).

Par ailleurs, de la partie 1.7.3, et en particulier l'équation (1.107), nous savons que le champ électromagnétique peut être considéré formellement comme une somme d'oscillateurs harmoniques indépendants. De manière plus générale, en théorie quantique des champs moderne, les particules élémentaires (photons compris) sont vues comme des excitations du *vide quantique*, ce dernier étant l'état fondamental à 0 particule. Chaque excitation nouvelle requiert une énergie supplémentaire $\hbar\omega$, comme pour l'oscillateur harmonique. Cependant, au travers du terme constant $\hbar\omega/2$, le vide quantique semble maintenant stocker une énergie.

À température T, l'énergie moyenne stockée dans chaque mode de fréquence ω est donc (voir annexe A pour le calcul détaillé) :

$$\langle E_{\text{osc}} \rangle = \frac{\hbar\omega}{2} + \frac{\hbar\omega}{\exp(\beta\hbar\omega) - 1} \quad . \tag{7.59}$$

Or, la catastrophe ultraviolette décrite dans la partie 1.7.4 avait pour origine, en physique classique, le caractère constant de l'énergie moyenne de chaque oscillateur harmonique en équilibre à la température T, indépendamment de sa fréquence. On rappelle que l'énergie du champ s'écrivait comme l'intégrale (1.112)

$$U_{EM} = \frac{8\pi V}{c^3} \int_0^{+\infty} \langle E_{\text{osc}}(\nu, T) \rangle \; \nu^2 \, \mathrm{d}\nu \; , \tag{7.60}$$

où, classiquement, aucun terme ne vient compenser la divergence due à la fonction ν^2. La formule de Planck nous avait permis de régulariser le comportement de l'intégrale à haute énergie, permettant de réconcilier les calculs avec les mesures du spectre du rayonnement thermique. Voilà à présent qu'un nouveau terme apparaît, ce qui modifie l'énergie sous la forme suivante

$$U_{EM} = U_{EM}^{\text{Planck}} + \frac{4\pi h V}{c^3} \int_0^{+\infty} \nu^3 \, \mathrm{d}\nu \; . \tag{7.61}$$

Le second terme est une conséquence directe de l'énergie de point zéro. Il diverge et indique que la physique quantique prédit une énergie infinie pour le corps noir. **La catastrophe ultraviolette est de retour !** Le terme supplémentaire est particulièrement surprenant, car il ne dépend même pas de la température. La raison en est que c'est en fait l'énergie du vide. Si la résolution de ce problème dépasse le cadre de cet ouvrage, on peut cependant en décrire qualitativement quelques aspects.

Les solutions évoquées ici sont issues, dans la seconde partie du XXe siècle, des travaux pionniers de Sin-Itiro Tomonaga, Julian Schwinger et Richard Feynman, qui leur ont valu de partager le prix Nobel de physique en 1965. Ils ont développé un procédé nommé *renormalisation* qui consiste à s'assurer que, dans les calculs décrivant l'évolution de systèmes quantiques, seules les différences d'énergie entre les états importent. Ainsi, même si les énergies de l'état final et de l'état initial sont toutes deux infinies, le calcul de l'évolution quantique du premier au second reste possible tant que leur différence reste finie. En pratique, cela revient quasiment à supprimer les termes $\hbar\omega/2$ de l'expression des énergies. Les travaux sur la renormalisation ont été poussés jusqu'au modèle standard de la physique des particules. On sait à présent qu'en l'absence de gravitation, la théorie décrivant les particules élémentaires et leurs interactions est *renormalisable* et cohérente. L'ajout de la gravitation complique la situation dans la mesure où, en relativité générale, ce ne sont plus des différences d'énergies qui comptent car toutes les formes d'énergie se couplent à la gravitation. Actuellement, il n'existe pas de théorie renormalisable de gravitation quantique.

7.11 La limite classique de l'oscillateur harmonique quantique

Il est intéressant de remarquer que, par définition, les états propres de l'hamiltonien de l'oscillateur harmonique correspondent à des états stationnaires. Autrement dit, les observables correspondantes ne dépendent pas du temps. Autrement dit, les états propres de l'oscillateur harmonique quantique n'oscillent pas ! Pour faire le lien avec la description classique, il est nécessaire de superposer un grand nombre d'états stationnaires. Les états obtenus sont appelés *états quasi-classiques.* Les équations classiques du mouvement pour un oscillateur harmonique, exprimées en termes des opérateurs correspondants sont

$$\left\{\begin{aligned}\frac{\mathrm{d}\hat{x}(t)}{\mathrm{d}t} &= \omega\,\hat{p}(t)\\ \frac{\mathrm{d}\hat{p}(t)}{\mathrm{d}t} &= -\omega\,\hat{x}(t)\ .\end{aligned}\right. \tag{7.62}$$

La combinaison de ces deux équations donne bien les équations classiques de l'oscillateur harmonique pour une pulsation propre ω.

À retenir de ce chapitre

- L'hamiltonien de l'oscillateur harmonique quantique unidimensionnel est :
$$\hat{H} = \frac{\hat{p}^2}{2m} + \frac{1}{2}m\omega^2\hat{x}^2 \ .$$
- En introduisant la longueur caractéristique $\sigma = \sqrt{\hbar/(m\omega)}$, on peut écrire l'hamiltonien à l'aide d'opérateurs adimensionnés sous la forme :
$$\hat{H} = \hbar\omega\left(\hat{N} + \frac{1}{2}\right) \quad \text{avec} \quad \hat{N} = \hat{a}^\dagger\hat{a} \quad \text{et} \quad \left[\hat{a}, \hat{a}^\dagger\right] = \mathbb{I} \ .$$
- Ses valeurs propres sont non-dégénérées et prennent les valeurs
$$E_n = \hbar\omega\left(n + \frac{1}{2}\right) \quad \text{avec} \quad n \in \mathbb{N} \ .$$
- Les états propres $\{|n\rangle\}$ vérifient les relations suivantes :
$$\hat{a}\,|n\rangle = \sqrt{n}\;|n-1\rangle \qquad \text{et} \qquad \hat{a}^\dagger\,|n\rangle = \sqrt{n+1}\;|n+1\rangle \ .$$
- Les fonctions propres correspondantes $\{\psi_n\}$ s'écrivent sous la forme
$$\psi_n(x) = P_n(x)\,e^{-\frac{x^2}{2\sigma^2}} \ ,$$
où P_n est un polynôme de degré n, dit polynôme d'Hermite.
- L'état fondamental est obtenu pour $n = 0$. Son énergie est $\hbar\omega/2$, également appelée « énergie de point zéro », et sa fonction d'onde est une gaussienne centrée en $x = 0$.

Chapitre 8

Le moment cinétique

8.1 Comment résoudre l'atome d'hydrogène ?

L'un des objectifs avoués de la mécanique quantique était, dès ses premiers pas, d'expliquer la stabilité de l'atome et ce en commençant par le plus simple, à savoir l'hydrogène. Or le modèle de Bohr qui répondait partiellement à cette question n'émergeait pas d'une théorie fondée sur des principes fondamentaux. Il nous faut donc reprendre cette quête et résoudre maintenant l'atome d'hydrogène dans le cadre du formalisme quantique que nous venons d'établir. Nous verrons cette résolution en détail au chapitre 10, mais on peut déjà en esquisser les grandes lignes.

Plus précisément, il s'agit de résoudre l'équation de Schrödinger à laquelle va obéir un électron dans le potentiel créé par le proton. En supposant que le proton est immobile dans le référentiel du laboratoire et situé à l'origine du repère, ce puits est un potentiel coulombien qui s'écrit :

$$V(r) = -\frac{e^2}{4\pi\varepsilon_0 r} , \tag{8.1}$$

r étant la distance à l'origine. L'hamiltonien est alors

$$\hat{H} = \frac{\hat{p}^2}{2m_e} + \hat{V} , \tag{8.2}$$

et nous allons en déterminer les états stationnaires, c'est-à-dire les vecteurs propres. Pour ce faire, il est hors de question de chercher à résoudre l'équation aux valeurs propres directement en tant qu'équation différentielle à 3 dimensions. Nous allons adopter ici une démarche devenue systématique en physique moderne : résoudre un tel problème débute par en exploiter les symétries. Celle de l'atome d'hydrogène est évidente, il s'agit de la symétrie sphérique.

Mathématiquement, on dit que l'hamiltonien du système est invariant par application du groupe des rotations à trois dimensions O(3).

En physique classique, cette invariance débouche sur la conservation du moment cinétique. En mécanique quantique, comme nous l'avons vu précédemment, cela signifie que l'on peut chercher les états propres de l'hamiltonien (les états stationnaires) parmi les vecteurs propres des générateurs infinitésimaux du groupe des rotations (qui, comme nous le verrons, correspondent aux opérateurs décrivant le moment cinétique quantique).

L'objectif de ce chapitre est donc clair : il faut comprendre la structure des opérateurs représentant le moment cinétique en mécanique quantique, et en expliciter leurs valeurs et vecteurs propres.

8.2 Le moment cinétique classique

Avant de passer à l'étude générale des moments cinétiques en physique quantique, commençons par un rapide rappel de la description classique des mouvements de rotation. Quelques considérations simples permettent d'anticiper une partie des résultats qui seront obtenus dans la suite et de faire le lien avec des situations plus familières que celles liées aux mesures sur les atomes et autres particules élémentaires.

Dans la description classique de la physique, le moment cinétique est aux rotations ce que l'impulsion est aux translations. Les Anglo-Saxons ne s'y trompent pas, et parlent quant à eux d'*impulsion* et d'*impulsion angulaire*[1]. Pour une particule élémentaire dont la trajectoire est repérée par le vecteur position $\vec{r}$ et l'impulsion donnée par le vecteur $\vec{p}$, le moment cinétique est

$$\vec{L} = \vec{r} \wedge \vec{p} \ . \tag{8.3}$$

Dans ce cas, on parle de moment cinétique *orbital*. Il permet de décrire par exemple la course des planètes autour du Soleil. Pour un solide ayant une extension spatiale, la description du mouvement en termes de rotation inclut le mouvement de type orbital lié à un mouvement d'ensemble du solide, mais aussi la rotation du solide sur lui-même. Pour un solide dont la distribution de masse est donnée par ρ_m, la rotation de l'objet sur lui même est décrite par le moment cinétique

$$\vec{L} = \int_V \vec{r} \wedge (\rho_\mathrm{m} \vec{v}) \ \mathrm{d}^3\vec{r} \ . \tag{8.4}$$

1. Respectivement, *momentum* et *angular momentum*.

Pour un tel solide, le moment cinétique peut être relié à une vitesse de rotation instantanée $\vec{\omega}$ en faisant apparaître le moment d'inertie I qui dépend de l'axe de rotation Δ considéré

$$\vec{L} = I_\Delta \vec{\omega} \ . \tag{8.5}$$

Pour un mouvement orbital, par exemple dans le cas d'une particule de masse m tournant autour d'une autre de masse M à une distance d, l'énergie du système est donné par

$$E = \frac{L^2}{2\mu d} \ , \tag{8.6}$$

où $\mu = mM/(m+M)$ est la masse réduite du système. Pour une énergie donnée, il existe donc une indétermination classique quant à la nature exacte du mouvement : les objets peuvent tourner dans un sens ou dans l'autre. Puisqu'à chaque énergie correspondent deux états de mouvement distincts, on peut proposer une analogie avec une situation quantique : tout se passe comme si chaque état orbital d'énergie donnée présentait une dégénérescence d'ordre deux, ce qu'illustre le panneau de gauche de la figure 8.1. Si l'on considère le mouvement d'un solide sur lui-même, la situation est plus claire encore. En effet, dans ce cas, l'énergie de rotation peut se répartir dans des rotations autour de chacun des trois axes spatiaux, comme le montre le panneau de droite de la figure 8.1. Dans ce cas, l'analogie avec la physique microscopique conduit à imaginer un état dégénéré six fois, avec deux sens de rotation selon chacun des axes.

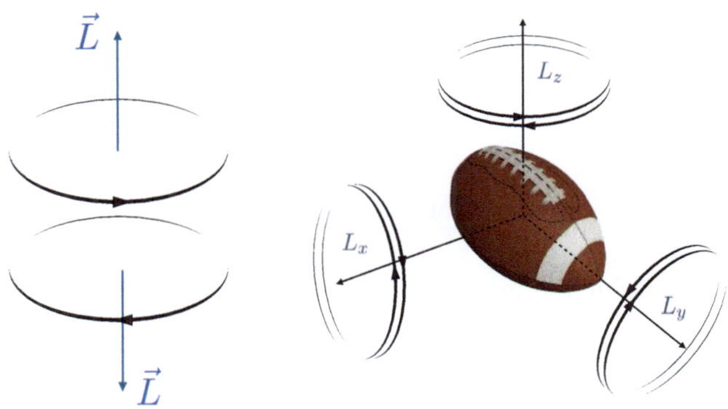

FIGURE 8.1 – Dans une situation classique la donnée de la valeur du moment cinétique ne permet pas de caractériser totalement le mouvement.

En conclusion de cette parenthèse classique, on s'attend à ce que la description quantique des rotations, donc des moments cinétiques, conduise à une observable liée à la norme du moment cinétique qui commute avec l'hamiltonien de l'atome d'hydrogène. De plus, on peut anticiper que les états d'énergies correspondant seront dégénérés un certain nombre de fois, de sorte que la norme du moment cinétique ne sera pas suffisante pour décrire les états de façon complète.

8.3 Mesure du moment cinétique des atomes et magnétisme

Les atomes sont des objets bien difficiles à manipuler individuellement, et il faudra attendre la fin du XXe siècle pour voir cette prouesse réalisée. Pour accéder à leurs états, en particulier connaître les propriétés de leurs moments cinétiques ou des électrons qui les composent, on a souvent exploité leurs propriétés magnétiques. Dans cette partie, nous rappelons donc les liens entre moment cinétique et moment magnétique au niveau classique.

8.3.1 Rapport gyromagnétique

Par définition, le produit vectoriel d'un moment magnétique avec le champ magnétique donne le couple qui s'applique au système. Le moment magnétique est l'entité magnétique la plus élémentaire, dans la mesure où les charges magnétiques n'existent pas [2]. On peut le représenter par une boucle de courant, comme illustré dans la figure 8.2.

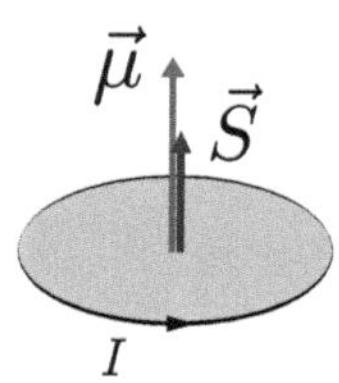

FIGURE 8.2 – Le moment magnétique d'une boucle de courant.

Dans le cas discuté ici, le moment magnétique est le produit du courant par le vecteur surface.

$$\vec{\mu} = I\,\vec{S} \ . \tag{8.7}$$

Une telle boucle de courant peut être réalisée par exemple par la rotation d'une particule de masse m et de charge q à la vitesse angulaire ω autour d'un axe. Dans ce cas, la norme du moment cinétique classique de la particule est donnée par

$$L = m\omega r^2 \ . \tag{8.8}$$

2. On parle aussi de monopole magnétique, dont l'existence est exclue par l'antisymétrie du tenseur de Faraday décrit au chapitre 3.

Par ailleurs, la surface et le courant définissant le moment magnétique sont respectivement

$$S = \pi r^2 \quad \text{et} \quad I = \frac{q}{T} = \frac{\omega q}{2\pi} \ . \tag{8.9}$$

On définit alors le rapport gyromagnétique comme le facteur de proportionnalité entre le moment magnétique et le moment cinétique, soit

$$\vec{\mu} = \gamma \vec{L} \ , \tag{8.10}$$

de sorte que dans le cas de la particule en mouvement circulaire, on a

$$\gamma = \frac{1}{2}\frac{q}{m} \ . \tag{8.11}$$

Ceci se généralise pour toute distribution de courant en écrivant la relation

$$\vec{\mu} = \frac{1}{2}\int_V \vec{r} \wedge (\rho_Q \vec{v}) \ \mathrm{d}^3\vec{r} \ , \tag{8.12}$$

semblable à l'équation (8.4), où la densité d'impulsion (c'est-à-dire la densité de courant de masse) est remplacée par la densité de courant électrique. Ainsi, le rapport gyromagnétique pour un solide sera nécessairement le même que pour la boucle de courant. Notons donc que la physique classique prédit un rapport gyromagnétique identique pour un mouvement orbital et pour la rotation d'un système sur lui même, autrement dit, que le moment cinétique soit orbital ou intrinsèque. Nous verrons au chapitre suivant qu'il n'en est pas de même en physique quantique, où le moment cinétique intrinsèque, dit spin, a des propriétés purement quantiques.

Le rapport gyromagnétique est essentiel d'un point de vue observationnel, en ce qu'il permet de faire le lien entre des propriétés magnétiques des atomes et leurs moments cinétiques.

8.3.2 Évolution d'un moment magnétique dans un champ

La définition du moment magnétique introduite dans la partie précédente correspond à une énergie d'interaction V avec un champ magnétique extérieur, telle que

$$V = -\mu \cdot \vec{B} \ . \tag{8.13}$$

Dans ces conditions, les équations du mouvement sont

$$\frac{\mathrm{d}\vec{p}}{\mathrm{d}t} = \frac{\mathrm{d}}{\mathrm{d}\vec{r}}\left(\vec{\mu} \cdot \vec{B}\right) \tag{8.14}$$

$$\frac{\mathrm{d}\vec{L}}{\mathrm{d}t} = \vec{\mu} \wedge \vec{B} \ . \tag{8.15}$$

Le moment cinétique étant colinéaire au moment magnétique en vertu de la relation (8.10), on a

$$\vec{\mu} \cdot \frac{\mathrm{d}\vec{\mu}}{\mathrm{d}t} = \frac{1}{2} \frac{\mathrm{d}\vec{\mu}^{\,2}}{\mathrm{d}t} = 0 \ , \tag{8.16}$$

d'où l'on déduit que la norme du moment magnétique est conservée. Par ailleurs, si l'on oriente le champ magnétique extérieur selon la direction z, $\vec{B} = B\ \vec{e}_z$, alors la composante selon z du moment magnétique est constante :

$$\frac{\mathrm{d}\mu_z}{\mathrm{d}t} = 0 \ . \tag{8.17}$$

Les deux autres lignes de l'équation (8.15) montrent que le moment magnétique tourne autour de l'axe z à la pulsation γB, appelée pulsation de Larmor, comme l'illustre la figure 8.3.

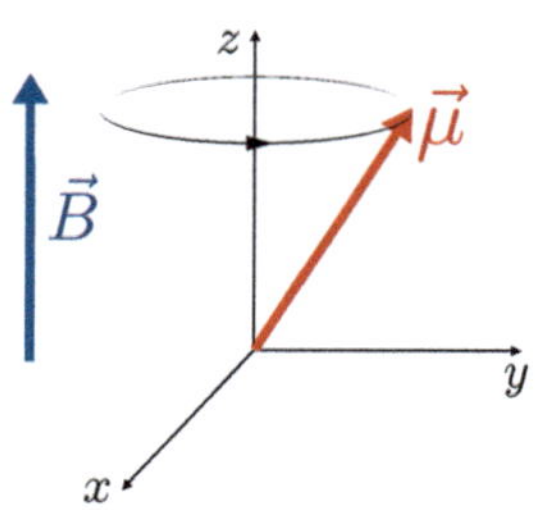

FIGURE 8.3 – Précession d'un moment magnétique dans un champ magnétique extérieur.

L'équation 8.14 indique enfin que si le champ magnétique n'est pas homogène, il induit une force sur le moment proportionnelle au gradient du champ,

$$\frac{\mathrm{d}p_z}{\mathrm{d}t} = \mu_z\ \frac{\partial B}{\partial z} \ , \tag{8.18}$$

de sorte qu'un moment magnétique initialement immobile dans la direction z est dévié au bout d'un temps t d'une quantité

$$\Delta z = \frac{1}{2}\ \frac{\mu_z}{m}\ \frac{\partial B}{\partial z}\ t^2 \ . \tag{8.19}$$

Ainsi, l'observation du déplacement du système dans un champ magnétique non homogène permet de remonter à la valeur du moment magnétique, et donc du moment cinétique.

8.3.3 Le magnétisme de la matière

La physique classique ne permet pas de rendre compte du magnétisme de la matière. En effet, les effets magnétiques sont exclusivement liés à la rotation d'objets macroscopiques. Il n'existe pas d'explication classique au fait qu'un matériau puisse acquérir un moment magnétique en présence d'un champ extérieur et, *a fortiori*, à l'existence d'aimants permanents. La physique quantique au contraire permet de décrire ces phénomènes. Nous avons vu au chapitre 1 que l'hamiltonien d'une particule de charge q et de masse m dans un potentiel vecteur s'écrit

$$H = \frac{\left(\vec{p} - q\vec{A}\right)^2}{2m} \ , \tag{8.20}$$

expression qui se développe de la façon suivante après application du principe de correspondance,

$$\hat{H} = -\frac{\hbar^2}{2m}\Delta + i\frac{q\hbar}{2m}\left(\left(\frac{\partial}{\partial\vec{r}}\right)\cdot\left(\vec{A}\cdot\right) + \vec{A}\cdot\frac{\partial}{\partial\vec{r}}\right) + \frac{q^2}{2m}\vec{A}^{\,2} \ . \tag{8.21}$$

Or le potentiel vecteur d'un champ magnétique uniforme dirigé selon la direction Oz est

$$\vec{A} = \frac{B}{2}\begin{pmatrix} -y \\ x \\ 0 \end{pmatrix}, \quad \text{ce qui donne bien} \quad \frac{\partial}{\partial\vec{r}}\wedge\vec{A} = \begin{pmatrix} 0 \\ 0 \\ B \end{pmatrix} \ . \tag{8.22}$$

Le développement de l'hamiltonien dans ce cas donne alors :

$$\begin{aligned} \hat{H} &= -\frac{\hbar^2}{2m}\Delta - \frac{qB}{2m}\hat{L}_z + \frac{q^2B^2}{8m}\left(\hat{x}^2 + \hat{y}^2\right) \\ &= -\frac{\hbar^2}{2m}\Delta - \frac{qB}{2m}\hat{L}_z + \frac{q^2B^2}{8m}\hat{r}^2 \ . \end{aligned} \tag{8.23}$$

En utilisant le rapport gyromagnétique de la section précédente, on voit que sont apparus deux termes de potentiels dans l'hamiltonien, que l'on relie respectivement au *paramagnétisme* et au *diamagnétisme*,

$$\hat{H}_{\text{para}} = -\hat{M}_z B \tag{8.24}$$

$$\hat{H}_{\text{dia}} = \frac{q^2 B\hat{r}^2}{2m}B \ . \tag{8.25}$$

Deux comportements possibles émergent donc lorsque l'on plonge un matériau dans un champ magnétique :

- l'apparition d'un moment magnétique dans le sens du champ (on parle alors de paramagnétisme),

- l'apparition d'un potentiel qui génère un moment magnétique opposé au champ extérieur (on parle alors de diamagnétisme).

On observe ces deux comportements dans les matériaux magnétiques dans un rapport qui varie d'un matériau à l'autre. Dans les situations réelles, le diamagnétisme est souvent masqué par le paramagnétisme ou par l'apparition d'une aimantation permanente (ferromagnétisme). Dans les expressions obtenues ici, nous voyons apparaître la composante selon z d'un moment cinétique, qui a été écrite sous forme d'un opérateur. La suite de ce chapitre est dédiée à l'étude des propriétés de ce type d'opérateurs.

8.4 Définition du moment cinétique quantique

Le passage à la mécanique quantique se fait grâce au principe de correspondance qui demande que l'on retrouve la physique classique dans la limite $\hbar \to 0$. On part donc de l'expression classique du moment cinétique que l'on applique maintenant aux opérateurs de la physique quantique :

$$\hat{\vec{L}} = \hat{\vec{r}} \wedge \hat{\vec{p}} \ . \tag{8.26}$$

Cette égalité vectorielle définit en fait trois opérateurs scalaires. Par exemple, le moment cinétique (quantique) suivant l'axe Oz est une observable qui correspond à l'opérateur :

$$\hat{L}_z = \hat{x}\hat{p}_y - \hat{y}\hat{p}_x \ . \tag{8.27}$$

Concrètement, en représentation « x », l'opérateur s'applique à une fonction d'onde de la manière suivante :

$$\hat{L}_z : \psi \longmapsto (\hat{x}\hat{p}_y - \hat{y}\hat{p}_x)\,\psi = \frac{\hbar}{i}\left(x\frac{\partial}{\partial y} - y\frac{\partial}{\partial x}\right)\psi \ . \tag{8.28}$$

Les trois quantités L_x, L_y et L_z sont indépendantes en physique classique, et définissent à elles trois le moment cinétique complet. En physique quantique en revanche, pour que cela soit vrai, il faut vérifier que les observables soient compatibles. En d'autres termes, il faut s'intéresser aux commutateurs entre les opérateurs correspondants. Calculons par exemple le commutateur entre $\hat{L}_x$ et $\hat{L}_y$:

$$\begin{aligned} [\hat{L}_x, \hat{L}_y] &= [\hat{y}\hat{p}_z - \hat{z}\hat{p}_y, \hat{z}\hat{p}_x - \hat{x}\hat{p}_z] = \hat{y}\hat{p}_x\,[\hat{p}_z, \hat{z}] + \hat{p}_y\hat{x}\,[\hat{z}, \hat{p}_z] \\ &= i\hbar\,(\hat{x}\hat{p}_y - \hat{y}\hat{p}_x) = i\hbar\hat{L}_z \ . \end{aligned} \tag{8.29}$$

Les autres commutateurs sont obtenus par permutation circulaire, d'où :

$$\left[\hat{L}_x, \hat{L}_y\right] = i\hbar\hat{L}_z$$

$$\left[\hat{L}_z, \hat{L}_x\right] = i\hbar\hat{L}_y$$
$$\left[\hat{L}_y, \hat{L}_z\right] = i\hbar\hat{L}_x \ . \tag{8.30}$$

La surprise est donc de taille : **les opérateurs de moment cinétique selon les trois axes ne commutent pas !** En clair, il est impossible de mesurer un moment cinétique vectoriel en mécanique quantique, mais simplement ses projections suivant l'un des axes. Dans la suite, par convention, cet axe sera souvent choisi selon Oz. Quel que soit l'axe retenu, il est en revanche possible de s'intéresser à l'observable « norme du moment cinétique », dont on peut définir l'opérateur associé par :

$$\hat{L}^2 = \hat{L}_x^2 + \hat{L}_y^2 + \hat{L}_x^2 \ . \tag{8.31}$$

En effet, si l'on calcule le commutateur entre $\hat{L}^2$ et $\hat{L}_x$:

$$\begin{aligned} [\hat{L}^2, \hat{L}_x] &= [\hat{L}_x^2 + \hat{L}_y^2 + \hat{L}_z^2, \hat{L}_x] = [\hat{L}_y^2 + \hat{L}_z^2, \hat{L}_x] \\ &= \hat{L}_y[\hat{L}_y, \hat{L}_x] + [\hat{L}_y, \hat{L}_x]\hat{L}_y + \hat{L}_z[\hat{L}_z, \hat{L}_x] + [\hat{L}_z, \hat{L}_x]\hat{L}_z \\ &= 0 \ , \end{aligned} \tag{8.32}$$

d'où, par généralisation :

$$[\hat{L}^2, \hat{L}_{x,y,z}] = 0 \ . \tag{8.33}$$

L'opérateur $\hat{L}^2$ est donc compatible avec n'importe lequel des opérateurs de moment cinétique suivant un axe. Il sera donc naturel de chercher une base de vecteurs propres commune à $\hat{L}^2$ et l'un de ces opérateurs, souvent par convention $\hat{L}_z$.

8.5 Lien avec l'invariance par rotation

La conservation du moment cinétique en physique classique est la conséquence du théorème de Noether appliqué à l'invariance par rotation. Nous avons vu au chapitre 5 que la symétrie de translation a pour générateur infinitésimal l'opérateur $\hat{\vec{k}}$ soit, à une constante près, l'impulsion. Les translations étant des symétries commutatives, l'algèbre de ce groupe est relativement simple. Concernant les rotations, la situation mérite d'être étudiée de plus près. En effet, comme l'illustre la figure 8.4, les rotations dans l'espace à trois dimensions ne sont pas commutatives.

Considérons une rotation infinitésimale d'angle δ d'un vecteur $\vec{V}$ autour d'un axe dont le vecteur unitaire est $\vec{u}$. Notons $\vec{V}'$ le vecteur transformé après la rotation, il s'exprime comme :

$$\vec{V}' = \vec{V} + \delta\, \vec{u} \wedge \vec{V} \ . \tag{8.34}$$

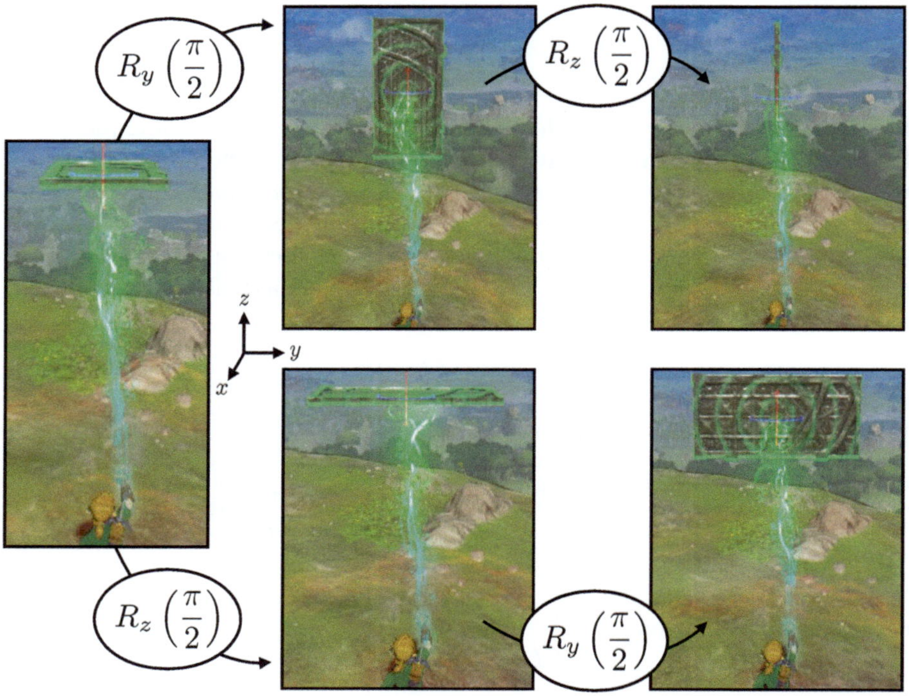

FIGURE 8.4 – Les rotations dans l'espace tridimensionnel ne sont pas commutatives : sur le chemin du haut l'objet subit une rotation selon y, puis selon z et, sur le chemin du bas selon z, puis selon y. L'état final du système n'est pas le même selon l'ordre des opérations. Ne manquez pas de penser à votre cours de physique quantique pendant vos sessions de jeux vidéo !

Dans une base orthonormée, les matrices de rotation selon les axes x, y et z s'expriment au deuxième ordre en δ comme

$$R_x(\delta) = \begin{pmatrix} 1 & 0 & 0 \\ 0 & 1-\frac{\delta^2}{2} & -\delta \\ 0 & \delta & 1-\frac{\delta^2}{2} \end{pmatrix} \tag{8.35}$$

$$R_y(\delta) = \begin{pmatrix} 1-\frac{\delta^2}{2} & 0 & \delta \\ 0 & 1 & 0 \\ -\delta & 0 & 1-\frac{\delta^2}{2} \end{pmatrix} \tag{8.36}$$

$$R_z(\delta) = \begin{pmatrix} 1-\frac{\delta^2}{2} & -\delta & 0 \\ \delta & 1-\frac{\delta^2}{2} & 0 \\ 0 & 0 & 1 \end{pmatrix} . \tag{8.37}$$

Le commutateur de deux rotations infinitésimales, par exemple autour de x et de y, toujours à l'ordre deux en δ, s'écrit donc :

$$R_x(\delta)R_y(\delta) - R_y(\delta)R_x(\delta) = \begin{pmatrix} 0 & -\delta^2 & 0 \\ \delta^2 & 0 & 0 \\ 0 & 0 & 0 \end{pmatrix} = R_z(\delta^2) - \mathbb{I} \ . \tag{8.38}$$

Il existe donc des relations structurelles entre les opérateurs de rotations infinitésimaux qui s'expriment par des permutations circulaires du type de (8.38).

Pour décrire une rotation infinitésimale d'angle δ autour d'un axe $\vec{u}$ appliquée à un état quantique $|\psi\rangle$, on introduit un opérateur unitaire $\hat{R}_{\vec{u}}(\delta)$ tel que $R_{\vec{u}}(\delta)|\psi\rangle$ est le vecteur d'état après la rotation. En suivant le raisonnement présenté dans la partie 5.9, on écrit cet opérateur

$$\hat{R}_{\vec{u}}(\delta) = \mathbb{I} - i\delta\hat{\vec{J}} \ , \tag{8.39}$$

où

$$\hat{\vec{J}} = \hat{J}_x + \hat{J}_y + \hat{J}_z \ . \tag{8.40}$$

Une rotation quelconque d'angle θ s'écrit donc comme

$$\hat{R}_{\vec{u}}(\theta) = \lim_{n \to +\infty} \left(\mathbb{I} - i\frac{\theta}{n}\vec{u} \cdot \hat{\vec{J}}\right)^n = e^{-i\theta\vec{u} \cdot \hat{\vec{J}}} \tag{8.41}$$

À partir de ces expressions on peut trouver l'équivalent des relations circulaires obtenues précédemment pour les rotations spatiales. Pour cela, on développe une des composantes de $\hat{R}_{\vec{u}}$ à l'ordre deux en δ :

$$\hat{R}_x = \mathbb{I} - i\delta\hat{J}_x - \frac{\delta^2}{2}\hat{J}_x^2 \ . \tag{8.42}$$

Supposons à présent que les relations de commutation sont les mêmes que pour les rotations spatiales. Le commutateur s'écrit alors :

$$\left[\hat{R}_x(\delta), \hat{R}_y(\delta)\right] = \hat{R}_z(\delta^2) - \mathbb{I} \ . \tag{8.43}$$

En explicitant totalement cette relation, il vient

$$\begin{aligned} &\left(\mathbb{I} - i\delta\hat{J}_x - \frac{\delta^2}{2}\hat{J}_x^2\right)\left(\mathbb{I} - i\delta\hat{J}_y - \frac{\delta^2}{2}\hat{J}_y^2\right) \\ &\qquad - \left(\mathbb{I} - i\delta\hat{J}_y - \frac{\delta^2}{2}\hat{J}_y^2\right)\left(\mathbb{I} - i\delta\hat{J}_x - \frac{\delta^2}{2}\hat{J}_x^2\right) \\ &\qquad = \mathbb{I} - i\delta^2 J_z - \mathbb{I} \ . \end{aligned} \tag{8.44}$$

Les termes en δ se simplifient. En identifiant les termes en δ^2 et en exprimant les relations correspondant aux deux autres directions, il vient

$$\left[\hat{J}_x, \hat{J}_y\right] = i\hat{J}_z \ , \tag{8.45}$$

$$\left[\hat{J}_z, \hat{J}_x\right] = i\hat{J}_y \ , \tag{8.46}$$

$$\left[\hat{J}_y, \hat{J}_z\right] = i\hat{J}_x \ . \tag{8.47}$$

Ces relations sont identiques, à $\hbar$ près, aux équations donnant les commutateurs des composantes du moment cinétique (8.30). Ce sont les relations de structure du groupe SO(3). Les opérateurs de moment cinétique ont donc la même structure algébrique que les générateurs des rotations à trois dimensions. Le facteur $\hbar$ n'est introduit que pour des raisons de dimension du moment cinétique. Si l'hamiltonien est invariant par rotation, alors il commute avec les opérateurs de rotation $\hat{J}_i$, donc avec les opérateurs de moment cinétique $\hat{L}_i$. La loi de probabilité associée à n'importe quelle des observables $L_{x,y,z}$ est donc conservée dans le temps, comme le démontre le théorème de Noether.

8.6 Valeurs propres du moment cinétique quantique

L'objectif de cette section est de déterminer le spectre des opérateurs $\hat{L}^2$ et $\hat{L}_z$ correspondant respectivement à la norme du moment cinétique et à sa projection sur l'axe z. Les valeurs propres de $\hat{L}^2$ sont homogènes à $\hbar^2$, tandis que celles de l'opérateur $\hat{L}_z$ sont homogènes à $\hbar$. Afin de manipuler des variables sans dimension, nous allons factoriser les facteurs $\hbar^2$ et $\hbar$ et, par convention, associer à tout vecteur propre commun aux deux opérateurs les valeurs propres respectives $\hbar^2 a$ et $\hbar b$. On notera $|a, b\rangle$ le vecteur propre correspondant à ces deux valeurs propres :

$$\hat{L}^2 |a, b\rangle = \hbar^2 a |a, b\rangle \ , \tag{8.48}$$

$$\hat{L}_z |a, b\rangle = \hbar b |a, b\rangle \ . \tag{8.49}$$

La démarche que nous allons adopter est très similaire à celle suivie pour l'oscillateur harmonique, à savoir manipuler l'algèbre d'opérateurs pour aboutir à une détermination des valeurs propres possibles sans pour autant avoir à calculer les vecteurs propres. Pour cela, on définit les opérateurs non-hermitiens suivants, dit *opérateurs de saut* :

$$\hat{L}^+ = \hat{L}_x + i\hat{L}_y \ , \tag{8.50}$$

$$\hat{L}^- = \hat{L}_x - i\hat{L}_y \ , \tag{8.51}$$

$\hat{L}^-$ étant l'opérateur adjoint de $\hat{L}^+$ (et *vice versa*). On démontre alors que $\hat{L}^+ |a,b\rangle$ est vecteur propre de $\hat{L}^2$ avec la même valeur propre en appliquant l'opérateur $\hat{L}^2$ au vecteur d'état $\hat{L}^+ |a,b\rangle$:

$$\begin{aligned} \hat{L}^2\hat{L}^+ |a,b\rangle &= \left(\hat{L}_x + i\hat{L}_y\right)\hat{L}^2 |a,b\rangle \\ &= \hbar^2 a \left(\hat{L}_x + i\hat{L}_y\right) |a,b\rangle \\ &= \hbar^2 a \hat{L}^+ |a,b\rangle \quad . \end{aligned} \tag{8.52}$$

Un calcul identique montre que $\hat{L}^- |a,b\rangle$ est également vecteur propre de $\hat{L}^2$. Les opérateurs $\hat{L}^+$ et $\hat{L}^-$ explorent donc un sous-espace propre donné de $\hat{L}^2$ sans en sortir. Voyons l'effet des opérateurs de saut en termes de sous-espace propre de $\hat{L}_z$:

$$\begin{aligned} \hat{L}_z\hat{L}^+ |a,b\rangle &= \left(\hat{L}_x\hat{L}_x + i\hat{L}_z\hat{L}_y\right) |a,b\rangle \\ &= \left(\hat{L}_x\hat{L}_z + [\hat{L}_z,\hat{L}_x] + i\hat{L}_y\hat{L}_z + i[\hat{L}_z,\hat{L}_y]\right) |a,b\rangle \\ &= \left(\hat{L}_x\hat{L}_z + i\hbar\hat{L}_y + i\hat{L}_y\hat{L}_z + \hbar\hat{L}_x\right) |a,b\rangle \\ &= \left(\hat{L}^+\hat{L}_z + \hbar\hat{L}^+\right) |a,b\rangle = (b+1)\,\hbar\hat{L}^+ |a,b\rangle \quad . \end{aligned} \tag{8.53}$$

L'application de l'opérateur $\hat{L}^+$ augmente donc d'une unité la valeur propre adimensionnée associée à $\hat{L}_z$ (d'où le nom d'opérateur de saut). Il est immédiat de montrer par un calcul analogue que l'opérateur $\hat{L}^-$ baisse d'une unité la valeur propre adimensionnée :

$$\hat{L}_z\hat{L}^- |a,b\rangle = (b-1)\,\hbar\hat{L}^+ |a,b\rangle \quad . \tag{8.54}$$

Il semblerait que l'on puisse donc indéfiniment monter ou baisser d'une unité la valeur propre associée à $\hat{L}_z$ par application des opérateurs de saut. Pour le vérifier, on va s'intéresser maintenant à la norme de $\hat{L}^+ |a,b\rangle$:

$$\begin{aligned} \left\|\hat{L}^+ |a,b\rangle\right\|^2 &= \langle a,b|\hat{L}^-\hat{L}^+|a,b\rangle = \langle a,b|\hat{L}_x^2 + \hat{L}_y^2 + i[\hat{L}_x,\hat{L}_y]|a,b\rangle \\ &= \langle a,b|\hat{L}^2 - \hat{L}_z^2 - \hbar\hat{L}_z|a,b\rangle = \left(a - b^2 - b\right)\hbar^2 \quad . \end{aligned} \tag{8.55}$$

De même

$$\left\|\hat{L}^- |a,b\rangle\right\|^2 = \left(a - b^2 + b\right)\hbar^2 \quad . \tag{8.56}$$

Or, pour a fixé, les quantités $(a - b^2 - b)$ et $(a - b^2 + b)$ tendent toutes deux vers $-\infty$ lorsque b tend vers $\pm\infty$, ce qui est incompatible avec la positivité de la norme. Par conséquent, la modification de b par saut de 1 vers le haut ou vers le bas doit se stopper à un moment. La seule solution est donc d'annuler la norme.

En conclusion, les propriété algébriques des opérateurs de moment cinétique conduisent aux points suivants :

- Il existe une valeur maximale de b, b_{max}, telle que $a - b_{\text{max}}^2 - b_{\text{max}} = 0$.
- Il existe une valeur minimale de b, b_{min}, telle que $a - b_{\text{min}}^2 + b_{\text{min}} = 0$.
- La différence entre b_{min} et b_{max} est un nombre entier naturel k (le nombre de sauts).

On déduit que

$$\left(a - b_{\text{min}}^2 + b_{\text{min}}\right) - \left(a - b_{\text{max}}^2 - b_{\text{max}}\right) = (b_{\text{max}} + b_{\text{min}})(k+1) = 0 \quad . \tag{8.57}$$

Il faut donc que $b_{\text{max}} = -b_{\text{min}}$ et, sachant que $b_{\text{max}} - b_{\text{min}} = k$, on a (en notant $\ell = k/2$)

$$b_{\text{max}} = \ell \qquad \text{et} \qquad a = \ell(\ell+1) \quad . \tag{8.58}$$

En conclusion, les valeurs propres de $\hat{L}^2$ sont de la forme $\ell(\ell+1)\hbar^2$, où ℓ est soit un entier naturel, soit un demi-entier naturel, c'est-à-dire un nombre de la forme $k/2$ avec k impair positif. Sachant que les valeurs propres de $\hat{L}_z$ sont comprises entre $-\ell\hbar$ et $+\ell\hbar$ (on va par convention les nommer $m\hbar$) et qu'elles s'accroissent par saut de $\hbar$, deux cas de figure sont possibles :

- ℓ est entier $\Rightarrow$ il existe un nombre impair de valeurs propres de $\hat{L}_z$. Si $\ell = 0$, alors obligatoirement $m = 0$. Si $\ell = 1$, alors $m = -1$, 0 ou 1, etc...

- ℓ est demi-entier $\Rightarrow$ il existe un nombre pair de valeurs propres de $\hat{L}_z$. Si $\ell = 1/2$, alors $m = -1/2$ ou $1/2$, si $\ell = 3/2$, $m = -3/2$, -1/2, 1/2 ou 3/2.

L'analyse de la structure algébrique des opérateurs de moment cinétique nous a ainsi permis d'en déduire la structure des sous-espaces propres et les valeurs propres associées possibles. Nous pouvons maintenant revenir au cas du moment cinétique orbital, c'est-à-dire les opérateurs agissant sur des fonctions complexes de $\mathbb{R}^3$ pour en déduire leurs vecteurs propres.

8.7 Le moment cinétique orbital

Il s'agit donc de chercher les fonctions d'ondes qui sont fonctions propres de $\hat{L}^2$ et $\hat{L}_z$ dans $\mathbb{R}^2$, c'est-à-dire les solutions de

$$\begin{cases} \hat{L}^2\psi = \ell(\ell+1)\hbar^2\,\psi \\ \hat{L}_z\psi = m\hbar\,\psi \end{cases} \quad , \tag{8.59}$$

avec $-\ell \leq m \leq +\ell$. Puisque l'on s'intéresse à des fonctions de $\mathbb{R}^3$, nous allons utiliser l'expression des opérateurs de moment cinétique, c'est-à-dire $\hat{\vec{r}} \wedge \hat{\vec{p}}$, en représentation x et en coordonnées sphériques

$$\begin{aligned}\hat{\vec{L}} &= \vec{r} \wedge \left(\frac{\hbar}{i}\frac{\partial}{\partial \vec{r}}\right) = r\vec{e}_r \wedge \frac{\hbar}{i}\left(\vec{e}_r\frac{\partial}{\partial r} + \vec{e}_\theta\frac{1}{r}\frac{\partial}{\partial \theta} + \vec{e}_\varphi\frac{\partial}{\partial \varphi}\frac{1}{r\sin\theta}\right) \\ &= \frac{\hbar}{i}\left(\vec{e}_\varphi\frac{\partial}{\partial\theta} - \vec{e}_\theta\frac{1}{\sin\theta}\frac{\partial}{\partial\varphi}\right) . \qquad (8.60) \\ \hat{L}^2 &= \hat{L}_x^2 + \hat{L}_y^2 + \hat{L}_z^2 = -\hbar^2\left(\frac{\partial^2}{\partial\theta^2} + \frac{1}{\tan\theta}\frac{\partial}{\partial\theta} + \frac{1}{\sin^2\theta}\frac{\partial^2}{\partial\varphi^2}\right) . \qquad (8.61)\end{aligned}$$

La formule de $\hat{L}_z$ en coordonnées sphériques se déduit directement de (8.60) en utilisant les expressions de $\vec{e}_\theta$ et $\vec{e}_\varphi$ en coordonnées cartésiennes :

$$\vec{e}_\theta = \begin{pmatrix} \cos\theta\cos\varphi \\ \cos\theta\sin\varphi \\ -\sin\theta \end{pmatrix} \quad , \quad \vec{e}_\varphi = \begin{pmatrix} -\sin\varphi \\ \cos\varphi \\ 0 \end{pmatrix} . \qquad (8.62)$$

La seule contribution de la projection de $\hat{\vec{L}}$ sur Oz provient de $\vec{e}_\theta$, d'où :

$$\hat{L}_z = \frac{\hbar}{i}\frac{\partial}{\partial\varphi} . \qquad (8.63)$$

Les vecteurs propres de $\hat{L}_z$ sont donc les fonctions qui vérifient :

$$\frac{\hbar}{i}\frac{\partial\psi}{\partial\varphi} = m\hbar\psi \qquad \text{d'où} \qquad \psi(r,\theta,\varphi) = P(r,\theta)\, e^{im\varphi} . \qquad (8.64)$$

La fonction ψ est une fonction continue de $\mathbb{R}^3$. En particulier, elle doit être périodique de période 2π en φ pour assurer la continuité au passage entre $\varphi = 2\pi$ et $\varphi = 0$. Ceci impose donc que **la valeur de m soit un entier**, et par conséquent que ℓ **soit entier également**.

Ainsi, les états et valeurs propres du moment cinétique orbital constituent une sous-famille des solutions possibles restreinte aux valeurs entières de ℓ. Les valeurs demi-entières peuvent aussi correspondre à des états propres, mais dans des espaces mathématiques qui ne sont pas celui des fonctions complexes de $\mathbb{R}^3$.

Nous avons par ailleurs déterminé la dépendance azimutale (en φ). Nous allons maintenant nous intéresser à la dépendance *zénithale*, c'est-à-dire en θ.

Dépendance zénithale

Nous venons de voir que les états propres du moment cinétique orbital pouvaient se paramétriser par deux indices, ℓ et m, tels que

$$\psi_\ell^m(r,\theta,\varphi) = P_\ell^m(r,\theta)\, e^{im\varphi} . \qquad (8.65)$$

En utilisant la relation (8.61), la fonction précédente satisfait donc

$$\begin{aligned}\hat{L}^2\psi_\ell^m &= -\hbar^2\left(\frac{\partial^2}{\partial\theta^2}+\frac{1}{\tan\theta}\frac{\partial}{\partial\theta}+\frac{1}{\sin^2\theta}\frac{\partial^2}{\partial\varphi^2}\right)\left[P_\ell^m(r,\theta)\,e^{im\varphi}\right]\\ &= \hbar^2\ell(\ell+1)\,\psi_\ell^m\ .\end{aligned}\tag{8.66}$$

Par conséquent, la fonction P_ℓ^m satisfait quant à elle

$$-\hbar^2\left(\frac{\partial^2}{\partial\theta^2}+\frac{1}{\tan\theta}\frac{\partial}{\partial\theta}-\frac{m^2}{\sin^2\theta}\right)P_\ell^m=\hbar^2\ell(\ell+1)\,P_\ell^m\ .\tag{8.67}$$

Le reste du calcul va consister à démontrer que P_ℓ^m est un polynôme de $\cos\theta$. Pour cela, on effectue le changement de variable correspondant :

$$u=\cos\theta\qquad\text{et}\qquad \mathrm{d}u=-\sin\theta\mathrm{d}\theta=-\sqrt{1-u^2}\,\mathrm{d}\theta\ .\tag{8.68}$$

De plus, on sait que, si l'on possède une solution pour une valeur de m donnée, alors on peut passer à une autre valeur de m en utilisant les opérateurs de saut. Il suffit donc de rechercher la solution pour une valeur particulière : le choix le plus naturel est de rechercher la solution pour $m=0$ que l'on va appeler P_ℓ. Cette fonction satisfait donc :

$$\left(1-u^2\right)P_\ell''-2uP_\ell'+\ell(\ell+1)P_\ell=0\ .\tag{8.69}$$

Les solutions de cette équation différentielle paramétrisée par ℓ sont appelées *polynômes de Legendre* (voir figure 8.5). Ces derniers satisfont également la relation de récurrence suivante

$$(\ell+1)P_{\ell+1}=(2\ell+1)x\,P_\ell-\ell\,P_{\ell-1}\ ,\tag{8.70}$$

et peuvent être définis par :

$$P_\ell(x)=\frac{1}{2^\ell\ell!}\frac{\mathrm{d}^\ell}{\mathrm{d}x^\ell}\left(x^2-1\right)^\ell\ .\tag{8.71}$$

Leurs propriétés principales sont :

- Le polynôme P_ℓ est de degré ℓ.
- P_ℓ est pair pour ℓ pair, et impair pour ℓ impair.
- $P_\ell(1)=1$, et par conséquent, $P_\ell(-1)=(-1)^\ell$.

Remarque : On peut noter que la variable r a disparu des équations. En fait, la solution à $m=0$ pour chaque valeur de ℓ étant unique, la dépendance en r n'intervient que dans un coefficient multiplicateur $f(r)$. La solution complète est donc de la forme $\psi_\ell^0(r,\theta)=f(r)P_\ell(\cos\theta)$. Le même commentaire s'applique également aux autres valeurs de m. Ceci n'est pas étonnant car l'opérateur de moment cinétique ne porte que sur les coordonnées angulaires (la dépendance orthoradiale de la fonction). La dépendance radiale sera déterminée, quant à elle, par la forme du potentiel qui entrera dans l'équation de Schrödinger.

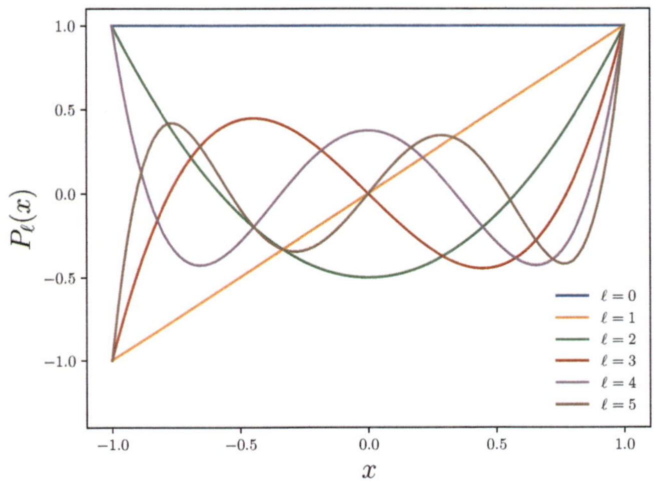

FIGURE 8.5 – Tracé des six premiers polynômes de Legendre.

8.8 Les harmoniques sphériques

En oubliant donc la dépendance radiale, on définit ainsi l'ensemble des vecteurs propres de l'opérateur « moment cinétique » dans l'espace à trois dimensions. Ces fonctions, une fois normalisées par la norme L^2, sont appelées *harmoniques sphériques* et notées $Y_\ell^m(\theta, \varphi)$. Pour les obtenir, on part de l'harmonique sphérique à $m = 0$

$$Y_\ell^0(\theta, \varphi) = \sqrt{\frac{2\ell + 1}{4\pi}}\, P_\ell\,(\cos\theta) \quad . \tag{8.72}$$

Cette fonction Y_ℓ^0 est fonction propre de l'opérateur $\hat{\vec{L}}$ pour la valeur propre $m = 0$ et de l'opérateur $\hat{L}^2$ pour la valeur propre $\ell(\ell + 1)$. Les autres fonctions propres, pour $m \neq 0$, sont obtenues par application des opérateurs de saut $\hat{L}^{\pm} = \hat{L}_x \pm i\hat{L}_y$ que l'on obtient en utilisant (8.60) et (8.62) :

$$\hat{L}^+ \;=\; \hbar e^{i\varphi}\left(\frac{\partial}{\partial\theta} + \frac{i}{\tan\theta}\frac{\partial}{\partial\varphi}\right) \quad , \tag{8.73}$$

$$\hat{L}^- \;=\; \hbar e^{-i\varphi}\left(-\frac{\partial}{\partial\theta} + \frac{i}{\tan\theta}\frac{\partial}{\partial\varphi}\right) \quad . \tag{8.74}$$

Ainsi, Y_ℓ^m est proportionnelle à $\hat{L}^{\pm m}\left(P_\ell(\cos\theta)\right)$ et on montre par récurrence que

$$Y_\ell^m(\theta,\varphi) = (-1)^m \sqrt{\frac{(2\ell+1)(\ell-m)!}{4\pi(\ell+m)!}}\, P_\ell^m\left(\cos\theta\right) e^{im\varphi} \ , \tag{8.75}$$

où P_ℓ^m sont des fonctions généralisant les polynômes de Legendre définies par

$$P_\ell^m(x) = \frac{(-1)^m}{2^\ell \ell!}(1-x^2)^{\frac{m}{2}} \frac{\mathrm{d}^{\ell+m}}{\mathrm{d}x^{\ell+m}}(x^2-1)^\ell \ . \tag{8.76}$$

Pour terminer, examinons quelques fonctions spécifiques. Pour $\ell = 0$, seule la valeur $m = 0$ est permise :

$$\ell = 0,\ m = 0, \qquad Y_0^0(\theta,\varphi) = \frac{1}{\sqrt{4\pi}} \ , \tag{8.77}$$

correspondant à une distribution angulaire totalement isotrope (indépendante de θ et de φ). Pour $\ell = 1$ existent les trois possibilités $m = -1, 0, +1$:

$$\begin{cases} \ell = 1,\ m = -1, & Y_1^{-1}(\theta,\varphi) = \sqrt{\dfrac{3}{8\pi}}\, e^{-i\varphi} \sin\theta \ , \\ \ell = 1,\ m = 0, & Y_1^0(\theta,\varphi) = \sqrt{\dfrac{3}{4\pi}}\, \cos\theta \ , \\ \ell = 1,\ m = +1, & Y_1^1(\theta,\varphi) = \sqrt{\dfrac{3}{8\pi}}\, e^{i\varphi} \sin\theta \ . \end{cases} \tag{8.78}$$

Nous verrons plus tard que la première ($\ell = 0$) correspond à ce que l'on appelle en chimie quantique les orbitales « s » tandis que les trois suivantes ($\ell = 1$) correspondent aux orbitales dites « p ».

Toutes les fonctions Y_ℓ^m fournissent ainsi l'intégralité des comportements angulaires possibles pour des vecteurs propres du moment cinétique à trois dimensions. Par application du principe de Noether en mécanique quantique, tout problème quantique possédant une symétrie sphérique à trois dimensions sera représenté par un hamiltonien possédant cette même symétrie. Ses vecteurs propres (les états stationnaires) pourront donc être recherchés parmi les vecteurs propres du moment cinétique orbital pour ce qui est de leur partie orthoradiale. La résolution de l'équation de Schrödinger se réduira alors à la résolution d'une équation aux valeurs propres sur la variable r seule dans laquelle interviendra la forme du potentiel.

C'est cette résolution à laquelle nous nous attellerons au chapitre 10, mais pour l'instant, nous allons nous intéresser à un autre moment cinétique, le *moment cinétique intrinsèque*, dont la représentation va nécessiter d'utiliser l'intégralité des solutions mathématiques du moment cinétique quantique, et notamment les solutions demi-entières pour ℓ.

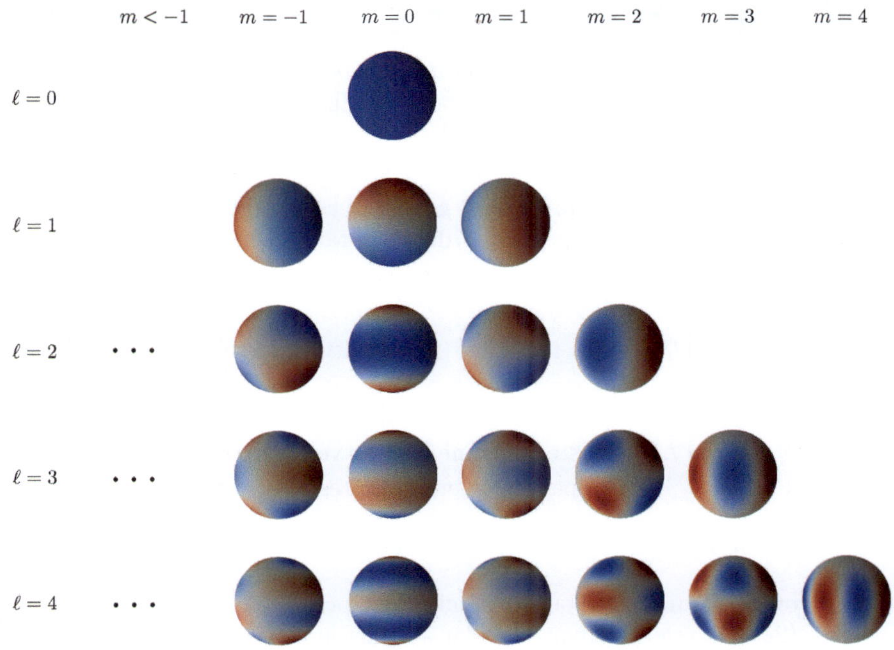

FIGURE 8.6 – Représentation des harmoniques sphériques (partie réelle) pour ℓ compris entre 0 et 4. Pour des raisons de place nous nous restreignons à la représentation des fonctions pour $m \geq -1$.

À retenir de ce chapitre

- L'invariance par rotation à 3 dimensions de l'hamiltonien entraîne sa commutation avec les générateurs infinitésimaux du groupe des rotations SO(3). On cherche donc les états propres de l'hamiltonien parmi les vecteurs propres de ces générateurs.
- À un facteur $\hbar$ près, ces générateurs infinitésimaux correspondent aux composantes de l'opérateur moment cinétique $\hat{\vec{L}} = \left(\hat{L}_x, \hat{L}_y, \hat{L}_z\right) = \hat{\vec{r}} \wedge \hat{\vec{p}}$ qui vérifient les relations de commutation
$$\left[\hat{L}_x, \hat{L}_y\right] = i\hbar\hat{L}_z \quad + \text{ permutations circulaires } .$$
- L'opérateur $\hat{L}^2 = \hat{L}_x^2 + \hat{L}_y^2 + \hat{L}_z^2$ commute avec toute composante $\hat{L}_x$, $\hat{L}_y$ ou $\hat{L}_z$. Il existe donc une base de vecteurs propres commune à $\hat{L}^2$ et $\hat{L}_z$, indicée par ses valeurs propres adimensionnées ℓ et m :
$$\hat{L}^2 \left|\ell, m\right\rangle = \ell(\ell+1)\hbar^2 \left|\ell, m\right\rangle \qquad \text{et} \qquad \hat{L}_z \left|\ell, m\right\rangle = m\hbar \left|\ell, m\right\rangle \quad ,$$
où ℓ est un entier ou un demi-entier positif, et m peut prendre $(2\ell+1)$ valeurs allant de $-\ell$ à $+\ell$ par saut de 1.
- Pour des raisons de continuité de la fonction d'onde, le moment cinétique correspondant à l'observable $(\vec{r} \wedge \vec{p})$ à trois dimensions ne peut correspondre qu'à des valeurs entières de ℓ. Dans ce cas, les fonctions propres sont définies sur la sphère unité et portent le nom d'harmoniques sphériques, notées $Y_\ell^m(\theta, \varphi)$. Ce moment cinétique est appelé « moment cinétique orbital ».
- La valeur $\ell = 0$ (et donc $m = 0$) est associée à la fonction Y_0^0 qui est constante sur la sphère unité : elle correspondra à une fonction d'onde en trois dimensions dite orbitale « s ». La valeur $\ell = 1$ (avec $m = -1$, 0 ou 1) correspondra aux orbitales « p » (et ainsi de suite pour les valeurs plus élevées de ℓ).

Chapitre 9

Le moment cinétique intrinsèque : le spin

9.1 Influence des champs magnétiques sur la lumière

Au cours de l'année 1897, sous l'influence de Faraday, le physicien néerlandais Pieter Zeeman découvre une preuve expérimentale de l'influence des champs magnétiques sur la lumière. Il observe que les raies spectrales du sodium s'élargissent en présence d'un champ magnétique. En poursuivant ses recherches, il utilise un aimant plus fort et découvre ensuite que les raies se séparent. Ce phénomène est connu sous le nom d'*effet Zeeman* Il présente cette découverte à l'Académie des sciences néerlandaise le samedi 31 octobre 1897. Le lundi suivant, Endrik Lorentz qui a assisté à la présentation de ces résultats en propose une explication théorique dans les termes suivants. À supposer que la matière soit composée de charges électriques ponctuelles étant soumises à une force de rappel, les vibrations de ces dernières au sein de ce qui fût appelé les ions se font à une fréquence qui correspond aux raies spectrales. En présence d'un champ magnétique extérieur les charges, qui seront plus tard assimilées aux électrons, doivent également subir la force de Lorentz. Les équations du mouvement pour une charge q de masse m confinée dans un ion sont alors données par

$$m\ddot{x} = -kx + qB\dot{y} \quad , \quad m\ddot{y} = -ky - qB\dot{x} \quad , \quad m\ddot{z} = -kz \ . \tag{9.1}$$

Ce système admet deux couples de solutions de la forme $\cos\omega_1 t, \sin\omega_1 t$ et $\cos\omega_2 t, -\sin\omega_2 t$, dont les pulsations sont solution de

$$\omega_1^2 - \frac{qB}{m}\omega_1 + \omega_0^2 = 0 \tag{9.2}$$

$$\omega_2^2 + \frac{qB}{m}\omega_2 + \omega_0^2 = 0 \ , \tag{9.3}$$

où $\omega_0 = \sqrt{k/m}$. Dans la limite $\frac{qB}{m}\omega_1, \frac{qB}{m}\omega_2 \ll \omega_0^2$, les trois pulsations qui régissent le système sont alors

$$\omega_0, \quad \omega_1 = \omega_0 + \delta\omega \quad \text{et} \quad \omega_2 = \omega_0 - \delta\omega \qquad \text{avec} \qquad \delta\omega = \frac{qB}{2m} \ . \tag{9.4}$$

Ainsi, au lieu d'une raie spectrale, le modèle prédit que l'interaction avec le champ magnétique entraîne la présence de trois raies, soit un nombre **impair**. Pieter Zeeman et Hendrik Lorentz reçoivent le prix Nobel de physique en 1902 pour cette découverte. La même année que la découverte de Zeeman, Thomas Preston, physicien irlandais, observe que certaines raies spectrales se décomposent sous l'influence d'un champ magnétique en un nombre **pair** de raies. Ce résultat est alors totalement incompréhensible dans le cadre du modèle de Lorentz, on parle alors d'*effet Zeeman anomal*[1].

D'un point de vue de la mécanique quantique nous comprenons maintenant que ce sont les états de moment cinétique des électrons qui régissent la phénoménologie de l'interaction avec les champs magnétiques. Nous avons vu au chapitre précédent que les fonctions propres du moment cinétique quantiques correspondant à des orbitales, c'est-à-dire des fonctions de l'espace à trois dimensions, ne décrivent pas l'ensemble des valeurs propres possibles. À chaque valeur propre possible de $\hat{L}^2$ du type $\ell(\ell+1)\hbar^2$, où ℓ est un entier ou un demi-entier, correspondent $2\ell+1$ valeurs possibles de m allant de $-\ell$ à $+\ell$ par sauts de 1. Si ℓ est entier, ce qui est le cas pour les orbitales, alors la dégénérescence en m est impaire. Si ℓ était demi-entier, alors la dégénérescence serait paire (exemple : $\ell = 1/2$, $2\ell + 1 = 2$).

Si le magnétisme de la matière, et notamment des atomes, provenait de la structure des orbitales électroniques autour de l'atome (en physique classique, on dirait « du mouvement des électrons autour de l'atome »), alors on s'attendrait, en toute logique, à ce que l'application d'un champ magnétique fasse apparaître une dégénérescence d'ordre **impair** sur les niveaux d'énergie des états électroniques, en raison des propriétés du moment cinétique orbital vues au chapitre précédent. Nous allons maintenant nous pencher sur l'effet Zeeman anomal (dégénérescence d'ordre **pair**) qui va nous conduire à introduire un moment cinétique intrinsèque à l'électron, également appelé *spin*.

9.1.1 L'effet Zeeman normal dans le modèle de Bohr

Pour une particule de masse m et de charge q ayant un moment cinétique orbital $\vec{L}$, nous avons établi dans la partie 8.3.1 que l'énergie d'interaction avec un champ magnétique extérieur est donnée par

$$V = -\vec{\mu} \cdot \vec{B} = -\frac{q}{2m}\vec{L} \cdot \vec{B} \ . \tag{9.5}$$

1. Il n'y a pas de faute de frappe, on dit bien « anomal » et non « anormal ».

Dans le modèle de Bohr, on suppose que le moment cinétique de l'électron autour de l'atome est quantifié en multiples entiers de $\hbar$. Si l'on impose un champ magnétique orienté selon l'axe z, les valeurs du potentiel d'interaction sont alors discrètes et liées à la valeur $m_L\hbar$ du moment cinétique selon z :

$$V = m_L \times \frac{e\hbar}{2m_e} B \ . \tag{9.6}$$

Comme nous l'avons vu au chapitre précédent, les valeurs du moment cinétique orbital sont des multiples entiers de $\hbar$ et se répartissent en un nombre impair d'états dégénérés. En présence d'un champ magnétique, les raies spectrales se décomposent en un nombre impair de raies, la présence du champ magnétique réalise la levée de dégénérescence des états, l'écartement entre les lignes dépend de la valeur du champ magnétique extérieur. Cela est illustré dans la figure 9.1.

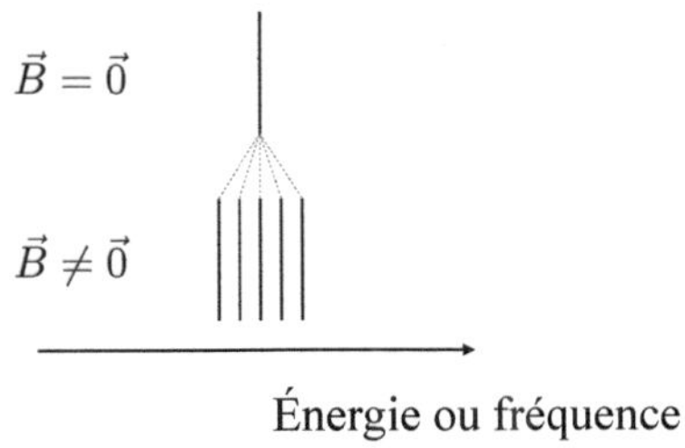

FIGURE 9.1 – Effet Zeeman normal : la présence d'un champ magnétique lève la dégénérescence liée au moment magnétique. Les valeurs discrètes du moment cinétique orbital sont en nombre impair.

9.1.2 L'effet Zeeman anomal

La découverte de situations où les raies spectrales atomiques se séparent en un nombre **pair** de raies est donc apparue comme une surprise, car la dégénérescence des valeurs propres de l'opérateur moment cinétique orbital est nécessairement d'ordre impair. C'est une conséquence des conditions de continuité imposées à la relation 8.64. La figure 9.2 montre la façon dont les raies atomiques se séparent en un nombre pair de raies dans certains cas.

Comment le comprendre dans le cadre de la physique quantique ? L'impossibilité d'obtenir la levée de dégénérescence voulue à partir des moments cinétiques orbitaux, inspirés de la forme classique $\vec{L} = \vec{r} \wedge \vec{p}$, nous oblige à étendre l'espace des états accessibles à l'électron en considérant son état interne, indépendamment de sa fonction d'onde spatiale. L'espace des états pour l'électron est à présent le produit tensoriel de ses états orbitaux $\mathcal{E}_x$ avec un nouvel espace $\mathcal{E}_s$,

$$\mathcal{E} = \mathcal{E}_x \otimes \mathcal{E}_\mathrm{s} \ , \tag{9.7}$$

où $\mathcal{E}_x$ est l'espace des fonctions $x \mapsto \psi(x) \in \mathbb{C}$ de carré sommable. $\mathcal{E}_s$ contient les vecteurs d'états de l'électron décrivant son moment cinétique intrinsèque, ou *spin*. Classiquement, le spin correspond au moment cinétique associé à la rotation d'un objet sur lui-même. En physique quantique, cette image n'a pas de sens dans la mesure où les particules élémentaires sont considérées comme ponctuelles. Si l'on nomme $\vec{S}$ le vecteur décrivant le moment cinétique intrinsèque de l'électron, l'expérience de Stern et Gerlach décrite dans la suite montre que la valeur du moment magnétique associé est

$$\vec{\mu}_s = g\frac{q}{2m}\vec{S} \ , \qquad \text{avec} \qquad g \simeq 2 \ . \tag{9.8}$$

Le facteur g est le *facteur de Landé*, sa valeur observée proche de 2 montre que le rapport gyromagnétique de l'électron est deux fois supérieur à ce qu'il serait si celui-ci tournait véritablement sur lui-même. En effet, en partant de la définition du moment magnétique donnée par 8.7 et quelle que soit la forme supposée de l'électron, on obtiendrait $g = 1$. Une discussion de l'origine de ce facteur 2 est proposée dans la partie 9.7.

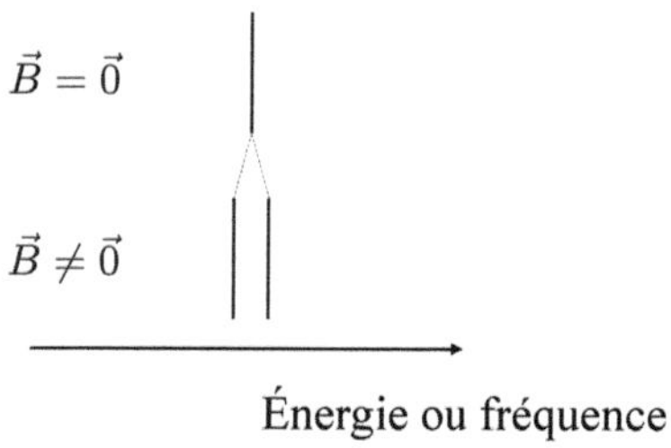

FIGURE 9.2 – Effet Zeeman anomal : pour certaines raies atomiques, la levée de dégénérescence se fait en un nombre pair.

L'hamiltonien de l'électron se décompose donc en une partie spatiale et une partie de spin,

$$\hat{H} = \hat{H}_x \otimes \mathbb{I}_s + \mathbb{I}_x \otimes \hat{H}_s \ . \tag{9.9}$$

La partie spatiale est obtenue en utilisant l'hamiltonien d'une particule chargée dans un champ, soit

$$\hat{H}_x = \frac{1}{2m}\left(\vec{p} - q\vec{A}\right)^2 + V(\vec{r}) \ . \tag{9.10}$$

Pour considérer un champ magnétique orienté selon z, on prend

$$\vec{A} = \begin{pmatrix} 0 \\ B_z x \\ 0 \end{pmatrix} \ , \tag{9.11}$$

de sorte qu'à une dimension selon la direction x, la partie spatiale de l'hamiltonien est donnée en représentation « x » par

$$\hat{H}_x = -\frac{\hbar^2}{2m}\partial_x^2 + V(x) \ . \tag{9.12}$$

Cette dernière agit dans $\mathcal{E}_x$. La partie de l'hamiltonien portant sur le spin est quant à elle donnée par

$$\hat{H}_{\mathrm{s}} = \omega \hat{S}_{\mathrm{z}} \ , \tag{9.13}$$

avec

$$\omega = -g\frac{e}{2m}B_z \tag{9.14}$$

pour un électron, de charge $-e$. Soit ψ_x^n une fonction propre de $\hat{H}_x$ pour l'énergie E_n, alors l'état complet de l'électron est donné par ce que l'on appelle un produit tensoriel, noté $\otimes$,

$$|\psi_{n,m_s}\rangle = \psi_x^n \otimes |m_s\rangle \ . \tag{9.15}$$

En notant E_{n,m_s} l'énergie de l'état complet $|\psi_{n,m_s}\rangle$, alors

$$\hat{H}|\psi_{n,m_s}\rangle = E_{n,m_s}|\psi_{n,m_s}\rangle \tag{9.16}$$

$$\left(\hat{H}_x \otimes \mathbb{I}_{\mathrm{s}} + \mathbb{I}_x \otimes \hat{H}_{\mathrm{s}}\right)\hat{H}|\psi_{n,m_s}\rangle = E_n\hat{H}|\psi_{n,m_s}\rangle + \omega m_s\hat{H}|\psi_{n,m_s}\rangle \tag{9.17}$$

soit

$$E_{n,m_s} = E_n + \omega m_s \ . \tag{9.18}$$

Le formalisme développé ici permet donc de rendre compte de la levée de dégénérescence des états en présence d'un champ magnétique. Si l'on admet la possibilité d'un moment cinétique intrinsèque de valeur demi-entière, alors les états dégénérés voient leur énergie se séparer en un nombre **pair** de valeurs. Dans le cas de l'électron, le spin vaut $1/2$, comme l'a montré l'expérience de Stern et Gerlach décrite dans la partie suivante.

9.2 L'expérience de Stern-Gerlach

La preuve expérimentale de la quantification du moment cinétique est obtenue en 1922 par Otto Stern[2] et Walther Gerlach à l'aide du montage qui porte leurs noms. L'idée centrale est de forcer une interaction entre la partie spatiale de l'état d'un atome et son moment magnétique. Cela se fait en imposant un gradient spatial de champ magnétique. En effet le potentiel d'interaction s'écrit

$$U = -\vec{\mu}\cdot\vec{B} = -g\frac{q}{2m}L_zB_z \ , \tag{9.19}$$

2. Otto Stern est lauréat du prix Nobel 1943, pour d'autres contributions.

et la force classique est donnée par

$$\vec{F} = -\frac{\partial U}{\partial z}\vec{e}_z = g\frac{q}{2m}L_z\frac{\partial B_z}{\partial z} \quad . \tag{9.20}$$

Ainsi, si un jet d'atomes passe une région où règne un gradient de champ magnétique, L_z prendra des valeurs discrètes m_z et la force classique (9.20) conduira à une séparation du faisceau initial en plusieurs faisceaux.

La figure 9.3 schématise le montage de l'expérience de 1922. Le faisceau d'atomes, produit par un four et aligné dans un collimateur, est constitué d'atomes d'argent.

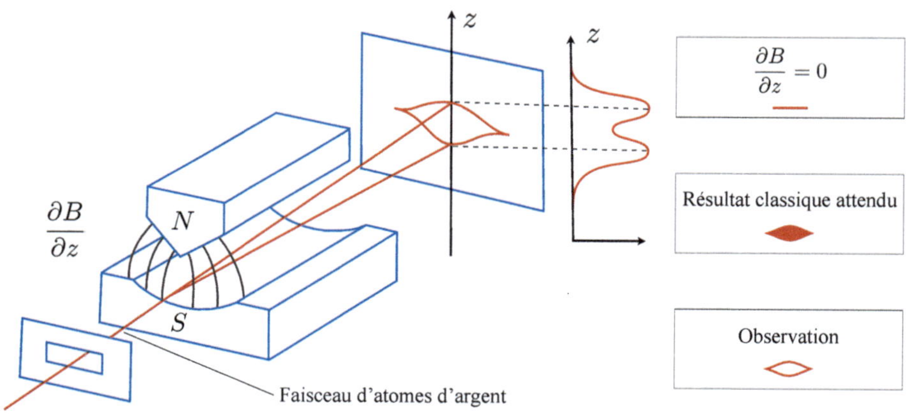

FIGURE 9.3 – Schéma de l'expérience de Stern et Gerlach, reproduit à partir de la plaque commémorative de l'expérience, au siège de la Société de Physique à Francfort.

L'expérience de Stern et Gerlach montre une séparation du faisceau initial en deux parties, produisant sur l'écran deux taches distinctes. La première conclusion est donc que ce résultat prouve la quantification du moment cinétique. C'est probablement ce que les deux physiciens allemands ont retenu en premier, comme en témoigne la carte postale adressée à Niels Bohr reproduite dans la figure 9.4. La seconde conclusion a trait au fait que le faisceau se scinde en deux parties distinctes, démontrant la présence d'un spin 1/2. En fait, les deux expérimentateurs ont eu de la chance ! En effet, la structure des couches électroniques de l'atome d'argent est telle que l'électron le moins lié est seul sur sa couche électronique. Nous verrons dans la suite comment se construisent les couches électroniques dans les atomes. L'état de spin de l'atome d'argent est donc identique à l'état de spin de ce dernier électron. Ce dernier ayant un spin 1/2, la dégénérescence d'un facteur 2 apparaît explicitement dans l'expérience de Stern et Gerlach.

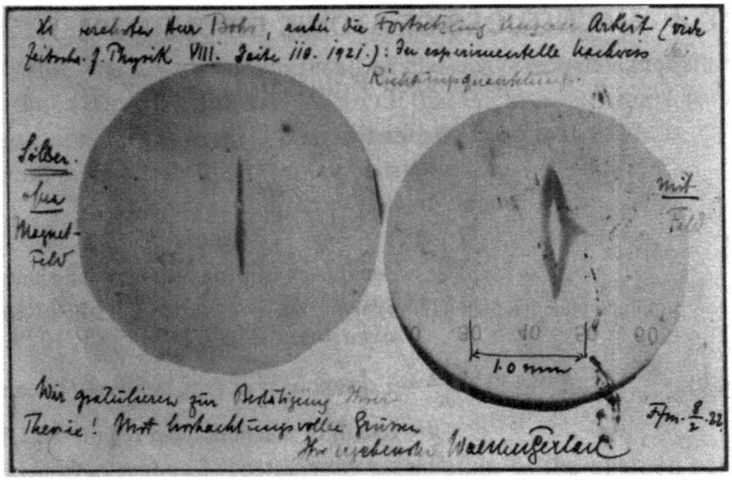

FIGURE 9.4 – Carte postale de Walther Gerlach adressée à Niels Bohr, 8 février 1922 (archives Niels Bohr, Copenhague). Traduit de l'allemand : « Voici la preuve expérimentale de la quantification directionnelle. Nos félicitations pour la confirmation de votre théorie. »

9.3 Opérateurs de spin

L'étude des moments cinétiques en mécanique quantique montre qu'un moment cinétique de valeur ℓ peut se décomposer sur $2\ell+1$ états indépendants. Les deux taches observées sur l'écran dans l'expérience de Stern et Gerlach impliquent que $\ell = \frac{1}{2}$. Les espaces propres de l'opérateur de spin sont donc de dimension deux. Par conséquent, ce moment cinétique ne peut être associé à un moment cinétique orbital : il décrit une propriété intrinsèque à l'électron, un moment cinétique propre.

Soit $\hat{S}$ un opérateur de spin, on sait donc que les deux états associés respectivement aux deux taches correspondent à des états propres de $\hat{S}^2$ pour la valeur propre $\ell(\ell+1) = \frac{3}{4}\hbar^2$ et sont états propres de $\hat{S}_z$ pour les valeurs propres $\pm\frac{\hbar}{2}$. Les vecteurs d'état sont donc des fonctions d'onde des variables $(\vec{r}, t)$ continues, et de la variable discrète s. Tout se passe comme si les fonctions d'onde des électrons avaient deux composantes et on peut les développer sur la base des spineurs de la façon suivante :

$$\begin{pmatrix} \psi_+(\vec{r}, t) \\ \psi_-(\vec{r}, t) \end{pmatrix} = \psi_+(\vec{r}, t) \begin{pmatrix} 1 \\ 0 \end{pmatrix} + \psi_-(\vec{r}, t) \begin{pmatrix} 0 \\ 1 \end{pmatrix} . \tag{9.21}$$

Dans la base des vecteurs propres de $\hat{\vec{S}}^2$ et $\hat{S}_z$, les opérateurs de spin sont donc représentés par les matrices 2×2 suivantes :

$$\hat{\vec{S}}^2 = \frac{3\hbar^2}{4}\begin{pmatrix} 1 & 0 \\ 0 & 1 \end{pmatrix} \quad \text{et} \quad \hat{S}_z = \frac{\hbar}{2}\begin{pmatrix} 1 & 0 \\ 0 & -1 \end{pmatrix} . \tag{9.22}$$

9.4 Les matrices de Pauli

La représentation matricielle de $\hat{S}_z$ étant connue, on peut chercher les autres composantes de $\hat{\vec{S}}$ pour former le vecteur d'opérateurs tel que

$$\hat{\vec{S}} = \begin{pmatrix} \hat{S}_x \\ \hat{S}_y \\ \hat{S}_z \end{pmatrix} . \tag{9.23}$$

Les propriétés générales des opérateurs de moment cinétique peuvent être transposées ici. En particulier, les relations de commutation circulaires demeurent valables :

$$\left[\hat{S}_x, \hat{S}_y\right] = i\hbar\hat{S}_z , \tag{9.24}$$

$$\left[\hat{S}_z, \hat{S}_x\right] = i\hbar\hat{S}_y , \tag{9.25}$$

$$\left[\hat{S}_y, \hat{S}_z\right] = i\hbar\hat{S}_x . \tag{9.26}$$

En adimensionnant le problème, on est amené à définir trois matrices 2×2 telles que

$$\hat{S}_x = \frac{\hbar}{2}\hat{\sigma}_1 , \quad \hat{S}_y = \frac{\hbar}{2}\hat{\sigma}_2 , \quad \hat{S}_z = \frac{\hbar}{2}\hat{\sigma}_3 . \tag{9.27}$$

Il s'agit donc de trouver les matrices 2×2 à coefficients complexes qui satisfont les relations

$$[\hat{\sigma}_1, \hat{\sigma}_2] = 2i\,\hat{\sigma}_3 , \quad [\hat{\sigma}_3, \hat{\sigma}_1] = 2i\,\hat{\sigma}_2 , \quad [\hat{\sigma}_2, \hat{\sigma}_3] = 2i\,\hat{\sigma}_1 , \tag{9.28}$$

la valeur de σ_3 étant imposée par l'expression de $\hat{S}_z$ dans (9.22). Cela revient à choisir la base de représentation comme étant la base des états propres de $\hat{S}_z$, la projection du spin selon la direction z. Les matrices satisfaisant ces relations sont les *matrices de Pauli*

$$\hat{\sigma}_1 = \begin{pmatrix} 0 & 1 \\ 1 & 0 \end{pmatrix} , \quad \hat{\sigma}_2 = \begin{pmatrix} 0 & -i \\ i & 0 \end{pmatrix} , \quad \hat{\sigma}_3 = \begin{pmatrix} 1 & 0 \\ 0 & -1 \end{pmatrix} . \tag{9.29}$$

Si l'on s'intéresse uniquement à la partie de l'état qui concerne le spin, on peut définir les vecteurs propres de $\hat{\sigma}_3$ comme $|z+\rangle$ et $|z-\rangle$ respectivement pour les valeurs propres $+\frac{\hbar}{2}$ et $-\frac{\hbar}{2}$. Pour des mesures du spin selon les directions x et y, les résultats ne peuvent être que $\pm\frac{\hbar}{2}$, donc les valeurs propres de $\hat{S}_x$ et $\hat{S}_y$. Les vecteurs propres correspondants sont obtenus en diagonalisant les matrices $\hat{\sigma}_1$ et $\hat{\sigma}_2$. On obtient alors leurs vecteurs propres dans la base propre de $\hat{S}_z$, pour l'opérateur $\hat{\sigma}_1$:

$$|x+\rangle = \frac{1}{\sqrt{2}}\Big(|z+\rangle + |z-\rangle\Big) \tag{9.30}$$

$$|x-\rangle = \frac{1}{\sqrt{2}}\Big(|z+\rangle - |z-\rangle\Big) \ , \tag{9.31}$$

et pour $\hat{\sigma}_2$:

$$|y+\rangle = \frac{1}{\sqrt{2}}\Big(|z+\rangle + i|z-\rangle\Big) \tag{9.32}$$

$$|y-\rangle = \frac{1}{\sqrt{2}}\Big(|z+\rangle - i|z-\rangle\Big) \ . \tag{9.33}$$

Les matrices de $\hat{S}_x$ et $\hat{S}_y$ ne sont pas diagonales : on retrouve que les observables de mesure du spin selon des directions orthogonales ne sont pas compatibles. De façon parfaitement équivalente, les vecteurs propres de l'opérateur de spin selon x ou y se décomposent de façon équitable sur les vecteurs propres selon la direction z.

9.5 Représentation à deux dimensions du groupe des rotations

Nous avons vu dans la partie 8.5 que les commutateurs entre les différentes composantes du moment cinétique correspondent au groupe SO(3) des rotations spatiales à trois dimensions. Est-il possible de trouver une représentation de dimension deux de ce groupe ? Autrement dit, peut-on trouver des générateurs de dimension deux, sous la forme de matrices 2×2 qui satisfont l'algèbre de Lie du groupe SO(3) ? La réponse est oui et les matrices de Pauli $\hat{\sigma}_1$, $\hat{\sigma}_2$ et $\hat{\sigma}_3$ remplissent exactement cette condition. L'existence d'un moment cinétique de valeur demi-entière est donc autorisée par l'existence d'une représentation de dimension deux du groupe des rotations. Bien que n'ayant pas d'analogue classique, la nature semble utiliser cette possibilité en donnant à certaines particules, dont les électrons, un spin demi-entier.

Les valeurs entières des valeurs propres du moment cinétique orbital sont imposées par la relation (8.64) et le caractère continu dans $\mathbb{R}^3$ de la fonction d'onde. Il apparaît qu'une rotation de 2π d'un état de spin demi-entier ne redonne pas l'état initial, mais l'opposé du vecteur d'état d'origine. Pour retrouver exactement l'état initial, il faut effectuer une rotation de 4π.

9.6 La mesure du spin

Pour décrire la mesure du spin dans une direction quelconque, il convient de définir cette direction dans une base orthonormée, soit $\vec{u} = (u_x, u_y, u_z)$. L'opérateur associé à la mesure du spin dans la direction $\vec{u}$ se décompose de la façon suivante :

$$\hat{S}_{\vec{u}} = \hat{\vec{S}} \cdot \vec{u} = u_x \hat{S}_x + u_y \hat{S}_y + u_z \hat{S}_z \ . \tag{9.34}$$

Cela peut s'écrire de façon équivalente sous forme matricielle. En utilisant les représentations des opérateurs de spin par les matrices de Pauli, l'opérateur de spin est représenté dans la base des états propres de $\hat{S}_z$ par la matrice

$$\hat{S}_{\vec{u}} = \frac{\hbar}{2} \begin{pmatrix} u_z & u_x - iu_y \\ u_x + iu_y & -u_z \end{pmatrix} \ . \tag{9.35}$$

On peut représenter le vecteur $\vec{u}$ dans les coordonnées sphériques de la façon suivante :

$$\vec{u} = \begin{pmatrix} \sin\theta\cos\varphi \\ \sin\theta\sin\varphi \\ \cos\theta \end{pmatrix} \ , \tag{9.36}$$

de sorte que l'opérateur de spin pour la direction $\vec{u}$ est représenté par la matrice

$$\hat{S}_{\vec{u}} = \frac{\hbar}{2} \begin{pmatrix} \cos\theta & e^{-i\varphi}\sin\theta \\ e^{i\varphi}\sin\theta & -\cos\theta \end{pmatrix} \ . \tag{9.37}$$

Les vecteurs propres de $\hat{S}_{\vec{u}}$ sont donnés à une phase arbitraire près par

$$\begin{aligned} |u+\rangle &= \begin{pmatrix} \cos\frac{\theta}{2} \\ e^{i\varphi}\sin\frac{\theta}{2} \end{pmatrix} = \cos\frac{\theta}{2}\,|z+\rangle + e^{i\varphi}\sin\frac{\theta}{2}\,|z-\rangle \\ |u-\rangle &= \begin{pmatrix} -e^{i\varphi}\sin\frac{\theta}{2} \\ \cos\frac{\theta}{2} \end{pmatrix} = -e^{i\varphi}\sin\frac{\theta}{2}\,|z+\rangle + \cos\frac{\theta}{2}\,|z-\rangle \end{aligned} \tag{9.38}$$

Si l'on considère un électron dont l'état de spin est donné par $|\alpha\rangle$, l'amplitude de probabilité pour la mesure de la valeur $\pm\frac{\hbar}{2}$ est donnée par le produit hermitien entre $|\alpha\rangle$ et $|u\pm\rangle$, soit le coefficient de la décomposition de $|\alpha\rangle$ dans la base $(|u+\rangle, |u-\rangle)$: $\langle u \pm |\alpha\rangle$. Ainsi la probabilité de mesurer $\pm\frac{\hbar}{2}$ est donnée par le module carré de ce coefficient :

$$P_\pm = |\langle u \pm |\alpha\rangle|^2 \ . \tag{9.39}$$

9.7 L'équation de Dirac ou l'origine relativiste du spin

Le spin trouve parfaitement sa place dans la physique quantique telle que nous l'avons décrite jusqu'ici, en particulier en décomposant les fonctions d'ondes des électrons sur la base des spineurs comme dans l'expression (9.21). Bien qu'autorisés par l'algèbre du groupe des rotations, les états de spin sont introduits de façon *ad hoc*. En réalité, l'origine du spin est fondamentalement relativiste. Elle est liée à l'équation de Klein-Gordon (6.41), qui est l'équation d'onde relativiste. Historiquement, cette dernière a été proposée avant l'équation de Schrödinger, mais a été écartée en raison de certaines pathologies.

Le défaut principal de l'équation de Klein-Gordon est qu'elle conduit à des probabilités de présence négatives[3]. À y regarder de plus près, c'est la présence d'une dérivée d'ordre deux en temps dans l'équation qui crée ce problème. Les physiciens du début du XXe siècle ont donc été amenés à chercher une équation d'onde d'ordre un en temps. Naturellement, on recherche une décomposition analogue à celle de l'oscillateur harmonique, avec l'expression (7.11). Dans ce cas, l'hamiltonien se déduit de la relation de dispersion relativiste, ce qui donne

$$\hat{H}^2 = \hat{\vec{p}}^{\,2} c^2 + m^2 c^4 \tag{9.40}$$

par le principe de correspondance. L'hamiltonien étant lié à l'énergie et donc à la dérivée première par rapport au temps, la factorisation de l'expression précédente permet d'obtenir une équation relativiste ne faisant apparaître qu'une dérivée première par rapport au temps. Une telle factorisation n'est pas possible pour une fonction d'onde scalaire, et il est nécessaire de considérer une fonction d'onde à quatre composantes. On peut montrer que la factorisation est possible sous la forme suivante

$$-\left(i\gamma^\mu \partial_\mu - m\right)\left(i\gamma^\nu \partial_\nu + m\right) = \gamma^\mu \gamma^\nu \partial_\mu \partial_\nu + m^2 \ , \tag{9.41}$$

où les γ^μ sont des matrices 4×4, à condition que ces dernières vérifient la condition $\gamma^\mu \gamma^\nu \partial_\mu \partial_\nu = \eta^{\mu\nu} \partial_\mu \partial_\nu$, soit de façon équivalente

$$(\gamma_\mu \gamma_\nu + \gamma_\nu \gamma_\mu) = 2\eta_{\mu\nu} \ . \tag{9.42}$$

Les matrices satisfaisant ces relations sont les *matrices de Dirac* dont une représentation est

$$\gamma^0 = \begin{pmatrix} \mathbb{I}_2 & 0 \\ 0 & -\mathbb{I}_2 \end{pmatrix} \text{ et } \gamma^i = \begin{pmatrix} 0 & \sigma^i \\ -\sigma^i & 0 \end{pmatrix} \ , \tag{9.43}$$

3. Ce point est résolu en théorie quantique des champs, où l'équation de Klein-Gordon décrit l'évolution de particules de spin nul.

les σ_i étant les matrices de Pauli. L'opérateur $(i\gamma^\nu\partial_\nu + m)$ est donc l'équivalent formel de $\sqrt{\hat{H}^2}$. L'équation d'onde relativiste se déduit donc directement de la décomposition, c'est l'*équation de Dirac* :

$$(i\gamma^\mu\partial_\mu - m\mathbb{I})\,\Psi = 0 \ . \tag{9.44}$$

La fonction d'onde Ψ possède nécessairement quatre composantes. Dans les chapitres portant sur la relativité, nous avons vu que pour construire des quantités invariantes de Lorentz, il est nécessaire de manier soit des scalaires, soit des objets à quatre composantes. Les spineurs étant de dimensions deux, ils n'ont pas leur place en l'état dans une description relativiste des électrons. Ainsi, les deux doublets de composantes de la fonction Ψ décrivent l'électron et son antiparticule le positon, et chaque composante du doublet correspond à un spin donné. L'équation de Dirac prédit donc à la fois l'existence de l'antimatière et celle du spin ! La légende raconte que, de l'aveu de Dirac lui-même, l'équation serait plus intelligente que son auteur. Il obtient malgré cela le prix Nobel de physique en 1933. L'histoire de l'antimatière dépasse le cadre de cet ouvrage. Cependant, concernant le spin, nous pouvons pousser le raisonnement en écrivant l'équation de Dirac au premier ordre.

Considérons donc un électron en présence d'un champ magnétique extérieur. On admettra que, dans ce cas, l'équation de Dirac peut s'écrire

$$E\psi = mc^2\psi + \left(\frac{\left(\vec{p} + e\vec{A}\right)^2 c^2 + \hbar e c\,\vec{\sigma}\cdot\vec{B}}{E + mc^2}\right)\psi \ . \tag{9.45}$$

Le terme $\vec{\sigma}$ est un vecteur de matrices de Pauli. Elles ne sont pas introduites ici « à la main », mais proviennent directement de la définition des matrices γ et de la contrainte imposée pour factoriser l'expression de $\hat{H}^2$. En définissant l'hamiltonien comme $H = E - mc^2$, et en considérant que $E + mc^2 \simeq 2mc^2$ dans la limite non relativiste, on aboutit à l'expression suivante :

$$H\psi = \left(\frac{\left(\vec{p} + e\vec{A}\right)^2}{2m} + \frac{\hbar e}{2m}\,\vec{\sigma}\cdot\vec{B}\right)\psi \ . \tag{9.46}$$

On a bien une relation de la forme $H = T + V$. Le potentiel fait apparaître le couplage entre le spin et le champ magnétique. En utilisant la relation entre les opérateurs de spin et les matrices de Pauli

$$\hat{\vec{S}} = \frac{\hbar}{2}\,\hat{\vec{\sigma}} \ , \tag{9.47}$$

le potentiel d'interaction s'écrit

$$V = \frac{\hbar e}{m}\,\hat{\vec{S}}\cdot\vec{B} \ . \tag{9.48}$$

En confrontant ce résultat à l'expression du potentiel d'interaction pour une charge $q = -e$, l'équation de Dirac prédit la valeur du facteur de Landé $g = 2$ qui a été déterminée empiriquement. C'est donc bien en cherchant une équation relativiste de l'évolution quantique des états de l'électron que l'on prédit l'existence de son spin.

9.8 Bosons et fermions : le théorème spin-statistique

Parmi les différences notables entre la physique classique et la mécanique quantique figure la manière dont cette dernière traite des systèmes composés de plusieurs particules identiques. Pour le comprendre, on peut se contenter pour commencer d'un exemple constitué de deux particules quantiques. Nous avons vu au chapitre 5 qu'un tel système est représenté en physique quantique par une fonction d'onde $\Psi(\vec{r}_1, \vec{r}_2, t)$, où $\vec{r}_1$ et $\vec{r}_2$ sont les positions respectives des deux particules. Cependant, cette numérotation n'a pas la même signification qu'en physique classique. En effet, des particules classiques peuvent en théorie être suivies continûment tout au long de la trajectoire. Dans un système de deux particules, on peut donc « indexer », ou « labelliser », ces deux particules de sorte qu'à chaque instant, une mesure de leurs positions nous permet à coup sûr de savoir quelles sont les positions $\vec{r}_1$ et $\vec{r}_2$ de la première et de la seconde.

Tel n'est pas le cas en physique quantique. Supposons en effet que chaque particule soit représentée par une fonction d'onde de type gaussien relativement piquée autour de la position moyenne, cette gaussienne se déplaçant au cours du temps tout en conservant une distance entre les particules bien supérieure à l'extension typique de chaque gaussienne (voir figure 9.5). Il est clair que, dans ce cas, on peut en permanence distinguer les particules 1 et 2. En revanche, si les fonctions d'onde se rapprochent à moins que leur extension caractéristique, alors on ne peut, lors d'une mesure de positions des deux particules, différencier avec certitude les particules.

Par conséquent, l'indiscernabilité des deux particules dans l'opération de mesure doit se traduire dans la forme de la fonction d'onde à deux particules. Pour cela, nous allons introduire l'opérateur d'*échange* $\hat{T}$ consistant à retourner les rôles des particules 1 et 2 :

$$\hat{T} : |\psi_1, \psi_2\rangle \longmapsto |\psi_2, \psi_1\rangle \quad . \tag{9.49}$$

L'invariance des résultats de mesure par l'opération d'échange que nous devons postuler implique que toute fonction d'onde à deux particules doit être un vecteur propre de $\hat{T}$. Sachant que l'opérateur est involutif, $\hat{T}^2 = \mathbb{I}$, les valeurs propres doivent vérifier $\lambda^2 = 1$. Les seules valeurs propres sont donc +1 et -1.

On va donc distinguer deux classes de particules du monde quantique :

- Celles dont la fonction d'onde à deux (ou plusieurs) particules est invariante dans l'échange de deux quelconques particules. La fonction d'onde est donc symétrique dans les coordonnées des particules. Ces particules sont appelées *bosons*, du nom du physicien indien Satyendranath Bose.

- Celles dont la fonction d'onde à deux (ou plusieurs) particules change de signe dans l'échange de deux quelconques particules. La fonction d'onde est donc antisymétrique dans les coordonnées des particules. Ces particules sont appelées *fermions*, du nom du physicien italien Enrico Fermi, prix Nobel de physique 1938.

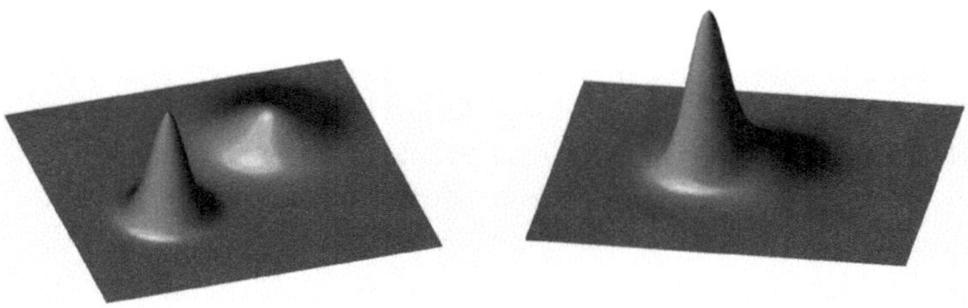

FIGURE 9.5 – Mesure de la position pour deux particules quantiques identiques. À gauche : quand les fonctions d'onde des deux particules sont distantes de bien plus que leur extension spatiale individuelle, il est assez facile d'attribuer un label à chaque position de particule mesurée. À droite : si les fonctions se rapprochent ou s'interpénètrent, la notion d'identité de la particule disparaît.

Le théorème dit « spin – statistique », dont la démonstration sort du cadre de cet ouvrage, relie cette propriété de symétrie ou d'antisymétrie de la fonction d'onde à plusieurs particules au spin des particules concernées :

- **Les particules de spin entier sont des bosons**. Le photon, particule de spin 1, est un exemple de boson. En théorie quantique des champs, les particules qui transportent les interactions sont des bosons (ce sont les *vecteurs* des interactions fondamentales). Le photon est ainsi vu comme le vecteur de l'interaction électromagnétique.

- **Les particules de spin demi-entier sont des fermions**. Toutes les particules de matière connues sont des fermions, comme le proton, le neutron, l'électron qui sont toutes trois des particules de spin $1/2$.

9.8.1 Systèmes de bosons et de fermions à deux particules

Bosons

Imaginons que l'on ait deux bosons de spin 0 pouvant occuper les états individuels $|a\rangle$ ou $|b\rangle$. Ces états individuels correspondent à des orbitales car les particules n'ont pas de degré de liberté interne. On peut alors construire la base des états à deux particules :

$$|a,a\rangle \ , \ |a,b\rangle \ , \ |b,a\rangle \ , \ |b,b\rangle \ . \tag{9.50}$$

Cette base n'est pas complètement symétrique dans l'échange des particules 1 et 2 (même si le premier et le quatrième états le sont). Il faut donc la symétriser sous la forme :

$$|a,a\rangle \ , \ \frac{1}{\sqrt{2}}\big(\,|a,b\rangle + |b,a\rangle\,\big) \ , \ |a,b\rangle \ . \tag{9.51}$$

On voit alors qu'il n'y a plus que 3 vecteurs de base plutôt que 4. Le caractère indiscernable des particules quantiques, dans le cas des bosons, a donc pour conséquence de réduire la taille de l'espace des états à deux particules (et par extension, à plusieurs particules).

Fermions

Considérons maintenant deux fermions de spin 1/2 pouvant occuper les orbitales $|a\rangle$ et $|b\rangle$. Pour former un état quantique individuel, il faut rajouter la donnée du spin que l'on va noter « + » ou « − » en se donnant une direction de référence. Si l'on n'utilise que l'orbitale $|a\rangle$, alors on ne peut former qu'un seul état à deux particules qui soit antisymétrique :

$$|\Psi\rangle = \frac{1}{\sqrt{2}}\big(\,|a+,a-\rangle - |a-,a+\rangle\,\big) \ . \tag{9.52}$$

Cet état, de spin total nul, est appelé état *singulet*. Si, en revanche, l'on utilise les deux orbitales $|a\rangle$ et $|b\rangle$, on peut former :

$$|\Psi\rangle_1 = \frac{1}{\sqrt{2}}\big(\,|a+,b+\rangle - |b+,a+\rangle\,\big) \ , \tag{9.53}$$

$$|\Psi\rangle_2 = \frac{1}{\sqrt{2}}\big(\,|a+,b-\rangle - |b-,a+\rangle\,\big) \ , \tag{9.54}$$

$$|\Psi\rangle_3 = \frac{1}{\sqrt{2}}\big(\,|a-,b+\rangle - |b+,a-\rangle\,\big) \ , \tag{9.55}$$

$$|\Psi\rangle_4 = \frac{1}{\sqrt{2}}\big(\,|a-,b-\rangle - |b-,a-\rangle\,\big) \ . \tag{9.56}$$

que l'on peut recombiner pour réécrire :

$$\text{état singulet :} \quad \frac{1}{\sqrt{2}}\big(\,|a,b\rangle + |b,a\rangle\,\big) \otimes \frac{1}{\sqrt{2}}\big(\,|+,-\rangle - |-,+\rangle\,\big) \ , \tag{9.57}$$

$$\text{état triplet :} \quad \begin{cases} \frac{1}{\sqrt{2}}\big(\,|a,b\rangle - |b,a\rangle\,\big) \otimes |+,+\rangle \\ \frac{1}{\sqrt{2}}\big(\,|a,b\rangle - |b,a\rangle\,\big) \otimes |-,-\rangle \\ \frac{1}{\sqrt{2}}\big(\,|a,b\rangle - |b,a\rangle\,\big) \otimes \frac{1}{\sqrt{2}}\big(\,|+,-\rangle + |-,+\rangle\,\big) \end{cases} . \tag{9.58}$$

Le premier état correspond à une fonction symétrique en espace et antisymétrique en spin (avec une projection nulle du spin suivant Oz) tandis que les trois autres, regroupés sous la dénomination *état triplet*, correspondent à une fonction symétrique sur la partie spin (avec des valeurs +1,-1 ou 0 de la projection du spin suivant Oz). C'est dans cette base que vont s'écrire de façon naturelle les états propres de fermions.

9.8.2 Le principe d'exclusion de Pauli

L'antisymétrie de la fonction d'onde globale pour les systèmes de fermions a une conséquence d'une importance majeure dans de nombreux aspects de la physique, en particulier en physique de la matière condensée. Si l'on considère un système de deux fermions identiques ne pouvant occuper chacun qu'un seul et même état quantique à une particule, $|\psi\rangle$, alors il est impossible de construire un état antisymétrique à deux particules. En effet, ce dernier devrait s'écrire :

$$|\Psi\rangle = \frac{1}{\sqrt{2}}\big(\,|\psi,\psi\rangle - |\psi,\psi\rangle\,\big) = 0 \ . \tag{9.59}$$

On reformule cette propriété sous la forme du *principe d'exclusion de Pauli* énoncé en 1925 par Wolfgang Pauli (prix Nobel de physique 1945) :

Deux fermions identiques ne peuvent occuper le même état quantique individuel.

En particulier, si l'on considère une population de N fermions identiques, il faut au moins N états individuels pour constituer un état quantique global. Si l'on dispose d'exactement N états quantiques individuels, $\{|\psi_1\rangle, \ldots, |\psi_N\rangle\}$, alors on ne peut constituer qu'un seul état global qui est la combinaison complètement antisymétrique sur les N particules :

$$|\Psi\rangle = \frac{1}{\sqrt{N!}} \sum_{\sigma} \varepsilon(\sigma) \left|\psi_{\sigma(1)}, \ldots, \psi_{\sigma(N)}\right\rangle \ , \tag{9.60}$$

où la somme est effectuée sur toutes les permutations σ de $(1,\ldots,N)$, $\varepsilon(\sigma)$ étant la signature de la permutation. On peut condenser cette expression sous la forme d'un déterminant, car le déterminant est une structure complètement antisymétrique dans l'échange de deux quelconques lignes ou colonnes :

$$|\Psi\rangle = \frac{1}{\sqrt{N!}} \begin{vmatrix} |\psi_1(1)\rangle & \cdots & |\psi_1(N)\rangle \\ \vdots & \ddots & \vdots \\ |\psi_N(1)\rangle & \cdots & |\psi_N(N)\rangle \end{vmatrix} , \qquad (9.61)$$

où $|\psi_j(i)\rangle$ indique que la particule i est dans l'état $|\psi_j\rangle$. Un tel état $|\Psi\rangle$ est appelé *déterminant de Slater.*

Si l'on classe les états individuels par ordre croissant d'énergie, ce déterminant de Slater est l'état fondamental du système de N fermions. C'est typiquement l'état à basse température du gaz d'électrons de conduction dans un métal courant. L'énergie moyenne de ces électrons est très grande (correspondant à des températures équivalentes de plusieurs milliers de degrés). Pour autant, ils ne peuvent céder cette énergie en raison du principe d'exclusion de Pauli qui leur interdit d'occuper des états individuels identiques.

Dans certains systèmes physiques, l'impossibilité d'occuper simultanément le même état se manifeste par une pression dite de *dégnérescence.* C'est par exemple le cas des naines blanches qui sont stabilisées par l'équilibre entre contraction gravitationnelle et répulsion effective due au principe de Pauli.

À retenir de ce chapitre

- Les valeurs demi-entières de ℓ pour le moment cinétique ne correspondent pas à des observables interprétables classiquement. Elles font apparaître une dégénérescence pour m d'ordre $(2\ell + 1)$ donc paire, parité que l'on retrouve dans l'effet Zeeman anomal.
- Les expériences de Stern et Gerlach ont mis en évidence une dégénerescence d'ordre 2 correspondant à $\ell = 1/2$. Ceci est interprété comme un degré de liberté interne de l'électron baptisé « spin ».
- L'état de spin est décrit par un vecteur complexe de dimension 2. Les opérateurs de moment cinétique, baptisés $\left(\hat{S}_{x,y,z}\right)$, se représentent par des matrices 2×2 proportionnelles aux matrices de Pauli :

$$\hat{S}_x = \frac{\hbar}{2}\hat{\sigma}_1 \quad , \quad \hat{S}_y = \frac{\hbar}{2}\hat{\sigma}_2 \quad , \quad \hat{S}_z = \frac{\hbar}{2}\hat{\sigma}_3 \quad ,$$

avec

$$\hat{\sigma}_1 = \begin{pmatrix} 0 & 1 \\ 1 & 0 \end{pmatrix} \; , \; \hat{\sigma}_2 = \begin{pmatrix} 0 & -i \\ i & 0 \end{pmatrix} \; , \; \hat{\sigma}_3 = \begin{pmatrix} 1 & 0 \\ 0 & -1 \end{pmatrix} \; .$$

- L'opérateur associé à la mesure du spin dans la direction $\vec{u}$ s'écrit :

$$\hat{S}_{\vec{u}} = \hat{\vec{S}} \cdot \vec{u} = u_x \hat{S}_x + u_y \hat{S}_y + u_z \hat{S}_z \quad .$$

- Les particules quantiques se scindent en deux catégories distinctes, en fonction du caractère entier ou demi-entier de leur spin. Les particules de spin entier sont appelées *bosons* (exemple : le photon) et leurs fonctions d'onde à plusieurs particules sont symétriques dans un échange quelconque de deux particules. Les particules de spin demi-entier sont appelées *fermions* (exemples : l'électron, le proton, le neutron), et leurs fonctions d'onde à plusieurs particules sont antisymétriques dans un échange quelconque de deux particules.
- Le caractère antisymétrique de la fonction d'onde fermionique à plusieurs particules interdit que deux fermions identiques puissent occuper le même état quantique. Cette propriété est connue sous le nom de *principe d'exclusion de Pauli.*

Chapitre 10

L'atome d'hydrogène

L'objectif de ce chapitre est de reproduire le raisonnement qu'a tenu Erwin Schrödinger en 1927 pour trouver le spectre et les états électroniques de l'atome d'hydrogène, autrement dit pour résoudre l'équation de Schrödinger indépendante du temps dans le système électron-proton en interaction électrostatique coulombienne. La démarche va consister à exploiter les symétries du problème afin de faire émerger une grande partie des propriétés de la base de vecteurs propres de l'hamiltonien, ce qui permet ensuite de déterminer complètement les états propres et leurs énergies.

10.1 De deux particules à une particule : la masse réduite

L'électron de l'atome d'hydrogène peut être considéré comme non relativiste. On peut s'en apercevoir en considérant qu'il se situe dans une région d'une taille de l'ordre de l'angström, ou du rayon de Bohr, $a_B = \hbar/(\alpha m_e c)$ (voir (4.22)). Nous avons vu dans la partie 7.8 dans le cas de l'oscillateur harmonique que l'état fondamental correspond à la borne inférieure de la relation d'Heisenberg. On obtient ainsi l'ordre de grandeur de l'impulsion de l'électron $p_e \sim \hbar/(2a_B) = \alpha\, m_e c/2$, soit une vitesse de l'ordre de $v_e \sim c/(2 \times 137)$ en utilisant la valeur de la constante de structure fine (voir équation 4.32). Le proton étant environ 2 000 fois plus massif que l'électron, l'argument vaut encore plus pour lui.

Écrivons à présent l'hamiltonien de la paire électron-proton. L'hamiltonien est la somme de l'opérateur énergie cinétique de l'électron, de l'opérateur énergie cinétique du proton et de l'opérateur énergie potentielle d'interaction coulombienne entre les deux particules :

$$\hat{H}_{e,p} = \frac{\hat{p}_e^2}{2m_e} + \frac{\hat{p}_p^2}{2m_p} - \frac{e^2}{4\pi\varepsilon_0} \widehat{\frac{1}{|\vec{r}_e - \vec{r}_p|}} \quad . \tag{10.1}$$

Les états propres de cet hamiltonien sont représentés par des fonctions d'onde dans un espace à six dimensions pour leur partie spatiale. Nous allons commencer par réduire le problème à une équation aux valeurs propres dans un espace à trois dimensions, en utilisant une démarche identique à celle suivie pour le problème à deux corps classiques, c'est-à-dire en introduisant un changement de variable où vont apparaître la position du centre de masse $\vec{R}$ et la position relative des deux particules $\vec{r}$:

$$\vec{R} = \frac{m_e}{m_e + m_p}\,\vec{r}_e + \frac{m_p}{m_e + m_p}\,\vec{r}_p \qquad \text{et} \qquad \vec{r} = \vec{r}_e - \vec{r}_p \ . \tag{10.2}$$

On écrit alors les opérateurs impulsion de l'électron et du proton en fonction des opérateurs impulsion de ces deux nouvelles positions, appelés respectivement $\hat{\vec{P}}$ et $\hat{\vec{p}}$, en nous plaçant en représentation x :

$$\hat{\vec{p}}_e = \frac{\hbar}{i}\frac{\partial}{\partial \vec{r}_e} = \frac{\hbar}{i}\left(\frac{m_e}{m_e + m_p}\frac{\partial}{\partial \vec{R}} + \frac{\partial}{\partial \vec{r}}\right) = \frac{m_e}{m_e + m_p}\,\hat{\vec{P}} + \hat{\vec{p}} \ , \tag{10.3}$$

$$\hat{\vec{p}}_p = \frac{\hbar}{i}\frac{\partial}{\partial \vec{r}_p} = \frac{\hbar}{i}\left(\frac{m_p}{m_e + m_p}\frac{\partial}{\partial \vec{R}} - \frac{\partial}{\partial \vec{r}}\right) = \frac{m_p}{m_e + m_p}\,\hat{\vec{P}} - \hat{\vec{p}} \ . \tag{10.4}$$

On réinjecte maintenant ces expressions dans la partie cinétique de l'hamiltonien $\hat{H}_{e,p}$:

$$\begin{aligned}\frac{\hat{p}_e^2}{2m_e} + \frac{\hat{p}_p^2}{2m_p} &= \frac{1}{2m_e}\left(\frac{m_e}{m_e + m_p}\,\hat{\vec{P}} + \hat{\vec{p}}\right)^2 + \frac{1}{2m_p}\left(\frac{m_p}{m_e + m_p}\,\hat{\vec{P}} - \hat{\vec{p}}\right)^2 \\ &= \frac{1}{2(m_e + m_p)}\hat{\vec{P}}^2 + \left(\frac{1}{2m_e} + \frac{1}{2m_p}\right)\hat{\vec{p}}^2 \ .\end{aligned} \tag{10.5}$$

De façon analogue au problème à deux corps classiques, on introduit à ce point deux masses : la masse totale du système $M = m_e + m_p$ et une masse dite *réduite* μ telle que $\mu^{-1} = m_e^{-1} + m_p^{-1}$. L'hamiltonien électron-proton s'écrit dans ces nouvelles variables :

$$\hat{H}_{e,p} = \frac{\hat{\vec{P}}^2}{2M} + \frac{\hat{\vec{p}}^2}{2\mu} - \frac{e^2}{4\pi\varepsilon_0}\widehat{\frac{1}{|\vec{r}|}} \ . \tag{10.6}$$

Cette nouvelle écriture de l'hamiltonien fait apparaître une somme de deux hamiltoniens indépendants, le premier portant sur la variable $\vec{R}$ et le second sur la variable $\vec{r}$. Le premier est simplement l'énergie cinétique du centre de masse, tandis que le second est celui d'une particule fictive de masse μ dans un potentiel coulombien centré en $\vec{r} = \vec{0}$. La conséquence de cette séparation est que les fonctions propres de l'hamiltonien total vont pouvoir s'écrire comme produit d'une fonction d'onde en $\vec{R}$ et d'une autre dépendant uniquement de $\vec{r}$:

$$\Psi_{e,p}\,(\vec{r}_e, \vec{r}_p) \longrightarrow \Psi(\vec{R}) \times \psi(\vec{r}) \ . \tag{10.7}$$

La fonction $\Psi(\vec{R})$ est fonction propre de l'opérateur $\hat{\vec{P}}^2/2M$ qui représente exclusivement l'énergie cinétique du centre de masse. Ses fonctions propres sont des ondes planes en $\vec{R}$ qui correspondent à des mouvements de translation uniforme du centre de masse. On oublie donc cette partie, ce qui est l'équivalent dans le cas classique à se placer dans le repère du centre de masse, pour étudier la partie réellement intéressante, à savoir le mouvement relatif de l'électron et du proton. On est alors ramené au calcul des états propres de l'hamiltonien réduit :

$$\hat{H}\psi = \left(\frac{\hat{\vec{p}}^2}{2\mu} - \frac{e^2}{4\pi\varepsilon_0}\widehat{\frac{1}{|\vec{r}|}}\right)\psi \ . \tag{10.8}$$

Pour terminer cette section, on peut noter que, la masse du proton étant environ 2 000 fois plus grande que celle de l'électron ($m_p \approx 938$ MeV/c^2, $m_e \approx 511$ keV/c^2), la masse totale du système M est essentiellement égale à la masse du proton tandis que la masse réduite μ est essentiellement la masse de l'électron.

10.2 La stabilité de l'atome

Avant même de calculer les états propres de l'hamiltonien réduit, on peut obtenir les ordres de grandeur respectifs du rayon de l'atome et de l'énergie de l'état fondamental. Si l'on considère l'état fondamental ψ_1, on peut écrire son énergie E_1 sous la forme :

$$E_1 = \langle\psi_1|\hat{H}|\psi_1\rangle = \frac{1}{2\mu}\langle\psi_1|\hat{\vec{p}}^2|\psi_1\rangle - \frac{e^2}{4\pi\varepsilon_0}\langle\psi_1|\widehat{\frac{1}{|\vec{r}|}}|\psi_1\rangle \ . \tag{10.9}$$

En physique classique, cette énergie peut être aussi faible que l'on veut en réduisant la distance de l'électron au noyau et en annulant l'impulsion. En physique quantique en revanche, le principe d'incertitude d'Heisenberg interdit d'annuler simultanément les quantités position et impulsion. En effet, pour un état quantique centré sur le noyau avec un étalement typique a, l'écart-type des impulsions Δp est tel que $a \times \Delta p \gtrsim \hbar$. Or le premier terme de (10.9), correspondant à l'énergie cinétique, est proportionnel à $\langle\psi_1|\hat{\vec{p}}^2|\psi_1\rangle$ qui est de l'ordre de Δp^2. Par conséquent, on peut effectuer une analyse paramétrique pour estimer l'énergie de l'état fondamental comme le minimum de la fonction :

$$E(a) = \frac{1}{2\mu}\Delta p^2 - \frac{e^2}{4\pi\varepsilon_0}\frac{1}{a} = \frac{1}{2\mu}\frac{\hbar^2}{a^2} - \frac{e^2}{4\pi\varepsilon_0}\frac{1}{a} \ . \tag{10.10}$$

Le premier terme tend à augmenter la distance de l'électron au noyau pour réduire l'énergie cinétique en raison du principe d'incertitude d'Heisenberg, tandis que le second terme tend à réduire la distance au noyau pour minimiser l'énergie potentielle de l'interaction coulombienne attractive. Le minimum global est atteint pour a tel que

$$\frac{dE}{da} = 0 = -\frac{1}{\mu}\frac{\hbar^2}{a^3} + \frac{e^2}{4\pi\varepsilon_0}\frac{1}{a^2} \qquad \text{soit} \qquad a = \frac{\hbar^2}{\mu}\left(\frac{4\pi\varepsilon_0}{e^2}\right) . \tag{10.11}$$

On retrouve exactement l'expression du rayon de Bohr (où m_e est devenue μ) vue au chapitre 3. L'énergie correspondante est alors :

$$E_1 = \frac{1}{2\mu}\frac{\hbar^2\mu^2}{\hbar^4}\left(\frac{e^2}{4\pi\varepsilon_0}\right)^2 - \frac{e^2}{4\pi\varepsilon_0}\frac{\mu}{\hbar^2}\left(\frac{e^2}{4\pi\varepsilon_0}\right) = -\frac{\mu}{2\hbar^2}\left(\frac{e^2}{4\pi\varepsilon_0}\right)^2 . \tag{10.12}$$

On retrouve ici également une énergie E_1 égale à $-E_0$, l'énergie fondamentale de l'électron autour du proton prédite par le modèle de Bohr, voir eq. (4.19). La grande différence avec le modèle de Bohr est que ce calcul est maintenant fondé sur les postulats de la mécanique quantique qui s'appliquent à toute particule dans un potentiel, ou à tout système de particules en interaction. Il en résulte une explication fondamentale de la *stabilité de l'atome* : celle-ci est due au principe d'incertitude d'Heisenberg (et donc au caractère ondulatoire de la particule quantique) qui empêche l'électron de s'effondrer au centre du puits de potentiel coulombien. On comprend également la quantification des états d'énergie : ce sont les valeurs propres correspondant aux états propres de l'hamiltonien réduit. Le reste du chapitre va être consacré au calcul de ce spectre et de ses états propres.

10.3 L'équation radiale

Nous allons commencer par utiliser la symétrie sphérique du problème et nous placer en représentation « x ». Dans ce cas, l'hamiltonien est un opérateur différentiel agissant sur l'espace de Hilbert des fonctions d'onde :

$$\hat{H}\psi = \left(\frac{\hat{\vec{p}}^2}{2\mu} - \frac{e^2}{4\pi\varepsilon_0}\widehat{\frac{1}{|\vec{r}|}}\right)\psi = -\frac{\hbar^2}{2\mu}\Delta\psi - \frac{e^2}{4\pi\varepsilon_0}\frac{\psi}{r} . \tag{10.13}$$

Il est alors naturel de l'exprimer en coordonnées sphériques (r, θ, φ), ce qui impose de choisir un axe vertical Oz. On écrit donc le laplacien en faisant apparaître l'opérateur de moment cinétique $\hat{L}^2$ rencontré au chapitre 8 :

$$\begin{aligned}\Delta\psi &= \frac{1}{r}\frac{\partial^2(r\psi)}{\partial r^2} + \frac{1}{r^2}\frac{\partial^2\psi}{\partial\theta^2} + \frac{1}{r^2\tan\theta}\frac{\partial\psi}{\partial\theta} + \frac{1}{r^2\sin^2\theta}\frac{\partial^2\psi}{\partial\varphi^2} \\ &= \frac{1}{r}\frac{\partial^2(r\psi)}{\partial r^2} - \frac{\hat{L}^2\psi}{\hbar^2 r^2} .\end{aligned} \tag{10.14}$$

L'hamiltonien s'écrit ainsi

$$\hat{H}\psi = -\frac{\hbar^2}{2\mu}\frac{1}{r}\frac{\partial^2(r\psi)}{\partial r^2} + \frac{\hat{L}^2\psi}{2\mu r^2} - \frac{e^2}{4\pi\varepsilon_0}\frac{\psi}{r} \quad . \tag{10.15}$$

La symétrie sphérique, tout comme l'expression mathématique de l'hamiltonien en représentation « x », nous indiquent que l'on peut chercher des états propres dont la partie orthoradiale (sur les variables θ et φ) est un état propre de $\hat{L}^2$, à savoir une harmonique sphérique Y_ℓ^m ($-\ell \leq m \leq \ell$) :

$$\psi_{\ell,m}(r,\theta,\varphi) = R(r) \times Y_\ell^m(\theta,\varphi) \quad . \tag{10.16}$$

Une telle fonction est fonction propre de $\hat{L}^2$ avec la valeur propre $\ell(\ell+1)\hbar^2$. Par conséquent, l'équation de Schrödinger indépendante du temps pour cette fonction d'onde devient

$$-\frac{\hbar^2}{2\mu}\frac{1}{r}\frac{\partial^2(r\psi)}{\partial r^2} + \frac{\ell(\ell+1)\hbar^2}{2\mu r^2}\psi - \frac{e^2}{4\pi\varepsilon_0}\frac{\psi}{r} = E\psi \quad . \tag{10.17}$$

Les opérateurs différentiels ne portant que sur la partie radiale, on peut simplifier la partie orthoradiale de la fonction ψ dans cette équation : la fonction $R(r)$ vérifie donc la même équation. La condition aux limites est l'annulation de R pour $r \to +\infty$ (provenant de la normalisation de la fonction d'onde).

Pour résoudre cette équation, nous allons commencer par l'adimensionner, c'est-à-dire la ramener à un problème sans dimension. Les unités naturelles du problème sont le rayon de Bohr a_B pour les distances et l'énergie E_0 pour les énergies. On définit donc les quantités sans dimension $\rho = r/a_B$ et $\varepsilon = -E/E_0$ (on introduit un signe négatif car on sait par avance qu'il faut trouver des états liés, donc d'énergie négative dans le potentiel coulombien qui s'annule à l'infini), ainsi que la fonction R_1 par

$$R_1(\rho) = R(a_B\rho) \quad . \tag{10.18}$$

Cette fonction satisfait donc :

$$-\frac{\hbar^2}{2\mu a_B^2}\frac{1}{\rho}\frac{d^2(\rho R_1)}{d\rho^2} + \frac{\ell(\ell+1)\hbar^2 R_1}{2\mu a_B^2\rho^2} - \frac{e^2}{4\pi\varepsilon_0 a_B}\frac{R_1}{\rho} = -E_0\varepsilon\, R_1 \quad . \tag{10.19}$$

On remarque alors que $E_0 = \dfrac{\mu}{2\hbar^2}\left(\dfrac{e^2}{4\pi\varepsilon_0}\right)^2 = \dfrac{\hbar^2}{2\mu a_B^2}$, ce qui permet de simplifier l'équation ci-dessus en divisant partout par E_0 :

$$-\frac{1}{\rho}(\rho R_1)'' + \frac{\ell(\ell+1)\, R_1}{\rho^2} - \frac{2R_1}{\rho} = -\varepsilon\, R_1 \quad . \tag{10.20}$$

Pour finir, on introduit la fonction $u(\rho) = \rho R_1(\rho)$ et on multiplie l'équation précédente par $-\rho$ ce qui donne :

$$u'' - \frac{\ell(\ell+1)\,u}{\rho^2} + \frac{2u}{\rho} = \varepsilon\, u \ . \tag{10.21}$$

Nous sommes maintenant face à un problème purement mathématique : il s'agit d'une équation différentielle adimensionnée sur $\mathbb{R}_+$. Pour la résoudre, on commence par remarquer qu'à grande distance, l'équation devient approximativement $u'' = \varepsilon\, u$. On va donc ôter la dépendance exponentielle qui apparaît dans la fonction u. Comme, par ailleurs, la fonction u/ρ doit tendre vers 0 à l'infini, cela impose de ne conserver que l'exponentielle décroissante. On va donc poser

$$u(\rho) = P(\rho)\, e^{-\sqrt{\varepsilon}\rho} \ , \tag{10.22}$$

d'où $u' = (P' - \sqrt{\varepsilon}P)\, e^{-\sqrt{\varepsilon}\rho}$ et $u'' = (P'' - 2\sqrt{\varepsilon}P' + \varepsilon P)\, e^{-\sqrt{\varepsilon}\rho}$. Si l'on introduit cette expression de u'' dans l'équation différentielle et que l'on simplifie par $e^{-\sqrt{\varepsilon}\rho}$, on aboutit finalement à :

$$P'' - 2\sqrt{\varepsilon}P' - \frac{\ell(\ell+1)\,P}{\rho^2} + \frac{2P}{\rho} = 0 \ . \tag{10.23}$$

La dernière étape va consister à prouver que P est un polynôme de ρ. Pour ce faire, on décompose P en série entière : $P = \sum_{n\in\mathbb{N}} a_n \rho^n$. La relation générale issue de l'égalité des termes proportionnels à ρ^n dans l'équation différentielle ci-dessus est alors :

$$(n+2)(n+1)\, a_{n+2} - 2\sqrt{\varepsilon}(n+1)\, a_{n+1} - \ell(\ell+1)\, a_{n+2} + 2\, a_{n+1} = 0\,, \tag{10.24}$$

soit encore

$$\forall n \geq 1\,, \quad [n(n+1) - \ell(\ell+1)]\; a_{n+1} = 2\left[-1 + \sqrt{\varepsilon}\, n\right] a_n \ . \tag{10.25}$$

Cette relation de récurrence entre les coefficients (a_n) va nous permettre de déduire deux propriétés. Tout d'abord :

$$\frac{a_{n+1}}{a_n} \underset{n\to+\infty}{\sim} \frac{2\sqrt{\varepsilon}}{n} \ . \tag{10.26}$$

Par conséquent, $P(\rho)$ se comporte comme $e^{2\sqrt{\varepsilon}\rho}$ en $+\infty$, ce qui est contradictoire avec l'hypothèse initiale selon laquelle $u = P(\rho)\, e^{-\sqrt{\varepsilon}\rho}/\rho$ tend vers 0 en $+\infty$. La seule solution pour éviter cela est d'arrêter la série à un indice n fini, donc tel que $a_{n+1} = 0$. Autrement dit :

$$\exists n \in \mathbb{N}^*\,, \quad -1 + \sqrt{\varepsilon}\, n = 0 \qquad \text{soit encore} \qquad \varepsilon = \frac{1}{n^2} \ . \tag{10.27}$$

On remarque donc que l'énergie adimensionnée doit toujours être l'inverse d'un carré, quelle que soit la valeur de ℓ. On retrouve ainsi le spectre déjà obtenu dans le modèle de Bohr, avec une quantification des énergies vérifiant :

$$E_n = -\frac{E_0}{n^2} \qquad \text{pour} \quad n \geq 1 \ . \tag{10.28}$$

Par ailleurs, comme $a_{n+1} = 0$, une récurrence ascendante nous donne que $a_m = 0$ pour $m > n$. Il en découle immédiatement que P est un polynôme de degré n.

La seconde propriété s'obtient en regardant la relation (10.24) pour $n = \ell$ (ce qui implique que $\ell \geq 1$). On a alors $a_\ell = 0$. Par récurrence descendante, tous les coefficients a_m pour $m \leq \ell$ sont nuls. P est donc un polynôme dont les coefficients non-nuls sont compris entre les indices $\ell + 1$ et n. Il faut donc que $n > \ell$.

Muni de la relation de récurrence (10.25), on peut maintenant complètement déterminer le polynôme. Ayant ainsi résolu la partie radiale de l'équation de Schrödinger, nous sommes alors prêts à assembler tous ces résultats pour obtenir l'intégralité des états stationnaires de l'électron lié au noyau d'hydrogène.

10.4 Le spectre de l'hydrogène et les orbitales atomiques

10.4.1 Le spectre de l'hydrogène

Si l'on résume les calculs précédents, la quantification du moment cinétique orbital introduit deux nombres quantiques, ℓ et m, tandis que la quantification de l'énergie qui apparaît dans l'équation radiale introduit un troisième nombre quantique n. Les fonctions propres et valeurs propres de l'hamiltonien réduit s'écrivent donc :

$$\psi_{n,\ell,m}(r,\theta,\varphi) = Y_\ell^m(\theta,\varphi)\, P_{n,\ell}(r) \exp\left(-\frac{r}{na_B}\right) \quad \text{avec } E_n = -\frac{E_0}{n^2} \ , \tag{10.29}$$

où $P_{n,\ell}$ est un polynôme de degré $n-1$ (on doit diviser par r le polynôme obtenu précédemment en raison du changement de variable $u = \rho R_1$). Par ailleurs, $\ell < n$ et $-\ell \leq m \leq \ell$. Pour chaque valeur propre (donc pour chaque valeur de n), il y a ainsi n valeurs possibles de ℓ ($0 \leq \ell \leq n-1$) et pour chaque valeur de ℓ, $2\ell + 1$ valeurs possibles de m. La dégénérescence de la valeur propre E_n est donc :

$$\sum_{\ell=0}^{n-1}(2\ell+1) = 2\,\frac{n(n-1)}{2} + n = n^2 \ . \tag{10.30}$$

Les trois nombres quantiques sont désignés par :

- n : le *nombre quantique principal.* Il donne le numéro de *couche* (la distance caractéristique de l'électron au noyau). Il y a n^2 états propres de l'hamiltonien par couche, tous de même énergie.

- ℓ : le *nombre quantique secondaire* ou *azimutal.* Il désigne les sous-couches (usuellement désignées par les lettres s, p, d, f ...) et détermine la structure orthoradiale selon la direction Oz. Il y a n sous-couches dans la couche d'indice n $(0 \leq \ell \leq n-1)$.

- m : le *nombre quantique magnétique.* Il correspond au nombre d'oscillations de phase de la fonction d'onde dans le plan équatorial. Il y a $2\ell+1$ états propres dans la sous-couche ℓ $(-\ell \leq m \leq \ell)$. Lorsqu'on place l'atome dans un champ magnétique, on lève la dégénérescence en énergie de ces $2\ell+1$ états.

L'ensemble de ces fonctions propres de l'hamiltonien constitue les *orbitales atomiques de l'atome d'hydrogène* (figure 10.1). Ce ne sont plus des trajectoires ou des orbites comme dans le modèle de Bohr, mais des fonctions d'onde qui occupent l'espace entier et sont des états stationnaires de l'hamiltonien quantique.

10.4.2 L'état fondamental de l'atome d'hydrogène

On peut en particulier déterminer l'état fondamental de l'atome d'hydrogène. La couche la plus fondamentale est la couche $n = 1$, d'énergie $E_1 = -E_0 \approx -13{,}6$ eV. Il n'y a donc qu'une seule valeur possible de ℓ, $\ell = 0$, et une seule valeur possible de m, $m = 0$. L'harmonique sphérique Y_0^0 est une fonction constante sur la sphère, de norme 1. Le polynôme $P_{1,0}$ est de degré 0 donc également constant. En définitive, l'état fondamental de l'atome d'hydrogène correspond à la fonction d'onde :

$$\psi_{1,0,0}(r,\theta,\varphi) = \frac{1}{\sqrt{\pi a_B^3}} \exp\left(-\frac{r}{a_B}\right) \qquad \text{d'énergie} \quad E_1 = -E_0 \ , \tag{10.31}$$

qui est bien normalisée :

$$\begin{aligned} \iint_{\mathbb{R}^3} |\psi_{1,0,0}(r,\theta,\varphi)|^2 \, r^2 \mathrm{d}r \sin\theta \mathrm{d}\theta \mathrm{d}\varphi &= 4\pi \int_0^{+\infty} \frac{1}{\pi a_B^3} e^{-\frac{2r}{a_B}} \, r^2 \, \mathrm{d}r \\ &= \frac{4}{8} \int_0^{+\infty} e^{-t} \, t^2 \, \mathrm{d}t = 1 \ . \end{aligned} \tag{10.32}$$

Cet état fondamental possède une fonction d'onde dont la dépendance radiale est strictement décroissante, et donc maximale en $r = 0$. Cependant, si l'on s'intéresse à la densité de probabilité en fonction de r, celle-ci doit tenir compte de l'élément d'intégration sphérique qui est proportionnel à r^2. La distance à laquelle on a le plus de chance de trouver l'électron est ainsi celle qui maximise $r^2|\psi_{1,0,0}(r)|^2$, soit $r = a_B$. Même s'il faut abandonner l'image de Bohr d'une orbite circulaire à distance a_B du noyau, ce résultat nous rappelle que l'électron est essentiellement à une distance a_B du noyau en moyenne.

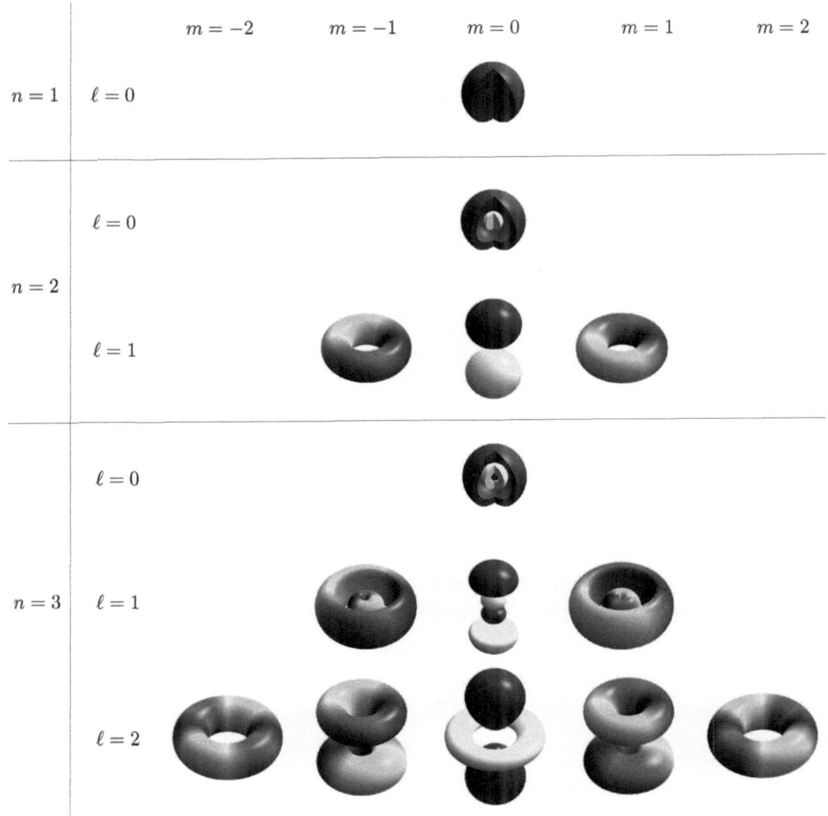

FIGURE 10.1 – Premières orbitales de l'atome d'hydrogène. Les échelles spatiales de chaque lignes sont différentes : une orbitale $n' > n$ occupe un volume plus grand que l'orbitale n (adapté de Wikipedia).

10.5 L'atome à Z électrons

Peut-on étendre ce calcul pour comprendre le spectre des atomes en général, c'est-à-dire les énergies des états électroniques dans un atome dont le noyau comporte Z protons ? Pour cela, il faut repartir de l'hamiltonien du problème.

On va commencer par oublier l'étape qui consiste à supprimer le mouvement du noyau, qui est maintenant vu comme une particule unique bien plus lourde que les électrons présents, particule située à l'origine. L'hamiltonien qui nous intéresse est donc un hamiltonien à Z électrons dans lequel on doit introduire, non seulement les énergies cinétiques des électrons et l'énergie potentielle de chaque électron dans le puits de potentiel du noyau, mais également les énergies d'interaction électrostatique entre électrons :

$$\hat{H} = \sum_{i=1}^{Z} \frac{\hat{\vec{p}}_i^2}{2m_e} - \sum_{i=1}^{Z} \frac{Ze^2}{4\pi\varepsilon_0} \widehat{\frac{1}{r_i}} + \sum_{i \neq j} \frac{e^2}{4\pi\varepsilon_0} \widehat{\frac{1}{|\vec{r}_i - \vec{r}_j|}} \quad . \tag{10.33}$$

S'il n'y avait que les deux premiers termes de l'hamiltonien, alors ce dernier serait une somme d'hamiltoniens indépendants entre les Z électrons, ce qui signifie que l'on pourrait chercher les états propres sous la forme de produit d'états à une particule :

$$\Psi(\vec{r}_1, \cdots, \vec{r}_Z) = \psi_1(\vec{r}_1) \times \psi_2(\vec{r}_2) \times \cdots \times \psi_Z(\vec{r}_Z) \quad . \tag{10.34}$$

Le terme d'interaction entre électrons vient détruire cette séparabilité et rend bien plus complexe la résolution exacte des états propres. La démarche que nous allons adopter pour contourner cette difficulté consiste à supposer que l'interaction entre électrons introduit une perturbation faible au potentiel principal coulombien du noyau, et que cette perturbation satisfait deux propriétés :

- L'ensemble des électrons autour du noyau crée un *champ moyen* électrostatique qui est vu par chacun des électrons. On regroupe ainsi l'interaction entre chaque électron et le reste des électrons de l'atome au travers d'un champ unique. Ce type d'approche consistant à créer une nouvelle quantité moyenne pour résumer un processus collectif complexe est très courante en physique. Elle porte le nom d'*approximation de champ moyen*.

- Le champ électrostatique moyen V_m ainsi créé par le nuage électronique possède une symétrie sphérique.

Muni de ces hypothèses, on peut réécrire de façon approchée l'hamiltonien des Z électrons en remplaçant l'interaction entre électrons par le potentiel V_m :

$$\hat{H} = \sum_{i=1}^{Z} \frac{\hat{\vec{p}}_i^2}{2m_e} - \sum_{i=1}^{Z} \frac{Ze^2}{4\pi\varepsilon_0} \widehat{\frac{1}{r_i}} + \sum_{i=1}^{Z} \widehat{V_m(r_i)} \quad . \tag{10.35}$$

Cet hamiltonien est donc une somme d'hamiltoniens individuels agissant sur chacun des électrons :

$$\hat{H} = \sum_{i=1}^{Z} \left(\frac{\hat{\vec{p}}_i^2}{2m_e} + \widehat{W(r_i)} \right) \qquad \text{avec} \quad W(r) = -\frac{Ze^2}{4\pi\varepsilon_0} \frac{1}{r} + V_m(r) \quad . \tag{10.36}$$

Bien évidemment, il faut que les états électroniques obtenus par résolution de l'équation de Schrödinger avec ce champ moyen, une fois occupés par des électrons, créent un champ électrostatique qui redonne le champ moyen. Il y a donc une condition d'*auto-cohérence* entre le champ électrostatique qui détermine les états électroniques et les états électroniques qui construisent ce même champ. Les logiciels et simulations numériques qui permettent de calculer effectivement les niveaux d'énergie dans l'atome d'un corps simple intègrent cette condition d'auto-cohérence.

Pour autant, il est possible sans aucun calcul de déduire de l'expression précédente de l'hamiltonien à Z électrons plusieurs propriétés des états propres à une particule, l'hamiltonien à une particule $\hat{h}$ étant défini par

$$\hat{h} = \frac{\hat{\vec{p}}^2}{2m_e} + \widehat{W} \ . \tag{10.37}$$

Comme, par hypothèse, le potentiel W conserve la symétrie sphérique, les états propres vont à nouveau prendre la forme déjà vue pour l'atome d'hydrogène, à savoir un produit d'une harmonique sphérique dans les coordonnées angulaires (partie orthoradiale) et d'une fonction radiale. La procédure étant identique à celle pour l'atome d'hydrogène, on aboutit à une équation analogue à (10.17) :

$$-\frac{\hbar^2}{2\mu}\frac{1}{r}\frac{\partial^2(r\psi)}{\partial r^2} + \frac{\ell(\ell+1)\hbar^2\,\psi}{2\mu r^2} + W(r)\,\psi = E\psi \ . \tag{10.38}$$

La quantification des énergies de cette équation va à nouveau introduire un nombre quantique n, en plus des nombres ℓ et m provenant de l'harmonique sphérique. On va donc conserver la structure en couches, sous-couches et la dégénérescence due au nombre magnétique. En particulier, ce dernier n'apparaissant pas dans l'équation radiale, les énergies sont toujours dégénérées suivant ce nombre. La présence d'un potentiel W différent du simple potentiel coulombien dû au noyau va cependant modifier quelques caractéristiques des états d'énergie (voir figure 10.2) :

- Dans le cas de l'atome d'hydrogène, le potentiel coulombien avait pour conséquence quasi-miraculeuse que les valeurs possibles prises par les énergies ne dépendaient pas du nombre orbital principal ℓ. Ce n'est plus le cas pour un potentiel W différent : les énergies vont maintenant dépendre de ℓ et vont donc s'écrire $E_{n\ell}$, ce qui implique une levée de dégénérescence entre les différentes sous-couches d'une même couche.

- La levée de dégénérescence entre les sous-couches d'une même couche est faible, mais lorsque des couches successives sont suffisamment proches, cela peut conduire à entremêler les sous-couches de couches différentes, et donc affecter le remplissage des niveaux électroniques à mesure qu'on augmente le nombre Z. Ce phénomène se produit à partir de la couche 3.

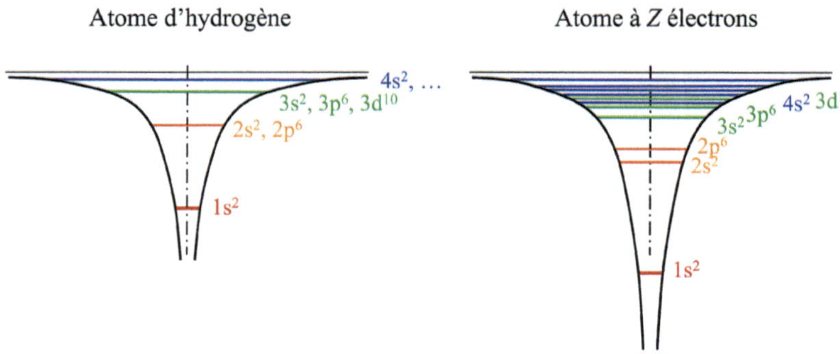

FIGURE 10.2 – Représentation schématique du potentiel coulombien et de la structure en couches dans l'atome d'hydrogène (à gauche), et du potentiel effectif et de la structure en couches et sous-couches dans un atome à Z électrons (à droite, non à l'échelle). Dans l'atome à Z électrons, l'interaction électrostatique entre électrons modifie légèrement le potentiel vu par chacun des électrons, ce qui lève la dégénérescence entre sous-couches de la même couche.

Nous allons voir maintenant comment ces règles nous permettent de comprendre le remplissage électronique des atomes ainsi que quelques propriétés chimiques des corps simples.

10.5.1 L'état fondamental de l'atome à Z électrons

L'état fondamental de l'atome à Z électrons est obtenu en remplissant les états électroniques, en partant de ceux de plus basse énergie jusqu'à avoir placé les Z électrons. Les électrons étant des fermions, deux électrons ne peuvent occuper le même état en raison du principe de Pauli (voir 9.8.2). Cependant, il faut également se rappeler qu'en raison du spin $\frac{1}{2}$ de l'électron, à chaque état d'énergie calculé dans le potentiel W correspondent deux états électroniques ayant exactement la même orbitale (c'est-à-dire à la même fonction d'onde spatiale), mais des spins opposés. Ainsi la couche numéro 1 de l'atome, pour laquelle $\ell = 0$ (états « s » uniquement) et $m = 0$, n'abrite-t-elle qu'une orbitale (essentiellement la fonction d'onde donnée en (10.31) où a_B est remplacé par a_B/Z), mais cette orbitale correspond à deux états électroniques. Quand la sous-couche 1s est remplie, la couche 1 l'est également, mais compte deux électrons : on note ainsi $1s^2$.

Le remplissage des sous-couches se poursuit en passant à la couche 2. La sous-couche s ($\ell = 0$ donc $m = 0$) compte deux états électroniques ($2s^2$), tandis que la sous-couche p ($\ell = 1$ donc $m = -1, 0, 1$) compte $3 \times 2 = 6$ états électroniques ($2p^6$). On devrait ensuite passer ensuite à la couche 3 ($3s^2$, $3p^6$, $3d^{10}$), mais c'est ici que l'entremêlement des sous-couches de couches différentes intervient : l'énergie de la sous-couche s de la couche 4 est plus basse que celle de la sous-couche d de la couche 3. On remplit donc 4s avant 3d. C'est également le cas de la sous-couche 5s qui est remplie avant la sous-couche 4f. Ainsi l'état fondamental de l'atome d'argent, atome qui compte 47 électrons, s'écrit-il :

$$\mathrm{Ag} : 1s^2 2s^2 2p^6 3s^2 3p^6 4s^2 3d^{10} 4p^6 4d^{10} 5s^1 \ . \tag{10.39}$$

On peut alors noter que, dans son état fondamental, tous les électrons de l'atome d'argent ont des spins qui se compensent, sauf le dernier situé sur la sous-couche 5s qui peut prendre les valeurs $+\frac{\hbar}{2}$ ou $-\frac{\hbar}{2}$. Ceci explique *a posteriori* pourquoi les atomes de l'expérience de Stern et Gerlach se sont comportés comme des particules de spin $1/2$ et ont fait apparaître deux taches. Eussent-ils opté pour un autre type d'atome, il n'est pas certain que Stern et Gerlach auraient découvert la quantification du moment cinétique !

10.5.2 L'énergie d'ionisation des atomes

Cette structure de remplissage se manifeste tout particulièrement dans l'*énergie d'ionisation* des atomes (voir figure 10.3). L'énergie d'ionisation d'un corps simple est l'énergie minimale qu'il faut fournir pour lui arracher un électron. Dans des conditions normales et pour l'essentiel des corps simples, cette énergie est égale en valeur absolue à l'énergie de liaison de l'électron le plus énergétique de l'atome dans son état fondamental.

Lorsque l'on augmente le nombre Z de l'atome, on augmente cette énergie tant que l'on reste dans la même sous-couche. En revanche, à la fin du remplissage d'une sous-couche, le passage à la sous-couche suivante (donc d'énergie supérieure) peut compenser partiellement ou complètement le creusement du puits de potentiel coulombien dû au noyau. Cette compensation est particulièrement importante quand il faut passer à une nouvelle couche. On va donc trouver les énergies d'ionisation les plus grandes à la fin du remplissage des couches : c'est là que l'on trouvera les éléments les plus stables, et donc en particulier les gaz rares, hélium, néon, argon... En revanche, juste au début du remplissage d'une nouvelle couche, le dernier électron est plus énergétique sans que le puits de potentiel dû au noyau soit significativement plus profond. C'est donc là que l'on va trouver les éléments les plus réactifs : lithium, sodium, potassium...

En définitive, on voit donc que la résolution de l'équation de Schrödinger permet, en y ajoutant le spin de l'électron, de comprendre la structure des atomes individuels et d'accéder à une compréhension du comportement physico-chimique des corps simples. La résolution de l'équation de Schrödinger, c'est-à-dire des états électroniques, pour des systèmes plus compliqués comportement plusieurs atomes, permet d'expliquer des phénomènes encore plus complexes comme notamment l'existence d'une *liaison covalente* où la fonction d'onde d'un électron va se partager entre deux atomes voisins. On entre là dans le domaine de la *chimie quantique* qui sort du cadre de cet ouvrage.

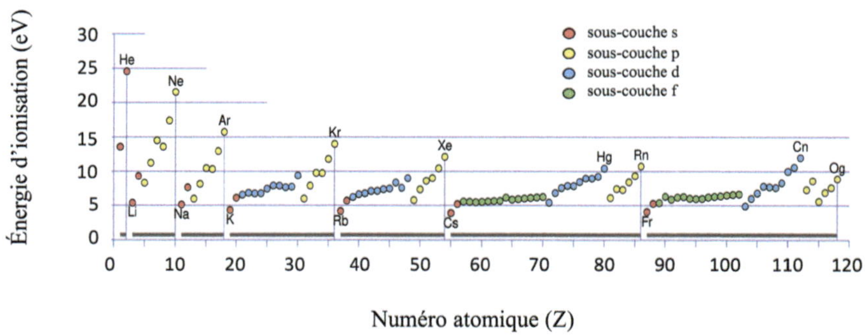

FIGURE 10.3 – Énergie d'ionisation des atomes. Cette énergie est l'énergie minimale qu'il faut fournir pour ioniser l'atome. Elle correspond donc en valeur absolue à l'énergie de liaison de l'électron le plus énergétique au sein de l'atome, lorsque ce dernier est dans son état global fondamental (c'est-à-dire lorsque les électrons remplissent les états les plus bas en énergie). La couleur de l'atome dans la figure correspond à la dernière sous-couche occupée dans l'état fondamental.

L'interaction électromagnétique est au cœur de la création et de la structure de la matière ordinaire qui nous entoure. C'est elle, *via* essentiellement sa partie électrostatique, qui lie les électrons aux atomes et les atomes entre eux *via* les divers types de liaisons chimiques. Outre ces interactions qui ont un pendant en physique classique, la physique quantique nous apporte un nouveau type de comportement collectif lorsque l'on considère un système fait de plusieurs particules quantiques : l'intrication. C'est à ce mécanisme étonnant que nous allons consacrer le dernier chapitre de cet ouvrage.

À retenir de ce chapitre

- L'atome d'hydrogène est un problème quantique à deux corps, l'électron et le proton, qui se ramène à un problème à un corps dont la masse réduite μ est pratiquement identique à la masse de l'électron. Le potentiel est le potentiel coulombien créé par le proton.
- En raison de la symétrie sphérique du potentiel, les fonctions propres de l'hamiltonien (correspondant aux états stationnaires) sont des produits d'harmoniques sphériques par une fonction radiale. Cette dernière obéit à une équation aux valeurs propres dont le spectre est :

$$E_n = -\frac{E_0}{n^2} \qquad \text{avec} \quad n \in \mathbb{N}^* \quad \text{et} \quad E_0 = 13{,}6 \text{ eV} \ .$$

  On retrouve les valeurs quantifiées de l'atome de Bohr, mais cette fois à partir de la résolution de l'équation de Schrödinger. En outre, la partie radiale de la fonction d'onde s'écrit comme le produit d'une fonction exponentielle décroissante par un polynôme.
- Les états propres de l'atome d'hydrogène, notés $|n, \ell, m\rangle$, sont caractérisés par trois nombres quantiques, n, ℓ et m :
  - n est le *nombre quantique principal*. Il donne le numéro de *couche*.
  - ℓ est le *nombre quantique secondaire*. Il désigne les sous-couches (notées s, p, d, f...). Il y a n sous-couches dans la couche d'indice n $(0 \leq \ell \leq n-1)$.
  - m est le *nombre quantique magnétique*. Il y a $2\ell + 1$ états propres dans la sous-couche ℓ $(-\ell \leq m \leq \ell)$.

  La dégénérescence de la valeur propre E_n est n^2. La fonction d'onde de l'état $|n, \ell, m\rangle$ est

$$\psi_{n,\ell,m}(r, \theta, \varphi) = Y_\ell^m(\theta, \varphi)\, P_{n,\ell}(r) \exp\left(-\frac{r}{na_B}\right) \ ,$$

  où $P_{n,\ell}$ est un polynôme de degré $n-1$. La famille des $\{\psi_{n,\ell,m}\}$ sont les orbitales de l'atome d'hydrogène.

À retenir de ce chapitre (suite)

- La généralisation à un atome à Z protons (ou électrons) s'opère en revenant à un problème à un corps, *via* l'introduction d'un potentiel moyen représentant le potentiel électrostatique créé par l'ensemble des électrons. Ce potentiel qui vient s'ajouter au potentiel coulombien dû au noyau, est supposé à symétrie sphérique. La structure des fonctions propres électroniques en harmoniques sphériques est donc conservée, et seules les parties radiales sont modifiées. Par conséquent :
  - La structure en couches et sous-couches est conservée.
  - La dégénérescence entre sous-couches d'une même couche qui existait dans l'atome d'hydrogène disparaît. Les énergies $E_{n,\ell}$ dépendent maintenant de n et ℓ. Par ailleurs, il peut y avoir entremêlement des couches, ce qui signifie que l'énergie d'une sous-couche de la couche $n+1$ peut parfois être inférieure à l'énergie d'une sous-couche de la couche n.
  - La dégénérescence d'ordre $2\ell+1$ au sein de la sous-couche ℓ demeure ($-\ell \leq m \leq \ell$).
- En raison du principe de Pauli, les électrons (qui sont des fermions), occupent les états d'énergie ainsi calculés en commençant par l'état fondamental, à raison de deux électrons par état (2 états de spin possibles). Il y a donc $2n^2$ états électroniques disponibles dans la couche n.
- Cette structure quantique des états électroniques des corps simples permet d'expliquer certaines de leurs propriétés chimiques. En particulier, la réactivité de ces corps est directement reliée à leur énergie d'ionisation définie comme l'énergie de liaison de l'électron le plus énergétique de l'atome.

Chapitre 11

L'intrication quantique

11.1 Système à plusieurs particules et intrication

Jusqu'à présent, nous nous sommes intéressés à l'état quantique d'une particule et, même dans le cas de l'atome à Z électrons, nous nous sommes arrangés pour nous ramener à l'étude d'états à une particule. Cependant, la physique quantique présente une particularité qui la distingue de la physique classique probablement encore plus que la dualité onde-corpuscule que nous avons rencontrée. Il s'agit de la description des systèmes à plusieurs particules. Nous avons vu au chapitre 5 que l'état quantique d'un système à N particules peut se décrire *via* une fonction d'onde $\Psi(\vec{r}_1, \vec{r}_2, \ldots, \vec{r}_N)$ sur $\mathbb{R}^{3N}$ (et même $\mathbb{R}^{3N+1}$ si l'on rajoute la dépendance en temps) et non pas *via* la donnée de N fonctions d'onde $[\psi_1(\vec{r}_1), \psi_2(\vec{r}_2), \ldots, \psi_N(\vec{r}_N)]$. L'espace de Hilbert qui est ainsi exploré dans la première situation est bien plus considérable que dans la seconde.

Pour s'en convaincre, on peut considérer deux particules (numérotées 1 et 2) qui peuvent chacune occuper des états individuels notés $|\alpha\rangle$ et $|\beta\rangle$. On construit alors des états à deux particules que l'on peut écrire $|\alpha, \beta\rangle$ si la particule 1 est dans l'état $|\alpha\rangle$ et la particule 2 dans l'état $|\beta\rangle$. Mathématiquement, ceci correspond à un produit tensoriel[1] entre l'espace des états de la particule 1 et ceux de la particule 2 : $|\alpha, \beta\rangle = |\alpha\rangle_1 \otimes |\beta\rangle_2$. Dans la suite, on omettra le plus souvent la notation $\otimes$ et l'on pourra ainsi noter $|\alpha, \beta\rangle = |\alpha\rangle_1 |\beta\rangle_2$. Si l'on dispose de deux états à une particule, on peut construire la base suivante des états à deux particules :

$$|\alpha, \alpha\rangle \quad , \quad |\alpha, \beta\rangle \quad , \quad |\beta, \alpha\rangle \quad , \quad |\beta, \beta\rangle \quad . \tag{11.1}$$

1. Le produit tensoriel a déjà été rencontré à la section 9.1.2 à propos de l'effet Zeeman anomal.

Le principe de superposition nous dit que tous les états à deux particules sont alors obtenus en explorant toutes les combinaisons linéaires de ces 4 états :

$$|\psi\rangle = a\ |\alpha,\alpha\rangle + b\ |\alpha,\beta\rangle + c\ |\beta,\alpha\rangle + d\ |\beta,\beta\rangle \qquad \text{avec} \quad |a|^2 + |b|^2 + |c|^2 + |d|^2 = 1\ . \tag{11.2}$$

Si l'on adopte une stratégie différente, plus simple, fondée sur les états à une particule, et que l'on suppose que les particules 1 et 2 sont chacune dans un état superposé de α et β,

$$|\psi_1\rangle = \lambda_1\,|\alpha\rangle + \mu_1\,|\beta\rangle \quad \text{et} \quad |\psi_2\rangle = \lambda_2\,|\alpha\rangle + \mu_2\,|\beta\rangle$$
$$|\lambda_1|^2 + |\mu_1|^2 = 1 \qquad |\lambda_2|^2 + |\mu_2|^2 = 1\ , \tag{11.3}$$

alors l'état à deux particules formé par ces deux états à une particule s'écrit

$$\begin{aligned}|\psi_1,\psi_2\rangle &= (\lambda_1\,|\alpha\rangle + \mu_1\,|\beta\rangle) \otimes (\lambda_2\,|\alpha\rangle + \mu_2\,|\beta\rangle)\\ &= \lambda_1\lambda_2\ |\alpha,\alpha\rangle + \lambda_1\mu_2\ |\alpha,\beta\rangle + \mu_1\lambda_2\ |\beta,\alpha\rangle + \mu_1\mu_2\ |\beta,\beta\rangle\ ,\end{aligned} \tag{11.4}$$

avec $|\lambda_1\lambda_2|^2 + |\lambda_1\mu_2|^2 + |\mu_1\lambda_2|^2 + |\mu_1\mu_2|^2 = \left(|\lambda_1|^2 + |\mu_1|^2\right)\left(|\lambda_2|^2 + |\mu_2|^2\right) = 1$. Cet état est une combinaison linéaire identique à celle définie dans (11.2), avec toutefois une contrainte supplémentaire : le produit $ad = \lambda_1\lambda_2\mu_1\mu_2$ y est égal au produit $bc = \lambda_1\mu_2\lambda_2\mu_2$. Ainsi, les états « *produit* » du type (11.4) ne décrivent pas l'ensemble des états quantiques à deux particules, mais simplement ceux vérifiant

$$ad = bc\ . \tag{11.5}$$

On touche ici du doigt la différence de taille, à tous les sens du terme, entre l'espace de Hilbert des états quantiques à deux particules et l'espace de Hilbert des états décrits par deux états à une particule. On en conclut également qu'il existe des états qui ne peuvent s'exprimer comme produit d'états à une particule. Par exemple, si l'on choisit $a = d = 1/\sqrt{2}$ et $b = c = 0$, on obtient

$$|\psi\rangle = \frac{1}{\sqrt{2}}\Big(\,|\alpha,\alpha\rangle + |\beta,\beta\rangle\,\Big)\,, \tag{11.6}$$

qui ne peut être décrit comme un état produit. De tels états sont dits *intriqués*.

L'*intrication quantique* est un phénomène qui n'a pas d'analogue classique. On le voit en particulier dans le cas où les états $|\alpha\rangle$ et $|\beta\rangle$ sont des états propres d'une observable A avec des valeurs propres différentes. Imaginons que l'on souhaite mesurer A pour la particule 1. La mesure de A sur la particule 1, alors que le système est dans l'état $|\psi\rangle$ décrit par (11.6), a pour conséquence de briser la superposition et de projeter l'état de la particule 1 sur l'un des deux états. Supposons que la projection se fasse sur l'état $|\alpha\rangle$. Dans ce cas, la projection de $|\psi\rangle$ va conserver la seule partie où la particule est dans l'état $|\alpha\rangle$, soit $|\alpha, \alpha\rangle$, ce qui signifie que la particule 2 n'est également plus dans un état superposé de $|\alpha\rangle$ et $|\beta\rangle$. La mesure de 1 a modifié l'état de 2 !

Il faut bien réaliser que cette dépendance entre la mesure de la particule 1 et l'état final de la particule 2 ne nécessite aucune interaction entre les deux particules, ni aucun rapprochement spatial. Elle est simplement le fruit de la superposition initiale. En outre, la mesure quantique d'un état intriqué semble s'affranchir de la notion de cône de lumière issue de la relativité en permettant l'opération de projection entre des particules séparées par un intervalle de genre espace.

En 1933, Albert Einstein, admiratif devant les succès de la physique quantique [2] mais dubitatif quant aux principes fondamentaux qui semblent la gouverner, va élaborer avec Boris Podolsky et Nathan Rosen une expérience de pensée afin de mettre en lumière une apparente contradiction au sein de la théorie, en l'opposant à la théorie de la relativité. Cette expérience de pensée visait à démontrer que la physique n'est pas une théorie *complète*, au sens où elle n'est pas une théorie physique permettant de rendre compte de tous les aspects de la réalité. Elle est connue sous le nom de *paradoxe EPR* (pour Einstein-Podolsky-Rosen).

11.2 Le paradoxe EPR

On peut traduire l'argument exposé dans l'expérience de pensée EPR [3] en considérant une particule de spin 0 qui se décompose en deux particules identiques de spin $\frac{1}{2}$. En raison de la conservation du moment cinétique, les spins des deux particules résultantes doivent être opposés. Si on note $|+\rangle$ et $|-\rangle$ les deux vecteurs de base du spin dans une direction donnée, alors les deux seuls états à deux particules que l'on peut obtenir sont $|+-\rangle$ et $|-+\rangle$. En raison du caractère fermionique des particules issues de la désintégration, l'état total doit être antisymétrique dans l'échange des deux particules. Le seul état satisfaisant ces contraintes est :

$$|\psi\rangle = \frac{1}{\sqrt{2}}\Big(|+-\rangle - |-+\rangle\Big) \ , \tag{11.7}$$

qui est clairement un état intriqué.

2. Il faut ici tordre le cou à une légende tenace mais totalement fausse selon laquelle Einstein aurait été un opposant farouche à la mécanique quantique. Non seulement il en a été un des principaux fondateurs dès 1905 avec la quantification du rayonnement, mais il a également été un fervent supporter de ses développements. Son objection, que seule apparemment a retenue l'histoire, tenait au caractère fondamental et définitif de cette théorie comme description de notre monde physique.

3. Cette traduction est en fait une interprétation due à Schrödinger après la lecture de l'article original.

Remarque : il est assez facile de montrer que cet état ne dépend pas de l'axe choisi pour mesurer les spins. Supposons par exemple que cet état soit écrit en utilisant la direction Ox comme direction de mesure, et que l'on souhaite l'exprimer dans une base liée à Oz. Il faut alors exprimer les états propres à une particule suivant Ox, $|x+\rangle$ et $|x-\rangle$, en fonction des états propres suivant Oz :

$$|x+\rangle = \frac{1}{\sqrt{2}}\Big(|z+\rangle + |z-\rangle \Big) \qquad \text{et} \qquad |x-\rangle = \frac{1}{\sqrt{2}}\Big(|z+\rangle - |z-\rangle \Big) \ , \tag{11.8}$$

puis utiliser cette transformation pour réécrire $|\psi\rangle$:

$$\begin{aligned} |\psi\rangle &= \frac{1}{\sqrt{2}}\Big(|x+, x-\rangle - |x-, x+\rangle \Big) = \frac{1}{\sqrt{2}} |x+\rangle_1 |x-\rangle_2 - \frac{1}{\sqrt{2}} |x+\rangle_1 |x-\rangle_2 \\ &= \frac{1}{\sqrt{2}}\Big(\frac{1}{\sqrt{2}} (|z+\rangle + |z-\rangle)_1 \frac{1}{\sqrt{2}} (|z+\rangle - |z-\rangle)_2 \Big) \\ &\quad - \frac{1}{\sqrt{2}}\Big(\frac{1}{\sqrt{2}} (|z+\rangle - |z-\rangle)_1 \frac{1}{\sqrt{2}} (|z+\rangle + |z-\rangle)_2 \Big) \\ &= \frac{1}{2\sqrt{2}}\Big(|z+\rangle_1 |z+\rangle_2 - |z+\rangle_1 |z-\rangle_2 + |z-\rangle_1 |z+\rangle_2 - |z-\rangle_1 |z-\rangle_2 \Big) \\ &\quad - \frac{1}{2\sqrt{2}}\Big(|z+\rangle_1 |z+\rangle_2 + |z+\rangle_1 |z-\rangle_2 - |z-\rangle_1 |z+\rangle_2 - |z-\rangle_1 |z-\rangle_2 \Big) \\ &= \frac{1}{\sqrt{2}}\Big(- |z+\rangle_1 |z-\rangle_2 + |z-\rangle_1 |z+\rangle_2 \Big) = -\frac{1}{\sqrt{2}}\Big(|z+, z-\rangle - |z-, z+\rangle \Big) \ . \end{aligned} \tag{11.9}$$

C'est bien la même expression suivant Ox et Oz (le signe « – » ne change pas l'état, pas plus que toute multiplication par un complexe de module 1).

Le cœur de l'expérience de pensée consiste à imaginer que l'on mesure « simultanément » les spins des deux particules dans l'état intriqué. Nous savons, grâce à la théorie de la relativité, que la notion de simultanéité dépend du référentiel. La façon de poser le problème de manière robuste et indépendante du référentiel n'est donc pas de demander que les mesures soient simultanées, mais qu'elles soient séparées par un intervalle relativiste de genre espace, autrement dit qu'aucune information ne puisse être transmise, même en allant à la vitesse de la lumière, d'un événement de mesure vers l'autre.

Que se passe-t-il dans ce cas aux moments des mesures ? Il faut mettre en regard les principes de la relativité et de la physique quantique :

- La relativité nous enseigne que les deux événements de mesure sont indépendants. Chaque instrument mesure le spin d'une des particules, sans aucune information sur la valeur de l'autre.

- La physique quantique nous enseigne que, chaque particule étant dans un état superposé au moment de la mesure, le résultat de la mesure n'existe pas avant que la mesure ne soit effectuée. C'est seulement au moment de la mesure que la projection sur l'un des sous-espaces propres s'opère. Avant ce moment, la particule n'a *a priori* pas de spin « + » ou « − » dans la direction de mesure.

- Le moment cinétique étant conservé, la valeur totale du spin doit l'être également dans l'intégralité de l'expérience, c'est-à-dire nulle. En conséquence, bien qu'apparemment indépendantes, la somme des deux mesures doit toujours donner 0.

Les résultats de mesure n'existent donc pas avant la mesure, les mesures individuelles sont isolées dans l'espace-temps, et pourtant leurs résultats sont fortement corrélés. Comment concilier ces contraintes contradictoires ? C'est apparemment impossible. La proposition d'Einstein est alors que les mesures apparemment indépendantes ne le sont en fait pas, que les particules transportent avec elles, dès le moment de leur séparation et jusqu'au moment de leur mesure, l'information sur leur spin, information dont la valeur est déterminée dès le début (et dont la somme est nulle). Il existerait donc des *variables cachées* décrivant l'état interne de la particule dont la physique quantique ne rend pas compte. Cette dernière serait par conséquent *incomplète* et le processus de mesure quantique serait un artifact effectif qui masque une complexité à découvrir.

Il faut cependant souligner que la lumière parcourt 30 cm en une nanoseconde et que, par conséquent, il était impensable à l'époque de réaliser une telle expérience en s'assurant de l'indépendance des mesures. Par ailleurs, et c'est là le point le plus important, même la réalisation d'une telle expérience ne permettrait pas *a priori* de départager entre *complétude* et *incomplétude* de la mécanique quantique : les résultats de la mesure donneraient toujours deux spins opposés, en accord parfait avec chacune des théories, les deux étant cependant en désaccord total sur le mécanisme à l'œuvre.

11.3 Réalisme, causalité, localité et séparabilité

Penchons-nous de plus près sur les principes physiques qui sous-tendent la plupart des théories physiques, et qui semblent pourtant mis à mal par la mécanique quantique dans l'expérience EPR.

- *Le principe de réalisme* : ce principe explique que, même si nous ne pouvons accéder au monde extérieur qu'à travers nos sens, et plus généralement à travers les instruments de mesure qui sont des extensions de nos sens, il existe un monde extérieur, réel et indépendant de nous, qui n'attend pas que nous l'observions pour exister. En physique classique (non quantique), la mesure est ainsi un processus qui suppose une interaction avec ce monde extérieur afin d'en évaluer les caractéristiques (position, vitesse, masse, charge...) tout en le perturbant de façon minimale (en théorie, aussi faible que l'on veut).

- *Le principe de causalité* : quel que soit le référentiel choisi, il existe une flèche du temps. Les événements ne peuvent être influencés que par les événements qui se sont produits dans leur passé. En utilisant les transformations de Lorentz de la relativité pour passer d'un repère à un autre, ce principe de causalité implique que deux événements séparés par un intervalle relativiste de genre espace ne peuvent s'influencer mutuellement.

- *Le principe de localité* ou de *séparabilité* : nous vivons dans un espace-temps défini comme un ensemble de points $(\vec{r}, t)$, ou « événements », distincts les uns des autres : on peut définir autour de deux événements quelconques et différents de cet espace-temps deux voisinages qui ne s'intersectent pas : l'espace est *séparable*. En conséquence, toute action se produisant dans le voisinage (la *localité*) de l'un des points restera ignorée de l'autre pendant un certain temps, quel que soit le référentiel choisi. En relativité, on dit que chaque événement est situé à l'extérieur du cône de lumière de l'autre.

La physique classique est réaliste, causale et locale. En revanche, la physique quantique vient percuter ces principes car, si on la suppose *complète*, c'est-à-dire décrivant l'intégralité des processus et des lois gouvernant le monde, alors selon elle, une quantité (une observable) n'a pas de réalité tant que l'on a n'a pas effectué de mesure : la réalité d'un système est son état en général superposé qui peut déboucher sur un très grand nombre de valeurs possibles de la quantité mesurée. Mais si c'est le cas, alors non seulement la mesure quantique du spin (dans une direction choisie) d'une particule de l'état intriqué détermine, à l'instant de la mesure, la valeur du spin de cette particule, mais elle détermine également, au même instant, le spin de l'autre particule (dans la même direction). Ceci contredit frontalement le principe de causalité ou le principe de localité.

Il faut bien se rendre compte que cette contradiction entre la mécanique quantique et la relativité soulevée par l'article d'Einstein, Podolsky et Rosen est demeurée pendant plusieurs décennies après la publication de l'article du domaine de la discussion quasi-philosophique. Aucune méthode, ni aucun dispositif expérimental, actuel ou à venir n'était proposé qui permettrait de trancher en faveur de l'une ou l'autre théorie. Mais tout ceci va changer à partir de 1964.

11.4 Les inégalités de Bell

En 1964, le physicien irlandais John Stewart Bell (déjà rencontré en 2.9.2) énonce un théorème démontrant qu'il serait *a priori* possible d'élaborer une expérience dont le résultat serait différent selon que la réalité physique obéit aux principes de la physique quantique ou qu'elle contient des variables cachées dans une représentation plus profonde, la physique quantique n'étant alors qu'une théorie effective. Ce théorème s'énonce sous la forme d'inégalités dites *inégalités de Bell.*

Nous allons donner maintenant une démonstration simplifiée de ces inégalités, dans le cadre énoncé précédemment, c'est-à-dire la mesure du spin de deux particules intriquées. On suppose donc que l'on a construit l'état intriqué de l'équation (11.7). On va effectuer deux mesures de spin, une sur chaque particule, la direction de la mesure pour chaque particule étant tirée au hasard parmi deux directions : les directions possibles sont $\vec{a}$ et $\vec{a}'$ pour la particule 1, et $\vec{b}$ et $\vec{b}'$ pour la particule 2. Il y a donc au total quatre configurations possibles de mesure des spins (voir figure 11.1). Par ailleurs, afin d'assurer l'indépendance mutuelle des mesures entre les deux particules, le montage expérimental est tel que les mesures sont séparées par un intervalle de genre espace.

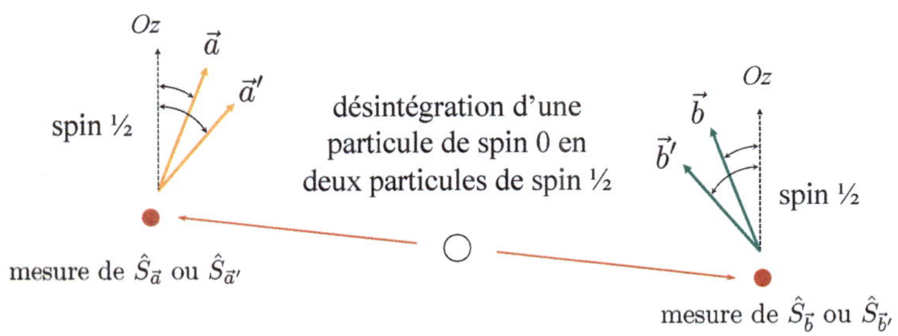

FIGURE 11.1 – Expérience de pensée donnant les inégalités de Bell : une particule de spin 0 se désintègre en deux particules de spin 1/2 qui sont ensuite séparées spatialement. Les spins de ces deux particules sont ensuite mesurés indépendamment suivant deux directions tirées au hasard parmi deux choix possibles chacune.

Tout d'abord, on adimensionne le problème en divisant chaque opérateur par $\hbar/2$: $\hat{\sigma} = \frac{2}{\hbar}\hat{S}$, chaque spin adimensionné pouvant prendre les valeurs +1 ou -1. On s'intéresse alors à l'observable AB constituée par le produit adimensionné des deux spins. En particulier, on calcule la valeur moyenne de cette observable dans l'état $|\psi\rangle$ défini en (11.7). Supposons que les mesures sont effectuées dans les directions $\vec{a}$ et $\vec{b}$:

$$\langle AB\rangle = \langle\psi|\widehat{AB}|\psi\rangle = \frac{4}{\hbar^2}\,\langle\psi|\hat{S}_{\vec{a}}^{(1)}\,\hat{S}_{\vec{b}}^{(2)}|\psi\rangle\ , \qquad (11.10)$$

les indices (1) et (2) désignant les particules sur lesquelles les opérateurs s'appliquent. On peut sans perte de généralité supposer que $\vec{b}$ est dans la direction Oz, direction également utilisée pour décrire $|\psi\rangle$. On peut alors calculer la moyenne correspondante en utilisant la propriété suivante :

$$\langle\alpha,\beta|\hat{\sigma}_{\vec{a}}^{(1)}\hat{\sigma}_{\vec{b}}^{(2)}|\gamma,\delta\rangle = \langle\alpha|\hat{\sigma}_{\vec{a}}^{(1)}|\gamma\rangle\ \langle\beta|\hat{\sigma}_{\vec{b}}^{(2)}|\delta\rangle\quad . \qquad (11.11)$$

Par ailleurs, on peut écrire l'opérateur $\hat{\sigma}_{\vec{a}}$ dans la base des états propres de Oz en supposant que le vecteur $\vec{a}$ est dans le plan Oxz et fait un angle θ_a avec Oz :

$$\vec{a} = \cos\theta_a\vec{e}_z + \sin\theta_a\vec{e}_x \qquad \text{d'où} \qquad \hat{\sigma}_{\vec{a}} = \begin{pmatrix} \cos\theta_a & \sin\theta_a \\ \sin\theta_a & -\cos\theta_a \end{pmatrix}\ . \qquad (11.12)$$

Le calcul de la valeur moyenne dans l'état $|\psi\rangle$ s'obtient en développant $|\psi\rangle$:

$$\begin{aligned}\left\langle\sigma_{\vec{a}}^{(1)}\sigma_{z}^{(2)}\right\rangle &= \langle\psi|\hat{\sigma}_{\vec{a}}^{(1)}\hat{\sigma}_{z}^{(2)}|\psi\rangle = \frac{1}{2}\,\langle(+-)-(-+)|\hat{\sigma}_{\vec{a}}^{(1)}\hat{\sigma}_{z}^{(2)}|(+-)-(-+)\rangle \\ &= \frac{1}{2}\Big[\langle+-|\hat{\sigma}_{\vec{a}}^{(1)}\hat{\sigma}_{z}^{(2)}|+-\rangle - \langle+-|\hat{\sigma}_{\vec{a}}^{(1)}\hat{\sigma}_{z}^{(2)}|-+\rangle \\ &\quad - \langle-+|\hat{\sigma}_{\vec{a}}^{(1)}\hat{\sigma}_{z}^{(2)}|+-\rangle + \langle-+|\hat{\sigma}_{\vec{a}}^{(1)}\hat{\sigma}_{z}^{(2)}|-+\rangle\Big] \\ &= \frac{1}{2}\Big[\langle+|\hat{\sigma}_{\vec{a}}^{(1)}|+\rangle\ \langle-|\hat{\sigma}_{z}^{(2)}|-\rangle - \langle+|\hat{\sigma}_{\vec{a}}^{(1)}|-\rangle\ \langle-|\hat{\sigma}_{z}^{(2)}|+\rangle \\ &\quad - \langle-|\hat{\sigma}_{\vec{a}}^{(1)}|+\rangle\ \langle+|\hat{\sigma}_{z}^{(2)}|-\rangle + \langle-|\hat{\sigma}_{\vec{a}}^{(1)}|-\rangle\ \langle+|\hat{\sigma}_{z}^{(2)}|+\rangle\Big]\ . \end{aligned} \qquad (11.13)$$

Les deuxième et troisième termes sont nuls, car $\hat{\sigma}_z$ est diagonal dans la base choisie. Il reste donc :

$$\left\langle\sigma_{\vec{a}}^{(1)}\sigma_{z}^{(2)}\right\rangle = \frac{1}{2}\Big[-\ \langle+|\hat{\sigma}_{\vec{a}}|+\rangle + \langle-|\hat{\sigma}_{\vec{a}}|-\rangle\Big] = -\cos\theta_a\ . \qquad (11.14)$$

Ce calcul se généralise évidemment quelles que soient les directions $\vec{a}$ et $\vec{b}$: le seul paramètre qui importe est le cosinus de l'angle entre ces deux vecteurs. L'idée de John Steward Bell est alors de considérer la quantité :

$$X = \langle AB\rangle - \langle AB'\rangle + \langle A'B\rangle + \langle A'B'\rangle\ . \qquad (11.15)$$

Si la physique quantique est complète, au sens vu en 11.1, alors elle décrit complètement la réalité, et en particulier la mesure. Cela signifie que dans chacune des mesures, les observables AB (ou $A'B$, etc) ne sont déterminées qu'au moment de la mesure. Elles n'ont pas de réalité physique antérieure. La quantité X est calculée en accumulant le résultat d'un très grand nombre d'expériences, seuls deux termes parmi les quatre étant évalués à chaque paire de particules mesurées. La valeur X après un grand nombre de mesures converge donc vers :

$$X = -\cos\theta_{ab} + \cos\theta_{ab'} - \cos\theta_{a'b} - \cos\theta_{a'b'} \ . \tag{11.16}$$

Si, au contraire, la physique quantique n'est pas complète, et qu'il existe des variables cachées décrivant une réalité plus profonde au sein de laquelle les quantités A, A', B, B' sont toujours définies, alors on peut considérer X comme la moyenne d'une quantité que l'on peut définir pour chaque paire de particules, car ces quantités existent toujours, qu'on les mesure ou non :

$$X = \langle AB - AB' + A'B + A'B' \rangle = \langle A(B - B') + A'(B + B') \rangle \ . \tag{11.17}$$

Les quantités A, A', B, B' ont toutes pour valeurs +1 ou -1. Par conséquent, parmi les quantités $B - B'$ et $B + B'$, l'une est nulle et l'autre a pour valeur absolue 2. Cette dernière est multipliée par A ou A' qui a pour valeur absolue 1. La quantité $AB - AB' + A'B + A'B'$ vaut donc toujours -2 ou +2. Par conséquent, sa valeur moyenne ne peut être comprise qu'entre -2 et +2 :

$$-2 \leq X \leq +2 \ . \tag{11.18}$$

Est-il possible de sortir de ces bornes avec la physique quantique ? Si l'on choisit les quatre directions de telle sorte que la séquence $\vec{a}$, $\vec{b}$, $\vec{a}'$, $\vec{b}'$ soient des vecteurs dans le même plan séparés successivement de $\pi/4$ (voir figure 11.2), alors :

$$\cos\theta_{ab} = \frac{\sqrt{2}}{2} \ , \ \cos\theta_{ab'} = -\frac{\sqrt{2}}{2} \ , \ \cos\theta_{a'b} = \frac{\sqrt{2}}{2} \ , \ \cos\theta_{a'b'} = \frac{\sqrt{2}}{2} \ , \tag{11.19}$$

d'où, en mécanique quantique :

$$X = -\frac{\sqrt{2}}{2} - \frac{\sqrt{2}}{2} - \frac{\sqrt{2}}{2} - \frac{\sqrt{2}}{2} = -2\sqrt{2} \ . \tag{11.20}$$

Cette quantité ne satisfait pas les inégalités de Bell. Cette expérience de mesure des spins dans un état intriqué permet donc de distinguer un monde gouverné profondément par la physique quantique d'une réalité où existeraient des variables cachées.

11.5 Les expériences d'Aspect-Dalibard-Grangier-Roger

Il faut bien souligner que l'état $|\psi\rangle$ défini en (11.7) ne décrit que la partie « spin ». Pour être certain que les deux mesures de spin sont effectivement indépendantes, il faut séparer les parties spatiales des fonctions d'onde des deux particules de sorte que les mesures soient séparées par un intervalle de genre espace.

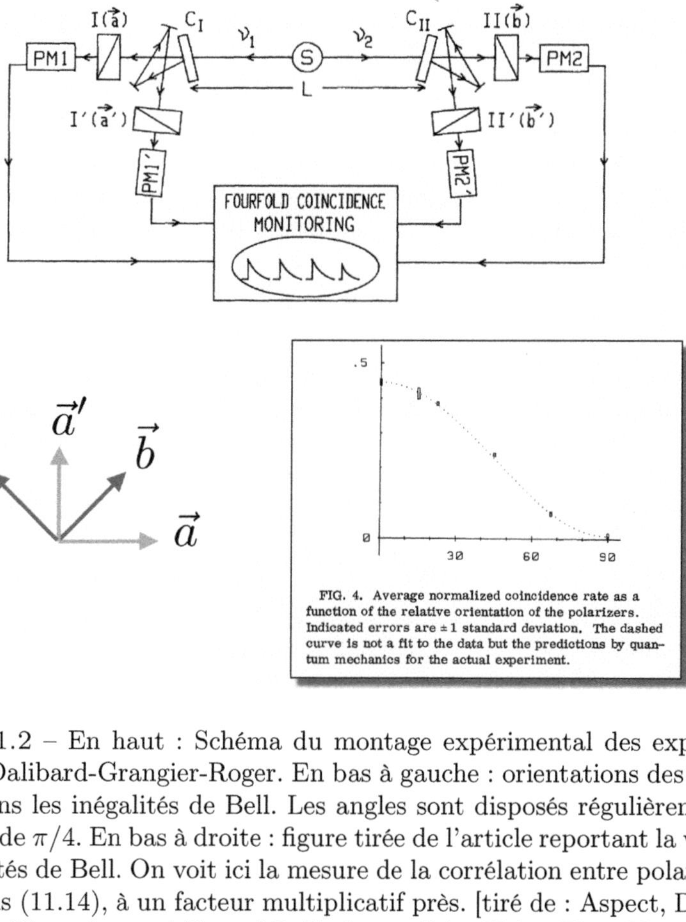

FIGURE 11.2 – En haut : Schéma du montage expérimental des expériences d'Aspect-Dalibard-Grangier-Roger. En bas à gauche : orientations des mesures de spin dans les inégalités de Bell. Les angles sont disposés régulièrement par intervalles de $\pi/4$. En bas à droite : figure tirée de l'article reportant la violation des inégalités de Bell. On voit ici la mesure de la corrélation entre polarisations définie dans (11.14), à un facteur multiplicatif près. [tiré de : Aspect, Dalibard, and Roger, "Experimental Test of Bell's Inequalities Using Time-Varying Analyzers," *Phys. Rev. Lett.* **49**, 1804 (1982). doi : 10.1103/PhysRevLett.49.1804.]

Pendant plusieurs années, les inégalités de Bell vont rester ignorées. Les premiers tests expérimentaux remontent à 1972 avec John Clauser (prix Nobel de physique 2022), mais celles-ci ne permettront pas de conclure définitivement. Les expériences qui vont vraiment apporter la certitude que les inégalités de Bell ne sont pas satisfaites dans l'expérience de pensée de Bell vont être menées par Alain Aspect (prix Nobel de physique 2022) au début des années 1980, avec ses post-doctorants Jean Dalibard et Philippe Grangier, et le physicien Gérard Roger. Le dispositif expérimental, présenté dans la figure 11.2, n'exploite alors pas une paire intriquée de particules de spin $\frac{1}{2}$ engendrée par la désintégration d'une particule de spin 0, mais des photons intriqués. Ceci ne modifie cependant pas le principe de l'expérience car les photons possèdent également deux états de polarisations. Le résultat est sans appel : la quantité mesurée sort clairement de l'intervalle autorisé.

11.6 Le chat de Schrödinger et la décohérence

La démonstration de l'absence de variables cachées et la victoire de la physique quantique pose avec encore plus d'acuité une question déjà présente depuis longtemps dans la théorie : comment faire le lien entre cette physique microscopique duale, à la fois corpusculaire et ondulatoire, remettant en cause la localité spatio-temporelle de la relativité, et la physique macroscopique que nous connaissons, locale, séparable, causale ? Comment se fait-il que cette intrication quantique, si étonnante, ne se manifeste qu'au niveau microscopique et que nous ne la voyions pas à l'œuvre dans les objets macroscopiques du quotidien ? Qu'arriverait-il si cette intrication quantique était transportée à l'échelle macroscopique ?

C'est en cherchant à répondre à cette question que Schrödinger, inspiré par l'article EPR, publia en novembre de la même année (1935) un article dans lequel il imaginait une autre expérience de pensée. Dans celle-ci, un chat se trouve enfermé dans une boîte opaque et étanche contenant une particule radioactive, un compteur Geiger, un marteau et une fiole de poison. Au moment où la particule se désintègre, elle émet un rayonnement que reçoit le compteur Geiger, ce qui libère le marteau. Le marteau pivote et vient casser la fiole qui répand son poison dans la boîte, tuant ainsi le chat (voir figure 11.3).

Or, en physique quantique, avant la mesure, la particule peut se trouver dans un état superposé, intacte et désintégrée « à la fois ». Mais si c'est le cas, alors par lien de causalité, le compteur Geiger est également dans un état superposé où il a détecté ou non le rayonnement. Le marteau est aussi dans un état superposé, en position haute ou bien libéré et retombé sur la fiole, la fiole est dans un état superposé intacte ou brisée, le poison est dans un état superposé dans la fiole ou bien dans toute la boîte, et finalement le chat est dans un état superposé vivant et mort. Qui est plus est, cet état superposé demeure tant que personne n'effectue de mesure, c'est-à-dire tant que personne n'ouvre la boîte pour la regarder. À ce moment seulement, l'état du chat se projette soit vers la situation « vivant », soit vers la situation « mort ».

Bien évidemment, cette conclusion est ridicule car nul ne peut imaginer qu'un chat puisse être à la fois vivant et mort, et personne dans la vie quotidienne n'a jamais rencontré d'objet macroscopique de la taille d'un chat dans un état superposé. En outre, cette expérience de pensée pose la question de la mesure quantique : quelle est la condition pour que le chat soit « observé » ? Que signifie cette observation ? Faut-il que l'observation soit effectuée par un être vivant ? Par un être conscient ? En fait, la question qui est posée ici est celle de l'interaction d'un système microscopique, dans un état quantique superposé, avec un système macroscopique composé de milliards de milliards d'atomes. Elle est encore ouverte et a engendré depuis les années 1960 une foule de théories élaborées, parfois controversées, voire farfelues, allant jusqu'à des scénarios dignes de films de science-fiction.

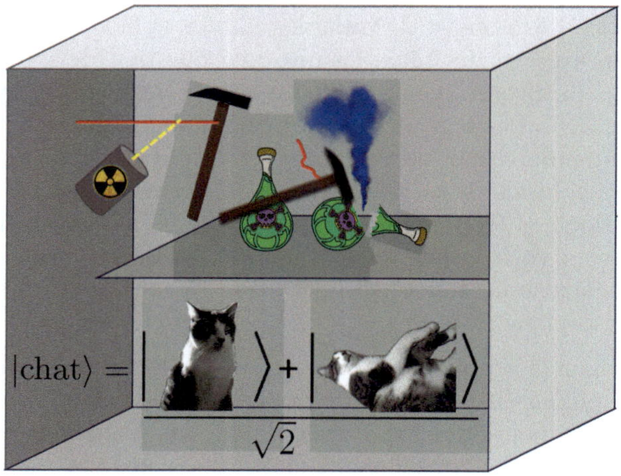

FIGURE 11.3 – L'expérience de pensée du chat de Schrödinger : en transposant le concept de superposition d'états à un système macroscopique, un paradoxe semble émerger : nul n'a jamais vu un chat à la fois vivant et mort.

Ce que nous enseigne l'expérience quotidienne, c'est qu'il doit exister un mécanisme par lequel cette interaction microscopique-macroscopique va en quelque sorte briser la superposition pour projeter le système microscopique uniquement dans un état non superposé. Ce processus est appelé *décohérence.*

La mesure quantique, ce postulat supplémentaire que l'on doit ajouter et qui nous sort d'un monde décrit par une évolution linéaire, régi par l'algèbre de la mécanique quantique, pour entrer dans le monde des probabilités et de la discontinuité, est ainsi vue comme une idéalisation de cette interaction avec un système macroscopique (l'instrument de mesure) spécialement conçu pour projeter le système microscopique sur l'un des sous-espaces propres d'un opérateur $\hat{A}$. On dit alors que l'instrument *mesure* l'observable A.

Des expériences menées au début des années 2000 dans le groupe de Serge Haroche, prix Nobel de physique 2012, se sont attachées à traquer cette décohérence à la frontière classique-quantique dans des systèmes d'optique quantique et atomique. En utilisant des superpositions d'états impliquant un grand nombre de particules (similaires au chat de Schrödinger), ces expériences ont permis d'explorer les mécanismes de la décohérence dans différents types de systèmes qui sont aujourd'hui au cœur des développements de l'informatique quantique.

11.7 La mécanique quantique et l'intrication en application

Nous allons maintenant brièvement passer en revue quelques développements de l'intrication quantique étudiés en laboratoire et, pour certains, déjà à l'œuvre en dehors et dans l'industrie, en particulier dans les télécommunications et la métrologie.

11.7.1 La cryptographie quantique

L'intrication est aujourd'hui utilisée commercialement pour établir des communications sécurisées. Dans le langage de la cryptographie (la science du chiffrage des données et des transmissions), un émetteur A (désigné généralement par le prénom Alice) tente d'envoyer un message de façon sécurisée à un récepteur B (désigné comme Bob), tout en évitant d'être espionné par une tierce partie E (désigné comme Eve).

Le problème consiste à construire une clé de chiffrage sûre et partagée entre Alice et Bob. On peut produire une clé de chiffrage aléatoire en encodant un message constitué de « 0 » et de « 1 ». On peut utiliser pour cela des particules quantiques polarisées, par exemple des particules de spin $1/2$ possédant deux états possibles de polarisation, dénommés $|+\rangle$ et $|-\rangle$ (dans la réalité, on travaille plutôt avec de la lumière en exploitant les deux états de polarisation possibles du photon).

Alice envoie donc à Bob une longue chaîne de 0 et de 1 sous la forme d'une suite de particules polarisées, en tirant pour chaque bit au hasard la direction de polarisation (par exemple x ou z, voir figure 11.4). Bob va alors « mesurer » au sens quantique du terme chaque bit, c'est-à-dire déterminer la polarisation de chaque particule, en tirant au sort indépendamment d'Alice la direction de mesure (x ou z).

Bob peut alors renvoyer de manière absolument non protégée la liste, non pas de ses résultats de mesure, mais des polarisations qu'il a utilisé pour mesurer les bits, et Alice peut lui répondre, toujours de manière non protégée, en lui fournissant la sous-séquence de polarisations qui étaient correctes. Alice et Bob s'entendent ainsi sur une sous-séquence de bits qui ont été encodés par Alice et décodés correctement par Bob. Cette sous-séquence peut être utilisée maintenant comme clé de chiffrage pour échanger de réels messages entre Alice et Bob, les deux la possédant.

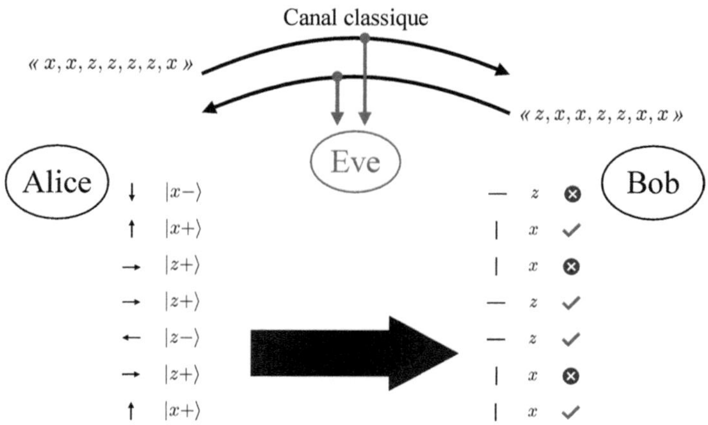

FIGURE 11.4 – Exemple de partage de clé de chiffrage aléatoire entre Alice et Bob. Dans cet exemple, les envois retenus sont les numéros 2, 4, 5 et 6 et la clé est 0010. L'espion Eve n'a accès qu'aux directions utilisées et pas aux valeurs des bits obtenues.

En outre, la physique quantique permet d'assurer qu'une tierce partie (appelée Eve) ne pourra intercepter ce code car toute intervention avant réception par Bob du premier message consisterait en une mesure qui viendrait le perturber de manière irrémédiable : Bob aurait alors une clé différente de celle d'Alice, ce dont il s'apercevrait à la première tentative pour échanger un message chiffré entre eux.

La cryptographie quantique est aujourd'hui utilisée de manière quotidienne dans des systèmes commercialisés et assure une sécurité parfaite, du moins au niveau du canal de transmission.

11.7.2 La métrologie

La physique quantique joue un rôle important en métrologie, autrement dit la science de la mesure. Le système international (SI), qui définit l'ensemble des unités permettant de mesurer toutes les quantités possibles, a été profondément réformé en novembre 2018, redéfinissant au passage de multiples unités en se fondant sur les constantes fondamentales de la physique et notamment de la physique quantique. Ainsi le kilogramme n'est-il plus défini aujourd'hui à partir d'un étalon déposé au pavillon de Breteuil à Sèvres, mais directement à partir de la constante de Planck, une fois fixées les unités de temps (la seconde, *via* une transition de l'atome de césium) et d'espace (le mètre, *via* la vitesse de la lumière).

Le kelvin a été également redéfini en 2018 en fixant la valeur de la constante de Boltzmann, ce qui revient à faire dépendre sa définition de celles de la seconde, du mètre et du kilogramme, et donc, *in fine*, encore de la constante de Planck et de la vitesse de la lumière.

Grâce au développement d'horloges optiques, dans les lesquels des atomes refroidis effectuent des transitions entre états quantiques piégés dans des réseaux optiques, il est aujourd'hui possible d'atteindre une précision de 10^{-18} dans la définition de la seconde, contre 10^{-16} avec les horloges atomiques au césium. De telles horloges optiques sont extrêmement sensibles aux fluctuations du potentiel gravitationnel terrestre, mais permettent en retour d'accéder à des mesures inégalées de ce potentiel.

Dans ce cadre, l'intrication quantique est aujourd'hui utilisée de façon croissante pour améliorer la précision des mesures avec une capacité pour, à terme, à révolutionner la métrologie. Un exemple typique consiste à créer *via* l'intrication une corrélation entre des spins ou des niveaux d'énergie atomiques permettant d'améliorer la sensibilité de mesures, qu'il s'agisse de mesurer un temps, une fréquence, un champ extérieur magnétique ou micro-onde.

11.7.3 L'informatique quantique

Depuis plusieurs années, la course internationale est lancée, dans le domaine de la recherche, pour tenter de remplacer l'informatique traditionnelle, qui repose sur l'encodage de l'information par des bits (« 0 » ou « 1 ») de façon électrique, magnétique ou optique, par une informatique dite quantique (même si la précédente utilisait déjà de façon massive la physique quantique) dans laquelle l'information serait encodée dans des *qubits*. Ces qubits sont des états quantiques superposés et intriqués d'états de base. La dimension de l'espace de Hilbert ainsi créé est bien supérieure aux nombres d'états accessibles par une combinaison classique. Ainsi, si l'on considère par exemple des qubits formés individuellement par la superposition de deux états de base, $|0\rangle$ et $|1\rangle$, chaque qubit s'écrit :

$$|Q\rangle = \alpha\,|0\rangle + \beta\,|1\rangle\ , \qquad \text{avec}\quad |\alpha|^2 + |\beta|^2 = 1\ . \tag{11.21}$$

L'intrication de n qubits crée alors un état global défini dans un espace de dimension 2^n dont la base est formée par toutes les combinaisons possibles d'états du type $|01001\ldots\rangle$, tandis qu'un stockage classique sur n bits n'explore qu'un espace vectoriel de dimension n et ne permet de stocker qu'un seul de ces états. Cette intrication permet de traiter, en théorie, l'information de façon massivement parallèle.

Le défi consiste à conserver et à manipuler ces états intriqués, très fragiles, à l'abri du bruit thermique provenant de l'environnement, en d'autres termes, à préserver la cohérence de ces états quantiques. L'ennemi est donc la *décohérence*. C'est la raison pour laquelle la plupart des solutions matérielles recherchées sont développées à très basse température : qubits supraconducteurs (voir figure 11.5), systèmes d'atomes ultra-froids, qubits silicium (utilisant les spins électroniques), ions piégés. Seules les solutions optiques fondées sur la manipulation des états de polarisation du photon opèrent à température ambiante.

L'utilisation de l'intrication, un phénomène purement quantique, peut donc à terme bouleverser notre environnement technique et notre capacité à stocker, manipuler et transmettre l'information. Ce bouleversement est souvent regroupé sous le terme de *seconde révolution quantique.*

FIGURE 11.5 – Les qubits supraconducteurs nécessitent l'utilisation de très basses températures allant jusqu'à 10 mK. La photo montre le dispositif utilisé par l'équipe du Laboratoire de Physique de l'École Normale Supérieure, en collaboration avec l'École des Mines de Paris et l'INRIA. Ce type de dispositif est également utilisé par des start-ups comme Alice & Bob, ainsi que des grands groupes comme Google ou IBM.

À retenir de ce chapitre

- Le formalisme de la physique quantique autorise des états à deux ou plusieurs particules qui ne peuvent être écrits comme produits d'états à une particule. Ces états sont dit « intriqués ». Par exemple :

$$|\psi\rangle = \frac{1}{\sqrt{2}}\left(|+-\rangle - |-+\rangle\right) \quad ,$$

pour deux électrons pouvant occuper chacun un état de spin « + » ou « − ».

- Dans un tel état, la mesure du spin d'une particule force la projection sur l'un des sous-espaces propres associés soit à $|+-\rangle$, soit à $|-+\rangle$. Cette mesure permet donc, par là-même, de déduire de façon certaine la valeur du spin de l'autre particule.
- Il y a là un possible conflit avec la relativité si l'on mesure les deux spins de manière simultanée au sens de la relativité, c'est-à-dire si les deux événements de mesure sont séparés par un intervalle de genre espace. En effet, les deux mesures seraient alors indépendantes et l'on ne peut identifier dans ces conditions de mesure antérieure à l'autre de façon absolue qui aurait déclenché la réduction du paquet d'ondes.

  Il semblerait donc que les particules doivent « emporter » chacune de leur côté l'information sur la mesure du spin dans des variables dites cachées. Par conséquent, la mécanique quantique ne semble pas décrire complètement la réalité : elle serait incomplète. C'est la base du « paradoxe EPR ».
- Une expérience de pensée imaginée par John Stewart Bell en 1964 permet de trancher entre l'existence de variables cachées ou bien une nature profondément quantique de la mesure imaginée dans le paradoxe EPR. Pour autoriser l'existence de variables cachées, l'expérience doit satisfaire les inégalités de Bell.
- Des expériences menées tout d'abord par John Clauser, puis au début des années 1980 par l'équipe d'Alain Aspect sur des photons intriqués, ont permis de montrer la violation des inégalités de Bell, et donc la nature profondément quantique de la mesure : le spin (ou la polarisation) n'existe pas au sens réaliste avant l'événement de mesure.
- L'intrication quantique ne se manifeste pas dans notre monde macroscopique. Elle conduirait à des observations absurdes, dont une représentation emblématique est le chat de Schrödinger, « à la fois » mort et vivant. Le mécanisme qui fait disparaître dans les grands systèmes l'intrication présente à l'échelle quantique porte le nom de décohérence.

Chapitre 12

Conclusions, la physique moderne

En l'espace d'environ cinquante ans, de 1880 à 1930, la physique aura connu trois bouleversements conceptuels majeurs, en physique de l'infiniment petit avec la physique quantique, de l'infiniment grand avec la relativité, et dans le domaine de la connaissance de la matière avec la compréhension de sa structure intime et des phénomènes émergents qui aboutissent à ses propriétés macroscopiques avec la physique statistique. Ces bouleversements n'ont pas été indépendants, leurs développements se sont en quelque sorte renforcés et soutenus mutuellement, chaque question résolue dans un domaine venant apporter un nouvel éclairage dans les domaines voisins.

Mais plus que tout, cette révolution a initié un mouvement qui ne s'est jamais arrêté depuis. Alors que la physique semblait atteindre une sorte de stabilisation théorique vers la fin du XIXe siècle, les nouveaux concepts qui sont apparus dans le premier quart du XXe siècle, s'ils ont résolu nombre de mystères existants, ont posé une série de questions qui ont entraîné la physique dans une dynamique qui a conduit à la situation théorique que nous connaissons aujourd'hui, sans leur apporter le plus souvent de réponses définitives. Voici quelques-unes de ces questions :

- Comment concilier la théorie relativiste, avec son espace-temps séparable et causal, et la théorie quantique, dans laquelle on peut agir sur un système intriqué en un instant, quelle que soit son extension spatiale ? La mécanique quantique est-elle complète ? Même si les expériences traitant des inégalités de Bell ont permis de lever un coin du voile, il n'existe pas à ce jour de théorie unifiant de manière satisfaisante la relativité et la physique quantique.
- Les particules de la mécanique quantique présentées dans cet ouvrage sont immanentes, éternelles, ne se créent pas et ne disparaissent jamais. Aucun processus dans la théorie ne le permet. Ceci est totalement contraire à la

réalité physique, notamment en physique des particules où les interactions entre particules sont le siège de créations et d'annihilations incessantes. À partir des années 1930, la physique quantique va donc progressivement évoluer pour rendre compte de ces phénomènes, et déboucher sur ce que l'on appelle la *théorie quantique des champs.* Les particules n'y apparaissent plus comme des entités éternelles, mais comme des excitations d'une entité plus vaste, le « champ » qui est en fait un champ d'opérateurs agissant en tout point de l'espace (ou de l'espace de Fourier) à partir d'un état fondamental, le *vide quantique.* La description la plus complète de la structure de ce vide quantique, incluant toutes les interactions connues à l'exception de la gravitation, nous est fournie par le *modèle standard*, la découverte récente du boson de Higgs venant parachever cet édifice. Néanmoins, beaucoup de mystères demeurent quant aux valeurs des nombreux paramètres apparaissant dans ce modèle.

- La cosmologie rend compte de l'évolution à grande échelle de l'Univers, depuis son origine supposée jusqu'à sa structure actuelle et à venir. Comment est-on passé d'une soupe originelle extrêmement dense à la structure que l'on observe aujourd'hui ? Les modèles existants rendent compte de cette évolution avec des mesures du contenu énergétique de l'Univers à des précisions de l'ordre du pourcent. Cependant, on sait aujourd'hui que la matière dont nous sommes constitués ne contribue qu'à hauteur d'environ 5 % à l'énergie présente dans l'Univers. Quelle est la nature fondamentale de ces secteurs sombres (matière noire, énergie noire) ? Sont-ils des manifestations de nouveaux champs et de nouvelles particules ? Quelles sont leurs propriétés microscopiques ? Voici autant de questions ouvertes !

- Enfin, l'alliance de la physique quantique et de la physique statistique ont permis de développer des modèles de la complexité de la matière, ce qui a débouché entre autres sur la physique des semi-conducteurs, socle de la révolution technologique des cinquante dernières années. La complexité inhérente de la matière laisse encore énormément de questions ouvertes, notamment dans pour les systèmes à basse dimensionalité ou les systèmes dit *à électrons fortement corrélés.* L'une des énigmes récentes en physique de la matière condensée est ainsi l'explication de la supraconductivité à haute température découverte en 1985 dans les laboratoires IBM à Zurich.

En résumé, les théories nées dans les cinquante années que nous avons parcourues au cours de cet ouvrage ont donné naissance à la physique moderne, et ont posé les bases de questionnements dont une grande partie est encore d'actualité. L'aventure de la physique est loin d'être terminée...

Annexes mathématiques

A Énergie moyenne des oscillateurs classiques et quantiques

Nous détaillons ici le calcul de l'énergie moyenne des oscillateurs harmoniques des parties 1.7.4 et 4.2, en physique classique et dans le cas quantique, c'est-à-dire suivant l'hypothèse de Planck selon laquelle les énergies sont quantifiées. La dérivation de ces résultats est ici en annexe dans la mesure où elle fait appel à des notions de physique statistique, au delà du cadre de cet ouvrage. Cependant, les calculs peuvent être compris sans en développer tout le formalisme.

A.1 Calcul classique

Il s'agit de démontrer qu'à l'équilibre thermodynamique à la température T, un oscillateur harmonique classique a l'énergie moyenne

$$\langle E_{osc} \rangle = k_{\mathrm{B}}T \ . \tag{12.1}$$

L'énergie de l'un des modes de la somme exprimée dans l'équation (1.107) est donnée par

$$\varepsilon_m(q_m, \dot{q}_m) = \frac{1}{2}\dot{q}_m^2 + \frac{1}{2}\omega_m^2 q_m^2 \ . \tag{12.2}$$

Classiquement, on sait que la densité de probabilité de trouver un système autour d'une énergie ε est proportionnelle au facteur de Boltzmann $e^{-\beta\varepsilon}$, où l'on a posé $\beta = 1/k_{\mathrm{B}}T$:

$$p(\varepsilon) = \frac{1}{Z_{\text{classique}}} e^{-\beta\varepsilon} \ , \tag{12.3}$$

où $Z_{\text{classique}}$ est un facteur de normalisation [1] calculé en tenant compte de toutes les possibilités :

$$Z_{\text{classique}} = \int \mathrm{d}\dot{q}\ \mathrm{d}q\ e^{-\beta\varepsilon(q,\dot{q})} \ . \tag{12.4}$$

1. En physique statistique on parle, à une constante de normalisation près, de *fonction de partition*.

L'énergie moyenne d'un oscillateur est donc donnée par

$$\langle E_{\text{osc}} \rangle = \int \mathrm{d}\dot{q}\, \mathrm{d}q\, \varepsilon\, p(\varepsilon) = \frac{1}{Z_{\text{classique}}} \int \mathrm{d}\dot{q}\, \mathrm{d}q\, \varepsilon(q,\dot{q})\, e^{-\beta\varepsilon(q,\dot{q})} \ . \tag{12.5}$$

Il est facile de voir que

$$\langle E_{\text{osc}} \rangle = -\frac{\partial \ln Z_{\text{classique}}}{\partial \beta} \ . \tag{12.6}$$

Or la fonction $Z_{\text{classique}}$ se calcule par une simple séparation des variables :

$$Z_{\text{classique}} = \int_0^{+\infty} \mathrm{d}\dot{q}\, \exp\left(\frac{-\beta \dot{q}^2}{2}\right) \times \int_0^{+\infty} \mathrm{d}q\, \exp\left(\frac{-\beta\omega^2 q^2}{2}\right) \ , \tag{12.7}$$

et, en utilisant que $\int_0^\infty \mathrm{d}x\, \exp(-ax^2) = \sqrt{\pi/a}/2$, on aboutit finalement à :

$$Z_{\text{classique}} = \frac{\pi}{2\beta\omega} \qquad \text{d'où} \qquad \langle E_{\text{osc}} \rangle = -\frac{\partial \ln Z_{\text{classique}}}{\partial \beta} = \frac{1}{\beta} = k_{\mathrm{B}} T \ , \tag{12.8}$$

ce qui conclut la version classique du calcul.

A.2 Calcul « à la Max Planck »

En suivant la même démarche, la probabilité (12.3) doit être normalisée avec une fonction Z rendant compte du caractère discret des valeurs possibles de l'énergie : le mode m du champ électromagnétique peut ainsi contenir un nombre quelconque mais entier, n, de photons, auquel cas il porte une énergie $\varepsilon_m = n \times \hbar\omega_m$. La fonction Z pour ce mode ne s'exprime alors plus comme une intégrale continue, mais comme une somme sur les énergies possibles

$$Z_{\text{Planck}} = \sum_{n=0}^{+\infty} \exp\left(-\beta\varepsilon_m(n)\right) = \sum_{n=0}^{+\infty} \Big(\exp\left(-\beta\hbar\omega_m\right)\Big)^n \ , \tag{12.9}$$

série qui peut être sommée pour finalement donner

$$Z_{\text{Planck}} = \frac{1}{1 - \exp\left(-\beta\hbar\omega_m\right)} \ . \tag{12.10}$$

L'énergie moyenne des oscillateurs est toujours donnée par (12.6), il vient alors que

$$\langle E_{\text{osc}} \rangle = -\frac{\partial \ln Z_{\text{Planck}}}{\partial \beta} = \frac{\hbar\omega_m}{\exp\left(\beta\hbar\omega_m\right) - 1} \ . \tag{12.11}$$

Cette dernière équation est bien le résultat annoncé dans la partie 4.2. En particulier, à l'inverse du résultat classique, cette énergie moyenne du mode m dépend maintenant de la fréquence (ou de l'énergie des photons) et tend vers 0 exponentiellement lorsque la fréquence tend vers $+\infty$: il n'y a plus de catastrophe ultraviolette.

A.3 Calcul quantique

Nous avons montré au chapitre 7 que l'hypothèse de Planck est validée par la physique quantique, avec un terme supplémentaire constant dans l'énergie des oscillateurs harmoniques de sorte que $\varepsilon_m(n) = (n + 1/2) \times \hbar\omega_m$. En tenant compte de ce terme, la nouvelle fonction Z s'écrit

$$Z_{\text{quantique}} = \sum_{n=0}^{+\infty} \exp\left(-\beta\varepsilon_m(n)\right) = e^{-\beta\hbar\omega_m/2} \sum_{n=0}^{+\infty} \Big(\exp\left(-\beta\hbar\omega_m\right) \Big)^n \cdot \tag{12.12}$$

Une fois ce nouveau terme factorisé, le calcul est très semblable au précédent et il vient immédiatement :

$$\ln\left(Z_{\text{quantique}}\right) = \frac{-\beta\hbar\omega_m}{2} + \ln\left(Z_{\text{Planck}}\right) \ , \tag{12.13}$$

de sorte que dans ce cas l'énergie moyenne des oscillateurs est donnée par

$$\langle E_{\text{osc}} \rangle = \frac{\hbar\omega_m}{2} + \frac{\hbar\omega_m}{\exp\left(\beta\hbar\omega_m\right) - 1} \ . \tag{12.14}$$

B Transformation de changement de repère conservant l'intervalle relativiste

Nous avons vu au chapitre 2 que l'élément de distance relativiste doit être invariant par changement de repère inertiel. Cette propriété peut être utilisée pour expliciter les transformations de coordonnées de Lorentz de façon générale. La méthode de l'équation d'onde présentée au paragraphe précédent pour dériver les transformations de Lorentz est un cas particulier de cette méthode plus générale, dans le cas où c'est en quelque sorte la norme de Minkowski de l'opérateur gradient quadri-dimensionnel qui est considérée. Cherchons la forme générale de la transformation pour passer de (ct, x) à (ct', x') en translation uniforme par rapport au premier à une vitesse w correspondant au paramètre $\beta = w/c$. On pose donc

$$\begin{cases} ct' = F_\beta(ct, x) \\ x' = G_\beta(ct, x) \end{cases} \ . \tag{12.15}$$

L'invariance de l'intervalle relativiste impose que

$$c^2t^2 - x^2 = c^2t'^2 - x'^2 = F_\beta^2(ct, x) - G_\beta^2(ct, x) \ , \tag{12.16}$$

ce qui implique

$$F_\beta^2(ct, x) = G_\beta^2(ct, x) + c^2t^2 - x^2 \ . \tag{12.17}$$

Par ailleurs, on sait que tous les points se déplaçant à la vitesse β dans $\mathcal{R}$ (soit $x = \beta ct + x_0$) demeurent à une abscisse constante dans le repère $\mathcal{R}'$. Ceci implique que x' ne dépend pas du temps mais uniquement de β et de $(x - \beta ct)$, on peut donc écrire

$$G_\beta(ct, x) = g_\beta(x - \beta ct) \ . \tag{12.18}$$

Il s'agit donc de trouver la fonction d'une variable g. On utilise pour cela le fait qu'un référentiel inertiel par rapport à $\mathcal{R}$ est également inertiel par rapport à $\mathcal{R}'$. Ainsi, un point se déplaçant à vitesse constante $\beta_1 c$ dans $\mathcal{R}$ se déplacera à vitesse constante $a_\beta(\beta_1)$ dans $\mathcal{R}'$, a_β étant une fonction à déterminer. Ainsi, si un point suit la trajectoire $x = \beta_1 t$ dans $\mathcal{R}$, alors sa trajectoire dans $\mathcal{R}'$ vérifie, en utilisant la coïncidence en $(0,0)$

$$a_\beta(\beta_1) = \frac{x'}{t'} = \frac{G_\beta(ct, \beta_1 ct)}{F_\beta(ct, \beta_1 ct)} = \frac{g_\beta\left((\beta_1 - \beta)ct\right)}{\sqrt{g_\beta^2\left((\beta_1 - \beta)ct\right) + c^2t^2\left(1 - \beta_1^2\right)}} \ . \tag{12.19}$$

L'expression de g_β est obtenue en inversant l'équation précédente,

$$\frac{g_\beta^2\left((\beta_1 - \beta)ct\right)}{g_\beta^2\left((\beta_1 - \beta)ct\right) + c^2t^2\left(1 - \beta_1^2\right)} = a_\beta^2(\beta_1) \ , \tag{12.20}$$

on en déduit donc

$$g_\beta\left((\beta_1 - \beta)ct\right) = \sqrt{1 - \beta_1^2}\, a_\beta(\beta_1)ct \ . \tag{12.21}$$

Cette égalité est valable à tout instant t, la seule forme de fonction pouvant satisfaire cela est une fonction linéaire (pour le voir, remplacer t par λt). Il existe donc une fonction $\gamma(\beta)$ telle que

$$g_\beta(X) = \gamma(\beta)X \quad \text{et donc} \quad G_\beta(ct, x) = \gamma(\beta)(x - \beta ct) \ . \tag{12.22}$$

Cette expression est utilisée pour obtenir $F_\beta(ct, x)$, grâce à la relation trouvée précédemment,

$$F_\beta(ct, x) = \sqrt{\gamma^2(\beta)(x - \beta ct)^2 + c^2t^2 - x^2} \ . \tag{12.23}$$

Pour $x = \beta ct$, on a donc $ct' = F_\beta(\beta ct, t) = \sqrt{1 - \beta^2}\, x$. Or le point $x = 0$ du repère $\mathcal{R}$ va à la vitesse $-\beta c$ dans le repère $\mathcal{R}'$. La relation symétrique entre les horloges doit être retrouvée en prenant $x = 0$ dans l'équation précédente, soit

$$F_\beta(ct, 0) = \sqrt{\gamma^2(\beta)\beta^2 + 1}\, ct = \gamma(-\beta)ct \ . \tag{12.24}$$

Pour des raisons de symétrie, $\gamma(-\beta) = \gamma(\beta)$, d'où

$$\gamma^2(\beta)\beta^2 + 1 = \gamma^2(\beta) \quad \text{et donc} \quad \gamma(\beta) = \frac{1}{\sqrt{1 - \beta^2}} \ . \tag{12.25}$$

En reportant cette expression dans F_β, on obtient finalement

$$F_\beta(ct, x) = \gamma(\beta)(ct - \beta x) \ . \tag{12.26}$$

Le résultat finalement obtenu est similaire aux équations (2.39) et (2.39), il peut s'écrire

$$\begin{pmatrix} ct' \\ x' \end{pmatrix} = \begin{pmatrix} F_\beta(ct,x) \\ G_\beta(ct,x) \end{pmatrix} = \begin{pmatrix} \gamma(\beta)(ct - \beta x) \\ \gamma(\beta)(-\beta ct + x) \end{pmatrix} = \gamma(\beta) \begin{pmatrix} 1 & -\beta \\ -\beta & 1 \end{pmatrix} \begin{pmatrix} ct \\ x \end{pmatrix} \tag{12.27}$$

C Probabilités continues

Nous allons décrire les propriétés des lois de probabilités continues sur $\mathbb{R}$, les propriétés des lois sur $\mathbb{R}^d$ ou sur tout sous-ensemble de $\mathbb{R}^d$ s'en déduisant directement.

On appelle *loi de probabilité continue* sur $\mathbb{R}$ d'une variable aléatoire X une mesure positive ν de masse 1, c'est-à-dire une application de l'ensemble des parties de $\mathbb{R}$ vers $[0, 1]$ telle que :

$$\begin{cases} \nu(\varnothing) = 0 \, . \\ \forall (A, B) \in \mathcal{P}(\mathbb{R})^2, \quad \nu(A \cup B) = \nu(A) + \nu(B) - \nu(A \cap B) \, , \\ \nu(\mathbb{R}) = 1 \, . \end{cases} \tag{12.28}$$

De manière générale, la mesure d'un ensemble A est donnée par la notation suivante

$$\nu(A) = \int_A \mathrm{d}\nu \ . \tag{12.29}$$

Dans le cas où il existe une fonction $f(x)$ positive définie sur $\mathbb{R}$ telle que

$$\forall A \in \mathcal{P}(\mathbb{R}) \, , \quad \nu(A) = \int_A f(x) \, \mathrm{d}x \ , \tag{12.30}$$

alors on dit que la loi de probabilité ν possède une *densité* (la fonction f).

Si cette quantité est finie, on appelle *moment d'ordre* n de la loi de probabilité d'une variable aléatoire X, et on M_n, la moyenne de X^n :

$$M_n = \langle X^n \rangle = \int_{\mathbb{R}} x^n \, \mathrm{d}\nu \ . \tag{12.31}$$

C.1 Fonction caractéristique

On définit la *fonction caractéristique* de loi de probabilité de la variable aléatoire X sur $\mathbb{R}$ comme la fonction φ_X vérifiant :

$$\forall \omega \in \mathbb{R}, \quad \varphi_X(\omega) = \mathbb{E}\left(e^{i\omega X}\right) = \int_{\mathbb{R}} e^{i\omega x} \, \mathrm{d}\nu \ . \tag{12.32}$$

Cette fonction caractéristique a plusieurs propriétés intéressantes. Tout d'abord :

$$\varphi_X(0) = \int_{\mathbb{R}} \mathrm{d}\nu = 1 \quad , \quad \varphi'_X(0) = \int_{\mathbb{R}} ix\,\mathrm{d}\nu = i\,\langle X\rangle \ . \tag{12.33}$$

De manière générale, la dérivée n-ième en 0 correspond au moment d'ordre n de la loi :

$$\varphi_X^{(n)}(0) = \int_{\mathbb{R}} \frac{d^n}{d\omega^n}\left(e^{i\omega x}\right) \mathrm{d}\nu = \int_{\mathbb{R}} (ix)^n\, e^{i\omega x}\,\mathrm{d}\nu = i^n\, M_n \ . \tag{12.34}$$

Sous des hypothèses très générales, il existe donc une correspondance bi-univoque entre la fonction caractéristique d'une loi de probabilité et la donnée de tous ses moments, correspondance que l'on peut mettre en évidence en développant en séries l'exponentielle complexe :

$$\varphi_X(\omega) = \int_{\mathbb{R}} e^{i\omega x}\,\mathrm{d}\nu = \int_{\mathbb{R}} \sum_{n=0}^{+\infty} \frac{(i\omega x)^n}{n!}\,\mathrm{d}\nu = \sum_{n=0}^{+\infty} \frac{i^n M_n}{n!}\,\omega^n \ . \tag{12.35}$$

Les moments interviennent donc directement dans les coefficients du développement en série entière de la fonction caractéristique, généralisant ainsi la relation (12.34).

Cas particulier : la loi singulière δ_a

Si l'on considère une variable aléatoire dont la loi est une masse de Dirac en un seul point a de l'axe réel, alors $\nu = \delta_a$. Par conséquent, le moment d'ordre n de cette loi vaut

$$M_n = \int_{\mathbb{R}} x^n\,\delta_a(x) = a^n \ . \tag{12.36}$$

Tous les moments sont des puissances d'un même nombre. Inversement, si c'est le cas, alors la fonction caractéristique s'écrit

$$\varphi_X(\omega) = \sum_{n=0}^{+\infty} \frac{i^n a^n}{n!}\,\omega^n = e^{ia\omega} \ , \tag{12.37}$$

qui est bien la fonction caractéristique d'une masse de Dirac en a.

En outre, une des propriétés les plus importantes est sans doute le fait que la fonction caractéristique d'une somme de variables indépendantes est le produit de leurs fonctions caractéristiques :

$$\varphi_{X_1+\cdots+X_n}(\omega) = \varphi_{X_1}(\omega)\ldots\varphi_{X_n}(\omega) \ . \tag{12.38}$$

En particulier, la loi d'une somme de n variables aléatoires indépendantes de même loi est :

$$\varphi_{X_1+\cdots+X_n}(\omega) = \left(\varphi_X(\omega)\right)^n \ . \tag{12.39}$$

Exemple : Une variable aléatoire X de loi exponentielle de paramètre λ, c'est-à-dire dont la densité est donnée par la fonction f telle que

$$f_X(x) = \lambda\, e^{-\lambda x}\, \mathbb{1}_{\mathbb{R}_+}(x) \ , \tag{12.40}$$

a pour fonction caractéristique

$$\varphi_X(\omega) = \int_0^{+\infty} \lambda\, e^{-\lambda x}\, e^{i\omega x}\, \mathrm{d}x = \frac{\lambda}{\lambda - i\omega} \ . \tag{12.41}$$

La loi de probabilité d'une somme Σ_n de n variables aléatoires indépendantes de loi exponentielle de paramètre λ a donc pour fonction caractéristique :

$$\varphi_\Sigma(\omega) = \left(\frac{\lambda}{\lambda - i\omega}\right)^n = \left(\frac{i\lambda}{\omega + i\lambda}\right)^n \ . \tag{12.42}$$

En outre, on remarque que cette fonction est directement proportionnelle à la dérivée $(n-1)$-ième de la fonction φ_X :

$$\varphi_{\Sigma_n}(\omega) = -\frac{(-i\lambda)^n}{(n-1)!}\frac{d^{n-1}}{d\omega^{n-1}}\left(\frac{1}{\omega + i\lambda}\right) = \frac{(-i\lambda)^{n-1}}{(n-1)!}\frac{d^{n-1}\varphi_X}{d\omega^{n-1}} \ . \tag{12.43}$$

Or, dériver la fonction caractéristique revient à multiplier par (ix) la densité de la loi de probabilité. En effet :

$$\varphi(\omega) = \int_{\mathbb{R}} f(x)\, e^{i\omega x}\, \mathrm{d}x \quad \Rightarrow \quad \varphi'(\omega) = \int_{\mathbb{R}} ixf(x)\, e^{i\omega x}\, \mathrm{d}x \ . \tag{12.44}$$

Ceci signifie donc que la loi de probabilité de Σ_n est :

$$f_{\Sigma_n}(x) = \frac{(-i\lambda \times ix)^{n-1}}{(n-1)!}\, \lambda\, e^{-\lambda x}\, \mathbb{1}_{\mathbb{R}_+}(x) = \frac{\lambda^n x^{n-1}}{(n-1)!}\, e^{-\lambda x}\, \mathbb{1}_{\mathbb{R}_+}(x) \ . \tag{12.45}$$

C.2 Le théorème de la limite centrale

Considérons n variables aléatoires indépendantes $X_1, \ldots, X_n$ de même loi, cette loi possédant une moyenne m et un écart-type σ. Alors la loi de la variable aléatoire Y_n définie par

$$Y_n = \frac{\sum_{i=1}^n X_i - n\, m}{\sqrt{n}} \ . \tag{12.46}$$

tend asymptotiquement en loi vers une loi gaussienne centrée d'écart-type σ. Autrement dit, la somme des variables $\{X_i\}$ tend en loi vers une gaussienne de moyenne $n\,m$ et d'écart-type $\sqrt{n}\,\sigma$, ce qui se traduit par

$$\mathrm{prob}(Y = y) \approx \frac{1}{\sqrt{2\pi n}\,\sigma}\, \exp\!\left(-\frac{(y - nm)^2}{2n\sigma^2}\right) \ . \tag{12.47}$$

Exemple : Si l'on reprend la variable Σ_n, somme de n variables de loi individuelle exponentielle de paramètre λ, et qu'on lui applique le théorème de la limite centrale au point $y = nm$ en utilisant (12.45), on obtient

$$\frac{\lambda^n (nm)^{n-1}}{(n-1)!} e^{-\lambda nm} \underset{n \to +\infty}{\approx} \frac{1}{\sqrt{2\pi n}\,\sigma} \ . \tag{12.48}$$

Or la loi exponentielle de paramètre λ vérifie $m = \sigma = 1/\lambda$, d'où

$$\frac{\lambda (n)^{n-1}}{(n-1)!} e^{-n} \underset{n \to +\infty}{\approx} \frac{\lambda}{\sqrt{2\pi n}} \ , \tag{12.49}$$

ce que l'on peut réécrire sous la forme

$$n! \underset{n \to +\infty}{\approx} \left(\frac{n}{e}\right)^n \sqrt{2\pi n} \ . \tag{12.50}$$

On s'aperçoit ainsi que la *formule de Stirling* est une traduction du théorème de la limite centrale dans le cas de la loi exponentielle.

D Espaces de Hilbert et produits hermitiens

On dit qu'un espace vectoriel H, défini sur un corps $\mathbb{K}$ (dans le cas de la mécanique quantique, le corps des complexes $\mathbb{C}$), est un espace de Hilbert s'il existe une norme (et donc un produit scalaire f également appelé *hermitien* lorsque le corps est $\mathbb{C}$) pour lequel l'espace est complet (l'espace de Hilbert étant alors la donnée de $\mathbb{H}$ et de sa norme).

Pour mémoire, un produit hermitien est une application f de $\mathbb{H}^2$ dans $\mathbb{C}$ vérifiant :

- $\forall (x, y) \in \mathbb{H}^2 \, , \quad f(y, x) = f^*(x, y) \ .$
- $\forall (x, y, z) \in \mathbb{H}^3 \, , \forall (\lambda, \mu) \in \mathbb{C}^2 \, , \quad f(x, \lambda y + \mu z) = \lambda f(x, y) + \mu f(x, z) \ .$
- $\forall x \in \mathbb{H} \, , \quad f(x, x) \geq 0 \ .$
- $\forall x \in \mathbb{H} \, , \quad f(x, x) = 0 \Leftrightarrow x = 0 \ .$

On note ce produit hermitien de façon courante soit sous la forme $f(x, y) = (x, y)$, soit sous la forme $f(x, y) = \langle x, y \rangle$, soit encore $f(x, y) = \langle x | y \rangle$ en notation de Dirac utilisée en physique quantique. Par ailleurs, par convention, la propriété 2 dite de *sesquilinéarité* (c'est-à-dire de linéarité d'un côté et de linéarité avec passage au complexe conjugué de l'autre côté en raison de la propriété 1) attribue la linéarité à la partie droite (le « y » dans $\langle x | y \rangle$). On a donc, en notation de Dirac :

$$\langle \psi | \lambda \varphi_1 + \mu \varphi_2 \rangle = \lambda \langle \psi | \varphi_1 \rangle + \mu \langle \psi | \varphi_2 \rangle \ ,$$

$$\langle \lambda\varphi_1 + \mu\varphi_2|\psi\rangle = \lambda^* \langle\varphi_1|\psi\rangle + \mu^* \langle\varphi_2|\psi\rangle \ . \tag{12.51}$$

La norme d'un élément de l'espace de Hilbert est alors définie comme :

$$\|x\| = \sqrt{f(x,x)} \ . \tag{12.52}$$

Cette norme vérifie plusieurs propriétés, dont notamment l'inégalité de Cauchy-Schwarz :

$$\forall(x,y) \in \mathbb{H}^2 , \quad |f(x,y)| \leq \|x\| \, \|y\| \ , \tag{12.53}$$

et l'inégalité triangulaire :

$$\forall(x,y) \in \mathbb{H}^2 , \quad \|x+y\| \leq \|x\| + \|y\| \ . \tag{12.54}$$

Enfin, la bijection canonique entre un espace vectoriel et son dual que l'on connaît en dimension finie possède un équivalent pour les espaces de Hilbert, appelé *théorème de représentation de Riesz* :

> Soit g une forme linéaire sur $\mathbb{H}$, donc une application linéaire de $\mathbb{H}$ dans $\mathbb{C}$. Alors
>
> $$\exists! x \in \mathbb{H} , \forall y \in \mathbb{H} , \quad g(y) = f(x,y) \ . \tag{12.55}$$

Dans ce cas, le noyau de g est l'ensemble des vecteurs de $\mathbb{H}$ dits *orthogonaux* à x. Il s'agit d'un espace vectoriel fermé appelé l'*orthogonal de x*.

D.1 Opérateurs et opérateurs hermitiens

Un *opérateur* est un endormorphisme de $\mathbb{H}$. On définit l'adjoint d'un opérateur $\hat{A}$, et on note $\hat{A}^\dagger$, l'unique opérateur vérifiant

$$\forall(\psi_1,\psi_2) \in \mathbb{H}^2 , \quad \left\langle \hat{A}\psi_1 \middle| \psi_2 \right\rangle = \left\langle \psi_1 \middle| \hat{A}^\dagger \psi_2 \right\rangle \ . \tag{12.56}$$

Un opérateur $\hat{A}$ est dit *hermitien* si et seulement si $\hat{A}^\dagger = \hat{A}$. On voit dans le cours que toutes les observables, c'est-à-dire les quantités mesurables de la physique, sont associées chacune à un opérateur agissant sur l'espace de Hilbert des états quantiques.

Une propriété importante de ces opérateurs, analogue à la diagonalisation des matrices symétriques réelles dans le cas des espaces vectoriels de dimension finie sur $\mathbb{R}$, est l'existence d'une base hilbertienne de vecteurs propres :

> Si $\hat{A}$ est un opérateur hermitien sur $\mathbb{H}$, alors il existe une base hilbertienne composée de vecteurs propres $(e_i)_{i\in I}$ de $\hat{A}$, I étant un ensemble indexant la base propre. Donc
>
> $$\forall\psi \in \mathbb{H} , \exists!(c_i) \in \mathbb{C}^I , \quad \psi = \sum_{i\in I} c_i \, e_i \ . \tag{12.57}$$

Par ailleurs, le caractère hilbertien de l'opérateur assure que toutes les valeurs propres sont réelles. En effet, si l'on considère une valeur propre λ associée à un vecteur ψ, on peut écrire

$$\left\langle \hat{A}\psi \middle| \psi \right\rangle = \langle \lambda\psi | \psi \rangle = \lambda^* \langle \psi | \psi \rangle = \left\langle \psi \middle| \hat{A}\psi \right\rangle = \lambda \langle \psi | \psi \rangle \quad \text{d'où } \lambda^* = \lambda. \tag{12.58}$$

En outre, tous les sous-espaces propres d'un opérateur hermitien correspondant à des valeurs propres différentes sont orthogonaux entre eux. Pour le voir, considérons un vecteur propre de $\hat{A}$, ψ_1 associé à la valeur propre λ_1 et un autre vecteur propre ψ_2 associé à la valeur propre $\lambda_2 \neq \lambda_1$. On a alors :

$$\left\langle \hat{A}\psi_1 \middle| \psi_2 \right\rangle = \langle \lambda_1\psi_1 | \psi_2 \rangle = \lambda_1^* \langle \psi_1 | \psi_2 \rangle = \lambda_1 \langle \psi_1 | \psi_2 \rangle = \left\langle \psi_1 \middle| \hat{A}\psi_2 \right\rangle = \lambda_2 \langle \psi_1 | \psi_2 \rangle$$
$$\text{d'où} \quad \lambda_1 \langle \psi_1 | \psi_2 \rangle = \lambda_2 \langle \psi_1 | \psi_2 \rangle \quad \text{et donc} \quad \langle \psi_1 | \psi_2 \rangle = 0 \ . \tag{12.59}$$

La base hilbertienne constituée des vecteurs propres de $\hat{A}$ peut être soit dénombrable, soit continue (auquel cas I est non-dénombrable). Si la base est dénombrable, alors les états (e_i) peuvent être normalisés et l'on peut construire une base orthonormée :

$$\forall (i,j) \in I^2, \quad \langle e_i | e_j \rangle = \delta_{i,j} \quad \text{et} \quad \forall \psi \in \mathbb{H}, \quad \psi = \sum_{i \in I} \langle e_i | \psi \rangle \, e_i \ , \tag{12.60}$$

$\delta_{i,j}$ représentant le symbole de Kronecker. La normalisation d'un état ψ dans cette base se traduit donc par

$$\|\psi\|^2 = \sum_{i \in I} |\langle e_i | \psi \rangle|^2 = \sum_{i \in I} |c_i|^2 = 1 \ . \tag{12.61}$$

Si la base est non-dénombrable, la décomposition est continue et il faut la comprendre comme une intégrale :

$$\psi = \int_{\mathbb{R}} c(\lambda) \, e_\lambda \, \mathrm{d}\lambda = \int_{\mathbb{R}} \langle e_\lambda | \psi \rangle \, e_\lambda \, \mathrm{d}\lambda \ , \tag{12.62}$$

dans laquelle l'intégrale court sur les valeurs propres (en supposant une non-dégénérescence). Les états ne peuvent être normalisés au sens habituel du terme, ils le sont au sens des distributions sous la forme suivante :

$$\langle e_\lambda | e_\mu \rangle = \delta(\lambda - \mu) \ . \tag{12.63}$$

La normalisation d'un état ψ dans cette base orthonormée continue s'écrit alors :

$$\int_{\mathbb{R}} |c(\lambda)|^2 \, \mathrm{d}\lambda = \int_{\mathbb{R}} |\langle e_\lambda | \psi \rangle|^2 \, \mathrm{d}\lambda = 1 \ . \tag{12.64}$$

C'est le cas par exemple de la base propre associée à l'opérateur « position » en mécanique quantique.

D.2 Application à la physique quantique

En physique quantique, les états quantiques sont représentés en particulier par des fonctions d'onde complexes définies sur $\mathbb{R}^d$, d étant la dimension de l'espace dans lequel évoluent les particules. L'espace vectoriel est donc celui des fonctions complexes définies sur $\mathbb{R}^d$ auquel est associé le produit hermitien canonique :

$$\langle\psi_1|\psi_2\rangle = \int_{\mathbb{R}^d} \psi_1^*(x)\,\psi_2(x)\,\mathrm{d}^d x \ , \tag{12.65}$$

la norme correspondant à ce produit hermitien étant la norme dite L^2 :

$$\|\psi\| = \left(\int_{\mathbb{R}^d} |\psi(x)|^2\,\mathrm{d}^d x\right)^{1/2} \ . \tag{12.66}$$

Cet espace est noté $L^2(\mathbb{R}^d, \mathbb{C})$.

Il faut cependant souligner une particularité : la « base » continue qui est celle des ondes planes est composée d'éléments qui ne sont pas dans $L^2(\mathbb{R}^d, \mathbb{C})$. La décomposition d'une fonction d'onde dans cette base correspond de fait à écrire une « transformée de Fourier », opération que nous allons définir précisément dans la section suivante, cf. Eq. (12.69), les coefficients (continus) de la décomposition étant la transformée de Fourier de la fonction d'onde.

Un autre exemple d'une telle décomposition sur une « base » n'appartenant pas à $L^2(\mathbb{R}^d, \mathbb{C})$ est la décomposition sur les « Dirac », dont les coefficients sont les valeurs de la fonction d'onde en chaque point de l'espace :

$$\psi(x) = \int_{\mathbb{R}^d} \psi(y)\,\delta(x-y)\,. \tag{12.67}$$

E Transformée de Fourier

E.1 Définition et propriétés

À toute fonction intégrable sur $\mathbb{R}^d$, donc appartenant à $L^1(\mathbb{R}^d, \mathbb{C})$, il est possible d'associer la fonction suivante :

$$\forall k \in \mathbb{R}^d\,, \quad \tilde{f}(k) = \frac{1}{(2\pi)^{d/2}} \int_{\mathbb{R}^d} f(x)\,e^{-ik\cdot x}\,\mathrm{d}^d x \ . \tag{12.68}$$

Cette fonction $\tilde{f}$ porte le nom de *transformée de Fourier* de f. Il est possible d'établir la formule inverse reliant f à $\tilde{f}$:

$$\forall x \in \mathbb{R}^d\,, \quad f(x) = \frac{1}{(2\pi)^{d/2}} \int_{\mathbb{R}^d} \tilde{f}(k)\,e^{ik\cdot x}\,\mathrm{d}^d k \ . \tag{12.69}$$

Dans le cas de fonctions qui sont également dans L^2, cette transformation satisfait des propriétés de conservation du produit hermitien et de la norme L^2 (appelés également respectivement *théorème de Parseval* et *égalité de Plancherel*) :

$$\forall(\psi_1,\psi_2) \in \left(L^1(\mathbb{R}^d,\mathbb{C}) \cap L^2(\mathbb{R}^d,\mathbb{C})\right)^2 , \quad \langle\psi_1|\psi_2\rangle = \left\langle\tilde{\psi_1}\middle|\tilde{\psi_2}\right\rangle , \tag{12.70}$$

$$\forall\psi \in L^1(\mathbb{R}^d,\mathbb{C}) \cap L^2(\mathbb{R}^d,\mathbb{C}), \quad \|\psi\| = \left\|\tilde{\psi}\right\| . \tag{12.71}$$

Cette propriété d'unitarité de la transformée de Fourier pour la norme L^2 permet d'étendre la définition de la transformée de Fourier par continuité à toute fonction L^2, même quand elle n'appartient pas à $L^1(\mathbb{R}^d,\mathbb{C})$. La transformée de Fourier ainsi définie est un automorphisme de $L^2(\mathbb{R}^d,\mathbb{C})$.

Clairement, d'après (12.68) et (12.69), la transformée de Fourier vérifie une propriété de quasi-involution, à une symétrie près :

$$\tilde{\tilde{f}}(x) = f(-x) . \tag{12.72}$$

E.2 Inégalités d'Heisenberg

Considérons à présent que les fonctions $f(x)$ et $\tilde{f}(k)$ sont des densités de probabilité associées aux observables position et nombre d'onde. On peut supposer sans perdre en généralité que les variables sont centrées, de sorte que les moyennes sont nulles. Les variances des distributions correspondantes sont données par les relations

$$(\Delta x)^2 = \int_{-\infty}^{+\infty} \mathrm{d}x\, x^2\, |f(x)|^2 \quad \text{et} \quad (\Delta k)^2 = \int_{-\infty}^{+\infty} \mathrm{d}k\, k^2 \left|\tilde{f}(k)\right|^2 . \tag{12.73}$$

Le produit des variances s'exprime donc comme

$$(\Delta x)^2(\Delta k)^2 = \left(\int_{-\infty}^{+\infty} \mathrm{d}x\, |xf(x)|^2\right)\left(\int_{-\infty}^{+\infty} \mathrm{d}k\, \left|k\tilde{f}(k)\right|^2\right) . \tag{12.74}$$

L'inégalité de Cauchy-Schwarz permet d'exprimer la relation suivante :

$$\int |xf(x)|^2 \int \left|k\tilde{f}(k)\right|^2 \geq \left|\int xf(x)\, k\tilde{f}^\star(k)\right|^2 . \tag{12.75}$$

Par ailleurs, le produit $k\tilde{f}(k)$ est la transformée de Fourier de $-i\frac{\mathrm{d}f(x)}{\mathrm{d}x}$, ce qui permet d'écrire

$$(\Delta x)^2(\Delta k)^2 = \int |xf(x)|^2 \int \left|k\tilde{f}(k)\right|^2 \geq \left|\int xf(x)\, i\frac{\mathrm{d}f^\star(x)}{\mathrm{d}x}\right|^2 . \tag{12.76}$$

Le membre de droite peut s'écrire sous la forme $zz^\star$ avec

$$z = -i \int_{-\infty}^{+\infty} \mathrm{d}x \, x f^\star(x) \frac{\mathrm{d}f(x)}{\mathrm{d}x} \ . \tag{12.77}$$

Calculons à présent le produit iz par intégration par parties,

$$\begin{aligned} iz &= \int_{-\infty}^{+\infty} \mathrm{d}x \, x f^\star(x) \frac{\mathrm{d}f(x)}{\mathrm{d}x} \\ &= \Big[x f(x) f^\star(x)\Big]_{-\infty}^{+\infty} - \int_{-\infty}^{+\infty} \mathrm{d}x \, f(x) \frac{\mathrm{d}}{\mathrm{d}x}\Big(x f^\star(x)\Big) \ . \end{aligned} \tag{12.78}$$

Le premier terme est nul car les fonctions d'onde s'annulent à l'infini. Il reste alors

$$iz = -\int_{-\infty}^{+\infty} \mathrm{d}x \, f(x) f^\star(x) - \int_{-\infty}^{+\infty} \mathrm{d}x \, x f(x) \frac{\mathrm{d}f^\star(x)}{\mathrm{d}x} \ . \tag{12.79}$$

En considérant que la densité de probabilité est normalisée, le premier terme vaut 1 et le second vaut $iz^\star$. On en déduit donc que $z - z^\star = i$. En remarquant que $zz^\star \geq \mathrm{Im}\{z\}^2$, il vient

$$(\Delta x)^2 (\Delta k)^2 \geq \mathrm{Im}(z)^2 = \left(\frac{1}{2i}(z - z^\star)\right)^2 = \frac{1}{4} \ , \tag{12.80}$$

ce qui conduit à la relation d'Heisenberg pour les observables x et k vue dans la partie 5.4.5 :

$$(\Delta x)(\Delta k) \geq \frac{1}{2} \ . \tag{12.81}$$

F Distributions

La mécanique quantique fait appel à la notion de distributions pour représenter des états dont la fonction d'onde ne peut être définie comme une fonction de $L^2(\mathbb{R}^d, \mathbb{C})$. Il n'est pas question ici de faire un cours sur les distributions, mais de rappeler quelques identités essentielles.

Formellement, une distribution est définie comme une forme linéaire continue de l'espace des fonctions C^∞ à support compact (les fonctions « test ») dans $\mathbb{C}$, l'espace de fonctions étant muni d'une topologie bornant les dérivées successives dans un compact.

En pratique, on peut associer une distribution de manière canonique à toute fonction u localement intégrable (par commodité, on désigne alors la distribution par le même symbole), sous la forme :

$$u \ : \varphi \longmapsto (u, \varphi) = \int_{\mathbb{R}^d} u(x)\, \varphi(x)\, \mathrm{d}^d x \ . \tag{12.82}$$

Il existe cependant des distributions qui ne correspondent pas à de telles fonctions. L'exemple le plus célèbre est la distribution ponctuelle, couramment appelée *distribution de Dirac* ou plus simplement « Dirac », et dénotée par le symbole δ. Ainsi, le Dirac en $x = 0$ correspond à la définition suivante :

$$\delta_0 \ : \varphi \longmapsto (\delta_0, \varphi) = \varphi(0) \ . \tag{12.83}$$

De manière générale, le Dirac en $x = x_0$ s'écrit :

$$\delta_{x_0} \ : \varphi \longmapsto (\delta_{x_0}, \varphi) = \varphi(x_0) \ . \tag{12.84}$$

Cette distribution correspond à une mesure ponctuelle de masse 1 entièrement concentrée en $x = x_0$. À une dimension, on peut définir la dérivée u' d'une distribution u grâce à la généralisation d'une intégration par parties :

$$u' \ : \varphi \longmapsto (u', \varphi) = -(u, \varphi') \ . \tag{12.85}$$

On peut ainsi montrer que la dérivée de la distribution correspondant à la fonction $\theta = \mathbb{1}_{\mathbb{R}_+}$ (la fonction indicatrice de $\mathbb{R}_+$ qui vaut 1 pour $x \geq 0$ et 0 pour $x < 0$, également appelée *fonction de Heaviside*) est δ_0. En effet :

$$(\theta', \varphi) = -(\theta, \varphi') = -\int_{\mathbb{R}} \theta(x)\, \varphi'(x)\, \mathrm{d}x = -\int_0^{+\infty} \varphi'(x)\, \mathrm{d}x = \varphi(0) \ . \tag{12.86}$$

Cette définition se généralise à plusieurs dimensions *via* les dérivées partielles.

On peut aussi définir la transformée de Fourier $\tilde{u}$ d'une distribution u en se restreignant aux fonctions test dites *de Schwartz*, c'est-à-dire les fonctions qui tendent vers 0 à l'infini même lorsqu'on les multiplie par n'importe quel polynôme. Le dual de cet espace de fonctions correspond aux distributions dites *tempérées*. En exploitant le théorème de Parseval, on peut alors définir la transformée de Fourier d'une distribution tempérée par :

$$\tilde{u} : \varphi \longmapsto (\tilde{u}, \varphi) = (u, \tilde{\varphi}) \ . \tag{12.87}$$

Exemple : la transformée de Fourier d'un Dirac en $x = x_0$ s'écrit :

$$(\tilde{\delta}_{x_0}, \varphi) = (\delta_{x_0}, \tilde{\varphi}) = \tilde{\varphi}(x_0) = \frac{1}{(2\pi)^{d/2}} \int_{\mathbb{R}^d} \varphi(k)\, e^{-ik\cdot x_0}\, \mathrm{d}^d k \ , \tag{12.88}$$

ce que l'on peut également résumer *via* le calcul symbolique suivant :

$$\widetilde{\delta_{x_0}}(k) = \frac{1}{(2\pi)^{d/2}} \int_{\mathbb{R}^d} e^{-ik \cdot x} \, \delta_{x_0} = \frac{1}{(2\pi)^{d/2}} \, e^{-ik \cdot x_0} \ . \tag{12.89}$$

La transformée de Fourier d'un Dirac est donc une distribution associée à une onde plane dans l'espace de Fourier. Réciproquement, la transformée de Fourier d'une onde plane n'est pas une fonction (car l'onde plane n'est pas intégrable au sens de Lebesgue) mais une distribution de Dirac :

$$\widetilde{e^{ik_0 \cdot x}} = \frac{1}{(2\pi)^{d/2}} \int_{\mathbb{R}^d} e^{-ik \cdot x} \, e^{ik_0 \cdot x} \, \mathrm{d}^d x = (2\pi)^{d/2} \, \delta_{k_0} \ . \tag{12.90}$$

Index